HF480202

നമ്മൾ നമ്മളായ കഥ

രാമചന്ദ്രൻ.ടി

രാമചന്ദ്രൻ.ടി

കണ്ണൂർ ജില്ലയിലെ ശ്രീകണ്ഠപുരം, ചേപ്പറമ്പ് സ്വദേശി. അച്ഛൻ പരേതനായ യു.സി.കണ്ണൻ, അമ്മ ടി.കെ.നാരായണി, ഭാര്യ ശ്രീലത.കെ, മക്കൾ നിഖിൽ, അഖിൽ. ഇതിനുമുമ്പ് പ്രസിദ്ധീകരിച്ച പുസ്തകങ്ങൾ ഉണർത്തുപാട്ട് (കവിതാ സമാഹാരം), ഒരു ദേശത്തിന്റെ കഥ എന്റേയും (പ്രാദേശിക ചരിത്രം). കാൽനൂറ്റാണ്ടുകാലത്തെ സൈനിക സേവനത്തിനുശേഷം ഇപ്പോൾ വിശ്രമ ജീവിതം.

ഫോൺ: 9747136225

ഇ.മെയിൽ : thekumkoottathil@gmail.com

ഉള്ളടക്കം

ആമുഖം

രാത്രിയുടെ ഏകാന്തതയയിൽ ആകാശംനിറയെ തെളിഞ്ഞുനിൽക്കുന്ന നക്ഷത്ര ങ്ങളെ കാണാത്തവരാരുമുണ്ടാകില്ല. ഇത്തരം കാഴ്ചകൾ സ്വാഭാവികമായും മ നസ്സിലുയർത്തുന്ന ചോദ്യമാണ്, ഇതൊക്കെ എങ്ങനെയായിരിക്കും ഉണ്ടായിട്ടു ണ്ടാകുകയെന്നത്. ഈ ചോദ്യങ്ങൾക്കുള്ള ശാസ്ത്രത്തിന്റെ ഏറ്റവും പുതിയ ഉ ത്തരമാണ് ഇന്ന് പൊതുവെ അംഗീകരിക്കപ്പെട്ടിട്ടുള്ള മഹാവിസ്ഫോടന സി ദ്ധാന്തം.

1360 കോടിവർഷങ്ങൾക്ക് മുമ്പ് ഒരു മഹാവിസ്ഫോടനത്തിനുശേഷം രൂ പം കൊള്ളുകയും തുടർന്ന് വികാസം പ്രാപിച്ചുകൊണ്ടിരിക്കുന്നതുമാണ് ഈ കാണുന്ന പ്രപഞ്ചമെന്നതാണ് ആ സിദ്ധാന്തം. അപ്പോൾ ഈ ഭൂമിയും ജീവജാ ലങ്ങളും എങ്ങനെയുണ്ടായി എന്നതായിരിക്കും അടുത്ത സംശയം. അതിനെ അറിയാൻ ശ്രമിക്കുമ്പോൾ ഏകദേശം 450 കോടി വർഷങ്ങൾക്കുമുമ്പ് രൂപം കൊണ്ടതാണ് ഭൂമിയെന്നും അത് സംഭവബഹുലമായ നാല് വ്യത്യസ്ത യുഗ ങ്ങൾ കടന്നാണ് ഇവിടെ എത്തിയതെന്നും കാണാൻ കഴിയും.

ഏകദേശം 350 കോടിവർഷങ്ങൾക്കും മുമ്പ് അജൈവ തന്മാത്രയിൽ നി ന്നും ജീവതന്മാത്രയിലേക്കുള്ള ജീവന്റെ ഉത്ഭവവും പിന്നീട് വൈവിധ്യമായ ജീ വി വർഗ്ഗങ്ങളിലേക്കുള്ള പരിണാമവും സംഭവിച്ചു.ആധുനിക മനുഷ്യർ ഭൂമിയി ൽ തങ്ങളുടെ അധികാരം സ്ഥാപിക്കുന്നതിനും ലക്ഷക്കണക്കിന് വർഷങ്ങൾക്ക് മുമ്പ് ഭൂമിയെ അടക്കിവാണിരുന്ന ദിനോസോറുകകളടക്കമുള്ള ഭീമാകാര ജീ വികൾ ഭൂമിയിൽ ജീവിച്ചിരുന്നുവെന്നതും അതിശയിപ്പിക്കുന്ന അറിവ് തന്നെ. ഇത്തരം ഭീമാകാരജീവികളുടെ വംശനാശത്തിന് കാരണമായ ക്രിറ്റേഷ്യസ്-പാ ലിയോജിൽ വംശനാശത്തിനുശേഷം ഭൂമിയിൽ അവശേഷിച്ച ചെറിയ ജീവിക ളിൽ നിന്നും ഇന്ന് ഭൂമിയെ അടക്കി വാഴുന്ന മനുഷ്യനടക്കമുള്ള ജീവിവർഗ്ഗങ്ങ ളുടെ പരിണാമത്തിന്റെ തുടർച്ചയുണ്ടായി. ആ തുടർച്ചയിൽ, ഒരു കാലത്ത് മറ്റ് ജീവിവർഗ്ഗങ്ങളെ ഭയപ്പെട്ടു ജീവിച്ചിരുന്ന വ്യത്യസ്ത മനുഷ്യവിഭാഗങ്ങളെ മറി കടന്ന് ഇന്ന് ഭൂമിലെ ഏക മനുഷ്യവിഭാഗമായ ഹോമോസാപ്പിയൻസ് സാപ്പി യൻസെന്ന ആധുനിക മനുഷ്യർ ഭൂമിയിൽ സർവ്വാധികാരിയായി മാറി.

11,700 വർഷങ്ങൾ മുമ്പ് ആരംഭിച്ച ഹോളോസീൻ കാലഘട്ടം മുതൽ ഇന്നു വരെയായി രേഖപ്പെടുത്തപ്പെട്ട ചരിത്രത്തെയാണ് നാം മനുഷ്യ ചരിത്രമെന്ന് വിളിക്കുന്നത്. ആ ചരിത്രത്തിലൂടെ സഞ്ചരിക്കുമ്പോൾ ഭൂമിയിൽ മനുഷ്യർ കൈവരിച്ച സാംസ്ക്കാരിക വളർച്ചയുടെയും തളർച്ചയുടെയും വിവിധഘട്ടങ്ങ ളെ കാണാം. മതത്തിന്റേയും വർണ്ണ, വംശ വ്യത്യാസങ്ങളുടേയും പേരിൽ മനു

ഷ്യർ പരസ്പരം കൊന്നൊടുക്കുന്ന ലോകത്ത്, ഇന്ത്യയിൽ ജാതിവ്യവസ്ഥ ഉണ്ടായതെങ്ങനെയെന്ന അന്വേഷണവും വർണ്ണ, വംശ, ജാതി-മത വ്യത്യാസ ങ്ങൾക്കപ്പുറം ഇന്ന് ഭൂമിയിലുള്ള സകല മനുഷ്യരും ഒരേ വംശപരമ്പരയിൽ പെട്ടവരാണെന്ന ജനിതക ശാസ്ത്രത്തിന്റെ കണ്ടുപിടിത്തവും 'മാനുഷരെല്ലാ രുമൊന്നുപോലെ'യെന്ന മാനവിക സങ്കൽപ്പത്തിന് കരുത്ത് പകരുന്നു.

മതം, ഭാഷ, എഴുത്ത് എന്നിവയുടെ ഉത്ഭവവും ചരിത്രവും അന്വേഷിക്കുന്ന തിനോടൊപ്പം, മനുഷ്യ കുടിയേറ്റങ്ങളുടേയും സംസ്ക്കാരങ്ങളുടേയും ചരിത്ര വഴിയിലൂടെ സഞ്ചരിക്കുമ്പോൾ നമ്മൾ കേട്ട പല മതസാങ്കൽപ്പിക കഥകളു ടേയും പൊള്ളത്തരം വെളിവാകുന്നു. ചരിത്രവസ്തുതകൾ അറിയുകയെന്നത് ചരിത്ര വിദ്യാർത്ഥികൾ എന്നതിനപ്പുറം വിജ്ഞാനദാഹികളായ ഏവരും ആഗ്ര ഹിക്കുന്നതുകൂടിയാണ്.

മനുഷ്യ വർഗ്ഗത്തിന്റെ വളർച്ചയിൽ അവരെ സഹായിച്ചത് തലച്ചോറിന്റെ വ ളർച്ചയും അതോടൊപ്പം ആർജിച്ച കണ്ടുപിടിത്തങ്ങളുമാണ്. ആദ്യത്തെ കണ്ടു പിടിത്തം തീയുണ്ടാക്കാനും ആയുധങ്ങൾ ഉപയോഗിക്കാനുമുള്ള കഴിവായിരി ക്കണം. നീരീക്ഷണത്തിലൂടേയും പരീക്ഷണത്തിലൂടേയും മനുഷ്യൻ കൈവ രിച്ച ഇത്തരം കഴിവുകളെയാണ് നമ്മൾ ശാസ്ത്രമെന്ന് വിളിക്കുന്നത്. അതിനാ ൽ ശാസ്ത്രബോധമുള്ള സമൂഹത്തെ സൃഷ്ടിക്കുകയെന്നത് മനുഷ്യ സമൂഹ ത്തിന്റെ വളർച്ചക്ക് സുപ്രധാനമാണെന്ന് മാത്രമല്ല അത് ഏതൊരു പൗരന്റേയും കടമ കൂടിയാണ്.

ഈ പ്രപഞ്ചമുണ്ടായതെങ്ങനെയെന്ന ചോദ്യത്തോടൊപ്പം ഭൂമിയിലെ ജീവ ന്റെ ഉത്ഭവവും പരിണാമവും അറിയാനുള്ള ശ്രമംകൂടിയാണ് ഈ പുസ്തക ര ചന. ഇതിനിടയിൽ വിവിധ ജീവിവർഗ്ഗങ്ങൾക്കൊപ്പം വ്യത്യസ്ത മനുഷ്യ ജാതി കളുടെ ഉത്ഭവവും അസ്തമയവും നമ്മൾ കണ്ടു.

അതോടൊപ്പം ആധുനികമനുഷ്യരുടെ കുടിയേറ്റത്തിന്റേയും സാംസ്ക്കാരി ക വളർച്ചയുടേയും വിവിധ ഘട്ടങ്ങളേകൂടി സ്പർശിച്ചു പോകുന്നു. പ്രപഞ്ചോ ൽപത്തി മുതൽ ജീവപരിണാമം വരെ ആദ്യ ഭാഗമായും മനുഷ്യന്റെ ചരിത്രവ ഴികളിലൂടെയെന്ന രണ്ടാം ഭാഗവുമായാണ് ഈ പുസ്തകത്തിന്റെ പേജുകൾ ക്രമീകരിച്ചിട്ടുള്ളത്. ശാസ്ത്രവും ചരിത്രവുമായ വിഷയമായതുകൊണ്ട് വായന യെ ലളിതവൽക്കരിക്കുന്നതിനായി മുത്തശ്ശിയും കുട്ടികളുമായുള്ള സംഭാഷണ രീതിയിലുള്ള അവതരണമാണ് അവലംബിച്ചിട്ടുള്ളത്.

1

പ്രപഞ്ചോൽപത്തി

മകരമാസത്തിലെ തെളിഞ്ഞ ആകാശം. അടുത്ത ദിവസം ഞായറാഴ്ചയായതു കൊണ്ടുതന്നെ കുട്ടികളെല്ലാവരും മുത്തശ്ശിയോടൊപ്പം രാത്രിയിൽ മുറ്റത്തിരി ക്കുകയാണ്. വർഷത്തിൽ ഒരു തവണ മാത്രമാണ് അവധിയിൽ നാട്ടിലെത്താറെ ങ്കിലും മുത്തശ്ശി വീട്ടിലെത്തിയാൽ കുട്ടികൾ ആഘോഷതിമർപ്പിലായിരിക്കും. അത്ര മാത്രം അറിവിന്റെ നിറകുടമാണ് മുത്തശ്ശി.

"മുത്തശ്ശി, ഒരു കഥ പറയാമോ?."

"ഏത് കഥയാണ് വേണ്ടത്?."

കുട്ടികളിൽ ഒരാൾ ആകാശത്തേക്ക് വിരൽ ചൂണ്ടി. "ആ നക്ഷത്രങ്ങളേ... പറ്റി. അതൊക്കെ എങ്ങനെയായിരിക്കും ഉണ്ടായിട്ടുണ്ടാകുക?."

"പറയാം. ആദ്യം ഈ പ്രപഞ്ചമുണ്ടായതെങ്ങനെയെന്ന് പറയാം. അപ്പോൾ എല്ലാം മനസ്സിലാകും. പ്രപഞ്ചസൃഷ്ടിയുടെ കഥ മനസ്സിലാക്കുക അത്ര എ ളുപ്പമല്ലാത്തതിനാൽ ശ്രദ്ധിച്ചു കേൾക്കണം. ഇതുവരെയുള്ള ശാസ്ത്രീയമായ തെളിവനുസരിച്ച് ഏകദേശം 1360 കോടി വർഷം മുമ്പാണ് നമ്മൾ ഈ കാണു ന്ന പ്രപഞ്ചത്തിന്റെ തുടക്കം. അതിനുമുമ്പുള്ള അവസ്ഥയെന്താണെന്ന് ചോദി ച്ചാൽ എനിക്ക് ഉത്തരമില്ല. എന്നാൽ അതറിയാനുള്ള ശ്രമം ശാസ്ത്രലോകം ന ടത്തികൊണ്ടിരിക്കുന്നുണ്ടെങ്കിലും, അത് കണ്ടെത്താൻ ശാസ്ത്രലോകത്തിന് ഇതുവരെ കഴിഞ്ഞിട്ടുമില്ല. എന്നാൽ പ്രപഞ്ചമുണ്ടായ മഹാവിസ്ഫോടനത്തി നു ശേഷമുള്ള പ്രപഞ്ചപരിണാമത്തേയും വികാസത്തേയുംപറ്റി ശാസ്ത്ര ലോ കത്തിന് വ്യക്തമായ ധാരണയുണ്ട്.

പ്രപഞ്ചമെന്നാൽ ഗ്രഹങ്ങൾ, നക്ഷത്രങ്ങൾ, ഗാലക്സികൾ എന്നിവ ഉൾ പ്പെടെ, എല്ലാ രൂപത്തിലുള്ള ദ്രവ്യവും ഊർജ്ജവും ഉൾപ്പെടുന്നതാണ്. പ്രപഞ്ച ഉൽപത്തിയേ പറ്റി ഇന്ന് അംഗീകരിക്കപ്പെട്ട സിദ്ധാന്തം മഹാവിസ്ഫോടനവും അതിനു ശേഷമുള്ള പ്രപഞ്ചത്തിന്റെ വികാസവുമാണെന്ന് പറഞ്ഞല്ലോ. നില വിലുള്ള പ്രപഞ്ച ശാസ്ത്രമനുസരിച്ച് സ്ഥലവും സമയവും ഏകദേശം 1380

കോടി വർഷങ്ങൾക്ക് മുമ്പ്, ഒരുമിച്ച് ഉയർന്നു വന്നു. ഇന്ന് നിരീക്ഷിക്കാൻ കഴി ഞ്ഞിട്ടുള്ള പ്രപഞ്ചത്തിന്റെ വ്യാസം ഏകദേശം 9300 കോടി പ്രകാശ വർഷമാ ണ്. മഹാവിസ്ഫോടനത്തിനു ശേഷമുള്ള 13.8 ബില്യൺ വർഷങ്ങൾക്കുള്ളിൽ, സെക്കൻഡിൽ 3,00,000 കിലോമീറ്റർ സഞ്ചരിക്കുന്ന പ്രകാശത്തിന്, സഞ്ചരി ക്കാൻ കഴിയുന്ന ദൂരത്തെ അടിസ്ഥാനമാക്കിയുള്ളതാണ് ഈ കണക്ക്. ഒരു വർ ഷം കൊണ്ട് പ്രകാശം സഞ്ചരിക്കുന്ന ദൂരത്തേയാണ് ഒരു പ്രകാശ വർഷമെന്ന് വിളിക്കുന്നത്. അതായത് ഒരു പ്രകാശവർഷമെന്നാൽ 9.461 ലക്ഷം കോടി കി ലോ മീറ്ററാണ്. ഇതിൽ നിന്നും പ്രപഞ്ചത്തിന്റെ വ്യാസം എത്രമാത്രമാണെന്ന് ഊഹിക്കാമല്ലോ. നിരീക്ഷിക്കാവുന്ന പ്രപഞ്ചം അതായത് ഭൂമിയിൽ നിന്ന് നമു ക്ക് കാണാൻ കഴിയുന്ന ഭാഗത്തിന് ഏകദേശം 93 ബില്യൺ പ്രകാശ വർഷം വ്യാസമുള്ളതായി കണക്കാക്കപ്പെട്ടിരിക്കുന്നു."

"മഹാവിസ്ഫോടനത്തിനു ശേഷമാണോ ഈ കാണുന്ന വസ്തുക്കളെല്ലാം ഉണ്ടായത് ?"

"പറയാം, മഹാവിസ്ഫോടനത്തിനു ശേഷം പ്രപഞ്ചം എങ്ങനെയുണ്ടായി യെന്ന് മനസ്സിലാകണമെങ്കിൽ എന്താണ് ദ്രവ്യമെന്നും അതെങ്ങനെ ഉണ്ടായി യെന്നും അറിയണം. എല്ലാ വസ്തുക്കളും തന്മാത്രകളാൽ നിർമ്മിക്കപ്പെട്ടതാ ണെന്ന് അറിയാമല്ലോ. എന്നാൽ തന്മാത്രകൾ എങ്ങനെ നിർമ്മിക്കപ്പെട്ടുവെന്ന് ചോദിച്ചാൽ ആറ്റങ്ങൾ കൊണ്ട് എന്നായിരിക്കും ഉത്തരം. ആറ്റങ്ങൾ എങ്ങനെ നിർമ്മിക്കപ്പെട്ടുവെന്ന് ചോദിക്കുമ്പോൾ ഇലക്ട്രോണുകളും ന്യൂട്രോണുകളും കൂടിച്ചേർന്നുണ്ടായിയെന്ന് പറയാം. ഈ ചോദ്യങ്ങൾ വീണ്ടും ആവർത്തിക്കപ്പെ ടുമ്പോൾ അവസാനം കിട്ടുന്നതിനെ നമ്മൾ മൗലിക കണങ്ങൾ എന്നു വിളിക്കു ന്നു. അതായത് എല്ലാ വസ്തുക്കളും ഈ മൗലിക കണങ്ങൾ അല്ലെങ്കിൽ അടി സ്ഥാന കണങ്ങൾ കൊണ്ട് നിർമ്മിക്കപ്പെട്ടതാണെന്ന് കാണാം. ഈ ഒരു കൂട്ടം മൗലിക കണങ്ങൾ കൊണ്ടാണ് വസ്തുക്കൾ ഉണ്ടാക്കപ്പെട്ടതെന്ന സിദ്ധാന്ത ത്തെ സ്റ്റാൻഡേർഡ് മോഡൽ എന്നുവിളിക്കുന്നു. അതായത് ഒരു കൂട്ടം കണി കകളുടെ രൂപത്തിലുള്ള പ്രപഞ്ചത്തിലെ ദ്രവ്യത്തെ വിശദീകരിക്കാൻ ശ്രമിക്കു ന്ന സൈദ്ധാന്തിക മാർഗ്ഗമാണ് സ്റ്റാൻഡേർഡ് മോഡൽ. ഇതിൽ രണ്ടു തരം ക ണികകളുണ്ട്. അതിനെ എളുപ്പത്തിൽ മനസ്സിലാക്കാൻ ഒരു ഉദാഹരണം പറ യാം. സാധാരണ ഒരു വീട് നിർമ്മിക്കുമ്പോൾ അതിൽ ഇഷ്ടികകളും, ഇഷ്ടിക കളെ യോജിപ്പിച്ച് നിർത്തുന്ന സിമൻറ്റുമുണ്ടാകുമല്ലോ. ഇതിൽ ഇഷ്ടികയുടെ പ്രവർത്തി ചെയ്യുന്ന കണികകളെ ഫെർമിയോണുകളെന്നു വിളിക്കാമെങ്കിൽ സിമന്റായി പ്രവർത്തിക്കുന്നതിനെ ബോർസോണുകൾ എന്നും പറയാം. ഫെ ർമിയോൺ കണികകളെ കൂട്ടി യോജിപ്പിക്കുന്ന പശ അല്ലെങ്കിൽ ഊർജ്ജമാണ് ബോർസോണുകൾ. അതായത് മൗലികകണങ്ങളായ പെർമിയോണുകൾ എ

ന്ന ദ്യവ്യകണവും ബോർസോണുകൾ എന്ന ഊർജ്ജ കണവും. ഇതിൽ ഫെർ മിയോൺ എന്ന ദ്രവ്യകണങ്ങൾ രണ്ടു തരത്തിലുണ്ട്. സ്വതന്ത്രമായി നിൽക്കാ ൻ കഴിയുന്ന നെപ്റ്റോൺ കണങ്ങളും സ്വതന്ത്രമായി നിൽക്കാൻ കഴിയാത്ത ക്വാർക്കുകളും. നെപ്റ്റോണുകൾക്ക് ഉദാഹരണമാണ് വൈദ്യുതകമ്പികളിലൂ ടെ കടന്നു പോകുന്ന ഇലക്ട്രോണുകൾ. ഊർജമെന്നാൽ നാലുതരത്തിലുള്ള അടിസ്ഥാന ബലങ്ങൾ ഉൾക്കൊള്ളുന്നതാണ്. ഗുരുത്വാകർഷണ ബലം, വൈ ദ്യുത കാന്തിക ബലം, ശക്തമായ ആണവശക്തി, ദുർബലമായ അണുശക്തി എന്നിവയാണവ."

"അപ്പോൾ ദ്രവ്യമെന്നാൽ എന്താണ് മുത്തശ്ശി?"

"ഇനി നമുക്ക് ദ്രവ്യമെന്താണെന്ന് നോക്കാം. സാധാരണയായി നമ്മൾ കാണു ന്ന വസ്തുക്കളിൽ അധികവും ഖരവസ്തുക്കളാണല്ലോ. എളുപ്പം മനസ്സിലാ ക്കാൻ നമുക്ക് ജലത്തെ ഉദാഹരണമായി എടുക്കാം. ജലത്തിന്റെ ഖരരൂപമായ ഐസിനെ ചൂടാക്കിയാൽ വെള്ളമാകും. വെള്ളത്തെ വീണ്ടും ചൂടാക്കിയാൽ അത് വാതകരൂപത്തിലുള്ള നീരാവിയായി മാറുന്നു. അതിനെ വീണ്ടുംചൂടാക്കി യാൽ അത് ഓക്സിജൻ, ഹൈഡ്രജൻ തന്മാത്രകളായി വിഘടിക്കും. തന്മാത്ര കളെ വീണ്ടും ചൂടാക്കിയാലോ അവ ആറ്റങ്ങളായി വിഘടിക്കുന്നു. ആറ്റങ്ങൾ വീണ്ടും ചൂടാക്കിയാൽ ആറ്റത്തിൽനിന്ന് ഇലക്ട്രോണുകൾ വിട്ടുപോകുകയും അതിന് ഒരു ചാർജ് കൈവരികയും ചെയ്യും. അപ്പോൾ വസ്തു പ്ലാസ്മാവസ്ഥ യിൽ അതായത് തീജ്വാലയുടെ അവസ്ഥയിലായിരിക്കും ഉണ്ടാകുക. ആറ്റത്തി ൽ നിന്നും ഇലക്ടോണുകൾ വിട്ടുപോയാൽ അതിൽ ന്യൂക്ലിയസ് മാത്രമാണ് അവശേഷിക്കുക. അതിനെ പിന്നേയും അതായത് 1012 ഡിഗ്രീ സെൻറീഗ്രേ ഡിൽ ചൂടാക്കിയാൽ ന്യൂക്ലിയസിൽ നിന്നും പ്രോട്ടോൺ, ന്യൂട്രോൺ എന്നിവ വേർപിരിയാൻ തുടങ്ങും. അപ്പോൾ മുമ്പുസൂചിപ്പിച്ച ക്വാർക്കുകൾ എന്ന അ ടിസ്ഥാനകണങ്ങൾ രൂപപ്പെടും. ദ്യവ്യവും ഊർജ്ജവും തമ്മിലുള്ള ബന്ധത്തെ അടിസ്ഥാനമാക്കി ആൽബർട്ട് ഐസ്റ്റീൻ കണ്ടെത്തിയ ആപേക്ഷിക സിദ്ധാന്ത പ്രകാരം ഊർജ്ജവും ദ്രവ്യവും തുല്യമാണ്. അതായത് ഊർജ്ജത്തിൽ നിന്നും അതിനുസമാനമായ കണികകൾ അഥവാ ദ്യവ്യം ഉണ്ടാക്കാമെന്നും അതുപോ ലെ കണികകളിൽ നിന്നും അതിന് സമാനമായ ഊർജ്ജവും നിർമ്മിക്കാമെന്നും ഇത് വ്യക്തമാക്കുന്നു."

"1380 കോടിവർഷം മുമ്പാണ് പ്രപഞ്ചമുണ്ടാതെങ്കിൽ, അതിന് മുമ്പുള്ള ലോകം എങ്ങനെയായിരുന്നു.?"

"മഹാവിസ്ഫോടന സിദ്ധാന്ത പ്രകാരം പ്രപഞ്ചമുണ്ടായത് 1380 കോടി വർ ഷങ്ങൾക്ക് മുമ്പാണെന്ന് പറഞ്ഞല്ലോ. അതിനുമുമ്പുള്ള സമയത്തെ പറ്റി ഇ പ്പോൾ ശാസ്ത്രത്തിന് വ്യക്തതയില്ല. ആ സമയത്തെ ബ്ലാങ്ക് ഇപ്പോക്ക് അഥ

വാ ശൂന്യകാലഘട്ടമെന്നുവിളിക്കുന്നു. പ്രപഞ്ചം ഒരു ബിന്ദുവിൽ നിന്നാണ് വി കസിച്ചത്. ഇപ്പോൾ സമയം മഹാവിസ്ഫോടനത്തിനു ശേഷം ഒരു സെക്കൻ റ്റിന്റെ പത്തു ലക്ഷത്തിൽ ഒരംശം മാത്രം. പ്രപഞ്ചം വികാസം പ്രാപിക്കുന്നതി നനുസരിച്ച് ചൂട് കുറഞ്ഞു വരുന്നു. മുമ്പ് നമ്മൾ ദ്രവ്യത്തെ ചൂടാക്കിയപ്പോൾ സംഭവിച്ചതിന്റെ നേർവിപരീത ദിശയിലുള്ള പ്രവർത്തനമാണ് ഇപ്പോൾ നടക്കു ന്നത്.

ഐസക് ന്യൂട്ടൻ

പ്രപഞ്ചോൽപത്തിക്കു ശേഷം സമയം സെക്കന്റിന്റെ 10 ലക്ഷത്തിൽ ഒരം ശമായപ്പോൾ കണികകളും പ്രതികണികകളും കൂട്ടി മുട്ടി ബാരിയോൺ അസ മമിതി എന്ന പ്രക്രിയ സംഭവിക്കുന്നു. ഇവിടെ ഒരു നൂറു കോടി കണികകൾ പ്രതി കണികകളുമായി സംയോജിച്ച് ഊർജ്ജമായി മാറുമ്പോൾ എങ്ങിനെയോ ഒരു കണിക ബാക്കിയാകുന്നു. ഈ ബാക്കിയാകുന്ന കണികയാണ് ഇന്ന് പ്രപ ഞ്ചത്തിൽ കാണുന്ന ദൃവ്യത്തിന്റെ അടിസ്ഥാനം. മഹാവിസ്ഫോടന സമയത്തി നു ശേഷം 10-42 സെക്കൻറ്റു സമയത്തെ താപനില 1032 ഡിഗ്രി സെൻറ്റീഗ്രേ ഡ് ആയിരിക്കുമെന്ന് കണക്കാക്കുന്നു. പ്രപഞ്ചം വികസിക്കുന്നതിനനുസരിച്ച് താപനിലയും കുറഞ്ഞു വന്നു. ഒന്നായിരുന്ന, മുമ്പു സൂചിപ്പിച്ച അതിന്റെ ഊർ ജ്ജം അതിന്റെ നാല് അവസ്ഥയിലേക്ക് വിഭജിക്കപ്പെട്ടു. താപനില 1015ഡിഗ്രി

സെൻറ്റീ ഗ്രേഡിൽ എത്തിയപ്പോൾ ഊർജ്ജത്തിൽ നിന്നും നമ്മൾ മുമ്പു സൂ ചിപ്പിച്ച ക്വാർക്കുകൾ എന്ന അടിസ്ഥാന കണികകൾ ഉരുത്തിരിഞ്ഞു വന്നു. ഈ കണികകൾ ജോഡികളായാണ് ഉണ്ടാകുന്നത്. ഈ ജോഡികളെ കണികക ളെന്നും പ്രതികണികകളെന്നും വിളിക്കുന്നു. ഈ പ്രവർത്തനം തുടർന്നുകൊ ണ്ടിരിക്കുന്നു. പ്രപഞ്ചം വികസിക്കുന്നതനുസരിച്ച് താപനിലകുറഞ്ഞ് ഒരു പ്ര ത്യേക ഘട്ടത്തിലെത്തുമ്പോൾ അടിസ്ഥാന കണങ്ങളായ ക്വാർക്കുകൾ പര സ്പരം യോജിക്കുകയും ഹാഡ്രോണുകൾ അഥവാ പ്രോട്ടോണുകളും ന്യൂട്രോ ണുകളും ഉണ്ടാകുകയും ചെയ്യുന്നു. താപനില വീണ്ടും കുറയുന്നതോടെ ഊർ ജ്ജത്തിന് ഇനി ക്വാർക്കുകളായി മാറാൻ കഴിയില്ല.

വികസിക്കുന്നതിനോടൊപ്പം പ്രപഞ്ചം വീണ്ടും തണുക്കുന്നു. ഇപ്പോൾ പ്രപ ഞ്ചത്തിന്റെ പ്രായം 20 മിനിട്ട്. ഇപ്പോഴത്തെ താപനില അനുസരിച്ച് നേരത്തെ ഉണ്ടായ ഹാഡ്രോണുകൾ (പ്രോട്ടോണുകളും ന്യൂട്രോണുകളും) ന്യൂക്ലിയർഫ്യൂ ഷൻ എന്നു വിളിക്കുന്നതിനു സമാനമായ അവസ്ഥയിലാണ്. ഇവിടെ തന്മാത്ര കളുടെ ന്യൂക്ലിയസ് രൂപം കൊള്ളുന്നു. നെഫ്ട്രോണുകൾ ഭാരം കുറഞ്ഞവയാ യതുകൊണ്ടുതന്നെ കറങ്ങി നടക്കുന്നവയാണ്. ഈ സമയത്ത് പ്രപഞ്ചത്തി ലുണ്ടായിരുന്ന ആകെ ആറ്റം ന്യൂക്ലിയസുകളിൽ 75%വും ഹൈഡ്രജനായിരു ന്നു. ബാക്കിയുള്ളത് ഹീലിയവും കുറച്ച് ലിതിയവും. അങ്ങനെ മൂന്നേ മുക്കാൽ ലക്ഷം വർഷമാകുമ്പോഴേക്കും ആദ്യമായി ആറ്റങ്ങൾ ഉണ്ടാകാൻ തുടങ്ങുന്നു. ഇലക്ട്രോണുകൾ പരന്ന് കിടക്കുന്നതുകൊണ്ട് നാലു ലക്ഷം വർഷം മുമ്പുവ രേയുള്ള പ്രപഞ്ചം സുതാര്യമായിരുന്നില്ല. പ്രകാശത്തിന് അതിനെ മറികടന്ന് പോകാൻ കഴിയില്ലായെന്നതാണ് ഇതിന് കാരണം. പിന്നീട് ആറ്റങ്ങൾ ഉണ്ടാകാ ൻ തുടങ്ങിയപ്പോൾ ആ ഭാഗങ്ങൾ സുതാര്യമാകുകയും പ്രകാശം സ്വതന്ത്രമാ ക്കപ്പെടുകയും ചെയ്തു. അതിനെ കോസ്മിക് ബാക്ക്ഗ്രൗണ്ട് എന്ന് വിളി ക്കുന്നു. ഇന്നും ആറ്റങ്ങൾ ഉണ്ടായതിന്റെ തെളിവായി ഇതിനെ കാണാൻ കഴി യുന്നുണ്ട്. ഈ റേഡിയേഷനെ പ്രപഞ്ചത്തിന്റെ ഏത് ദിശയിൽനിന്നു നോക്കി യാലും കാണാൻ സാധിക്കുന്നതാണ്. പ്രപഞ്ചത്തിന് ഏകദേശം 3.5 ലക്ഷം വ ർഷം പ്രായമായപ്പോൾ താപനില 3000 ഡിഗ്രി സെൻറ്റീഗ്രേഡായി കുറഞ്ഞു. ആ സമയമാകുമ്പോഴേക്കും അലഞ്ഞു നടന്നിരുന്ന ഇലക്ട്രോണുകൾ പതിയെ ന്യൂക്ലിയസിനു ചുറ്റും കറങ്ങുന്ന അവസ്ഥയിലെത്തി.

ആറ്റങ്ങൾ ഉണ്ടായതിനു ശേഷം തന്മാത്രകൾ രൂപപ്പെട്ടു.ആറ്റങ്ങളിലെ ഇല ക്ട്രോണുകളുടെ ഒരു പ്രത്യേകത, അവ പരസ്പരം അകന്നുനിൽക്കുന്ന സ്വ ഭാവവിശേഷമുള്ളവയാണ് എന്നതാണ്. അതുപോലെ ന്യൂക്ലിയസിന് ചുറ്റും ക റങ്ങി നടക്കുന്ന ഇലക്ട്രോണുകൾക്ക് അതിന്റെ അവസാനത്തെ ഓർബിറ്റിൽ 8 ഇലക്ട്രോണുകൾ വരുന്നതുവരെ സ്ഥിരത ഉണ്ടാക്കാൻ കഴിയില്ല. അതുകൊ ണ്ട്

അവസാന ഓർബിറ്റലിൽ ഇലക്ട്രോണുകൾ കൊടുത്തും വാങ്ങിയും സ്ഥിരത ഉറപ്പിക്കാനുള്ള ശ്രമഫലമായി ആറ്റങ്ങളുടെ കൂടിച്ചേരലുകൾ ഉണ്ടാകുകയും അതിന്റെ ഫലമായി കൂടുതൽ തന്മാത്രകൾ രൂപപ്പെടുന്നു. തന്മാത്രകൾ ഉണ്ടാ യതിനുശേഷമുള്ള പൊടിപടലങ്ങൾ നിറഞ്ഞ പ്രപഞ്ചത്തിനിപ്പോൾ 2500 ല ക്ഷം വർഷം പഴക്കമുണ്ട്. ഈ പൊടിപടലങ്ങളെ നെബുലകൾ എന്ന് വിളിക്കു ന്നു. പൊടിപടലങ്ങൾ നിറഞ്ഞ മേഘപടലങ്ങളായി തന്മാത്രകൾ കിടക്കുമ്പോ ൾ അവിടെ ഗുരുത്വാകർഷണം പ്രവർത്തിക്കുന്നു. ഈ കണങ്ങൾ പരസ്പരം ആകർഷിക്കുകയും വലിയ കണികകളായി മാറുകയും ചെയ്യുന്നു. വലിയ ക ണങ്ങൾ ചെറിയകണങ്ങളെ ആകർഷിച്ച് വലുതായികൊണ്ടേയിരിക്കുന്നു. ഒരു പരിധി കഴിഞ്ഞാൽ സ്വന്തമായ ഗുരുത്വാകർഷണ ബലം ഉണ്ടാകുന്നതിന്റെ ഫ ലമായി അവ സ്വയം ഉള്ളിലോട്ട് ഞെരിയാൻ തുടങ്ങും. അതിന്റെ ഫലമായി അ ത് ഗോളാകൃതി പ്രാപിക്കുന്നു. ഈ ഗോളമതിന്റെ കേന്ദ്രത്തിലേക്ക് ചുരുങ്ങു മ്പോൾ അതിന്റെ കേന്ദ്രത്തിലെ താപനില ഉയരും. അങ്ങനെ ഗോളം വളരുന്ന തിനുസരിച്ച് അതിനുള്ളിലെ താപനിലയും കൂടും. അതിനുൾവശം ഹൈഡ്രജ നാണ് എന്നതുകൊണ്ട് തന്നെ അപ്പോൾ അവിടെ ന്യൂക്ലിയർഫ്യൂഷൻ സംഭവി ക്കുന്നു. ഗോളത്തിനുള്ളിൽ ഹൈഡ്രജൻ ഹീലിയമാകുന്ന ഈ പ്രക്രിയയിൽ കൂടി ഊർജ്ജത്തെ പുറത്തേക്ക് തള്ളുന്നു. ഇവിടെ രണ്ട് ബലങ്ങൾ പരസ്പരം എതിർദിശയിൽ പ്രവർത്തിക്കുന്നതു കാണാം. ഒരു ബലം ഗുരുത്വാകർഷണം വഴി ഗോളത്തിന് ഉള്ളിലേക്കും മറ്റൊന്ന് ന്യൂക്ലിയർ ഫ്യൂഷൻ വഴി പുറത്തേക്കും. ഈ പ്രവർത്തനം തുടർന്ന് ഒരു പ്രത്യേക ഘട്ടമെത്തുമ്പോൾ ക്രമപ്പെടുകയും തുടർച്ചയായി ഊർജ്ജം പുറത്തേക്ക് വിടുകയും ചെയ്യുന്നു. അങ്ങനെ പ്രപഞ്ച മുണ്ടായി 25 കോടി വർഷമെത്തുമ്പോൾ പ്രപഞ്ചത്തിൽ ആദ്യത്തെ നക്ഷത്ര മുണ്ടാകുന്നു. മഹാവിസ്പോടനത്തിനുശേഷം പിന്നീട് ആറ്റങ്ങളുണ്ടാകുന്നത് നക്ഷത്രങ്ങൾക്കുള്ളിലാണ്. നക്ഷത്രങ്ങൾ ഒരു പരിധിക്കപ്പുറം വളർന്നാൽ അ വ പൊട്ടിത്തെറിക്കാൻ തുടങ്ങും. ഇതിനെ സൂപ്പർനോവ പൊട്ടിത്തെറി എന്നാ ണ് വിളിക്കുന്നത്. ഈ സൂപ്പർനോവ പൊട്ടിത്തെറിയിൽ നിന്നാണ് ഇരുമ്പ് അ ടക്കമുള്ള വലിയ ആറ്റങ്ങൾ ഉണ്ടാകുന്നത്.

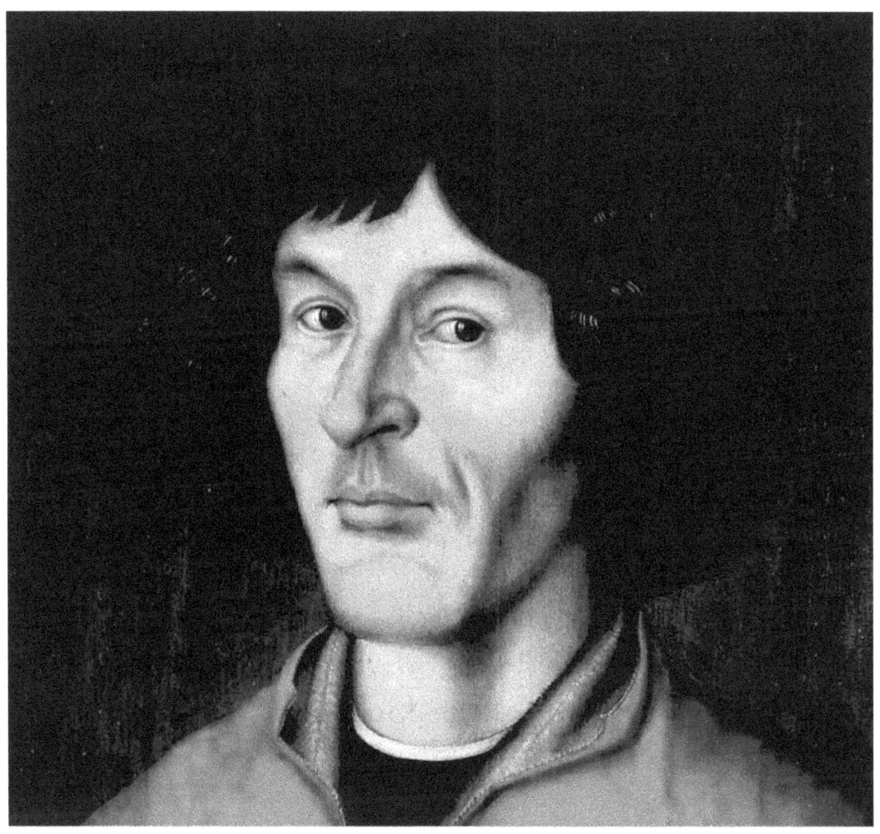

നിക്കോളാസ് കോപ്പർനിക്കസ്

പ്രപഞ്ചത്തിന് ഏകദേശം 30 കോടിവർഷം പഴക്കമായപ്പോൾ, നക്ഷത്രങ്ങ
ൾ പരസ്പരം ആകർഷിച്ച് ഗാലക്സികൾ ഉണ്ടാകാൻ തുടങ്ങുന്നു. പിന്നീട് ഗാ
ലക്സികൾ പരസ്പരം ആകർഷിച്ച് ഗാലക്സി ക്ലസ്റ്ററുകളും. അങ്ങനെ പല
ക്ലസ്റ്ററുകൾ ചേർന്ന് ഗാലക്സി സൂപ്പർ ക്ലസ്റ്ററുകളുമുണ്ടാകുന്നു. ഈ ഗാല
ക്സി സൂപ്പർ ക്ലസ്റ്ററുകളാണ് പ്രപഞ്ചത്തിലെ ഏറ്റവും വലിയ വസ്തു. പ്രപ
ഞ്ചത്തിൽ ആയിരക്കണക്കിന് പ്രകാശവർഷം ദൂരങ്ങളിലായി വ്യാപിച്ചുകിടക്കു
ന്നതാണ് ഈ ഭീമൻ വസ്തുക്കൾ. വളരെ ലളിതമായി മനസ്സിലാക്കാൻ പ്രയാസ
മുള്ളതാണെങ്കിലും, വളരെ സങ്കീർണ്ണമായ പ്രക്രിയയിലൂടെ സംഭവിച്ച പ്രപ
ഞ്ചരൂപീകരണത്തിന്റെ ഒരു ഏകദേശ ചിത്രം ഇതാണ്."

നക്ഷത്രങ്ങൾ രൂപം കൊള്ളുന്നു.

"അപ്പോൾ സൂര്യനും ഭൂമിയും ഉണ്ടായതോ?"

"ഇനി നമ്മുക്ക് നമ്മുടെ നക്ഷത്രമായ സൂര്യനും ഭൂമിയും ഉണ്ടായതെങ്ങനെ യെന്നുകൂടി നോക്കാം. നക്ഷത്രങ്ങൾ വളർന്ന് ഒരു പരിധി കഴിഞ്ഞാൽ പൊട്ടി ത്തെറിക്കുന്ന പ്രതിഭാസത്തെ സൂപ്പർനോവ എന്ന് വിളിക്കുമെന്ന് പറഞ്ഞല്ലോ. അങ്ങനെ രണ്ട് തലമുറ സൂപ്പർനോവ പൊട്ടിത്തെറിക്കുശേഷമുണ്ടായ ഒരു ന ക്ഷത്രമാണ് നമ്മുടെ സൂര്യൻ. സൂപ്പർനോവ പൊട്ടിത്തെറിയിലൂടെ സൂര്യൻ ഉ ണ്ടായതിനോടൊപ്പം അതിനുള്ളിൽ പെടാത്ത കുറെ കണികകൾ കൂടി സൂര്യന് ചുറ്റും കറങ്ങുന്നുണ്ടായിരുന്നു. ആ കണികകൾ പരസ്പരം ആകർഷിക്കപ്പെട്ട് വലിയഗോളങ്ങളായി മാറി, സൂര്യനെ ചുറ്റിക്കൊണ്ടിരുന്നു. സൂര്യൻ അതിന്റെ പൂർണ്ണമായ അവസ്ഥയിലെത്തിയപ്പോൾ അതിശക്തമായ ഊർജ്ജം പുറന്ത ള്ളാൻ തുടങ്ങി. ഇതിന്റെ ഫലമായുണ്ടായ ചൂടുകാറ്റിൽ ഭാരം കുറഞ്ഞ മൂലക ങ്ങളടങ്ങിയ വസ്തുക്കൾ സൂര്യനിൽ നിന്ന് അകന്നു പോകുകയും അതിന്റെ ഭ്രമണ പഥത്തിനുള്ളിൽ നിന്നു കൊണ്ടുതന്നെ സൂര്യനെ ചുറ്റാനും തുടങ്ങി. ഭാ രം കൂടിയ മൂലകങ്ങളടങ്ങിയ ഗോളങ്ങൾ സൂര്യന്റെ അടുത്തു നിന്നും ഭാരം കു റഞ്ഞവ അകലെനിന്നും അതിനെ ചുറ്റിക്കൊണ്ടിരുന്നു. പതിയെ.. പതിയെ ഈ ഗോളങ്ങൾ സൂര്യനെ ചുറ്റുന്നതിൽ ഒരു സന്തുലിതാവസ്ഥ പ്രാപിക്കുകയും സൂ ര്യന്റെ ഗ്രഹങ്ങളായി അതിനെ വലം വെക്കുകയും ചെയ്യുന്നു. അങ്ങനെ പ്രപ ഞ്ചത്തിന്റെ ഉത്ഭവത്തിനുശേഷം 9.3 ബില്യൺ വർഷമായപ്പോൾ സൂര്യന്റെ അ

ടുത്തുള്ള മൂന്നാമത്തെ ഗ്രഹമായ ഭൂമി ഒരു ഉരുകിയ ഗോളത്തിന്റെ അവസ്ഥ യിൽ ഉത്ഭവിച്ചു. അതായത് 13.8 ബില്യൻ വർഷം പഴക്കമുള്ള പ്രപഞ്ചത്തിൽ 4.5 ബില്യൻ വർഷം പഴക്കമുള്ള ഭൂമിയുടെ ഉൽപത്തി സംഭവിച്ചു.

2024 ജനുവരി 25ന് ആസ്ട്രോഫിസിക്കൽ ജേണൽ ലെറ്റേഴ്സിൽ പ്രസി ദ്ധീകരിച്ച കണ്ടെത്തലുകൾ പ്രകാരം ഭൂമിയിൽനിന്ന് 97 പ്രകാശവർഷം അക ലെ സ്ഥിതിചെയ്യുന്ന ജി ജെ 9827 ഡി എന്ന് പേരിട്ടിരിക്കുന്ന അന്യഗ്രഹത്തിൽ ജലതന്മാത്രകൾ ജ്യോതിശാസ്ത്രജ്ഞർ കണ്ടെത്തി. ഹബ്ബിൾ ബഹിരാകാശ ദൂരദർശിനി ഉപയോഗിച്ചുള്ള പഠനത്തിലാണ് ഈ കണ്ടെത്തൽ. ഭൂമിയുടെ ഇരട്ടി വ്യാസമുള്ള ഈ ഗ്രഹം അന്തരീക്ഷത്തിൽ ജലബാഷ്പമുള്ളതായി ക ണ്ടെത്തിയ ഏറ്റവും ചെറിയ അന്യഗ്രഹമാണെന്ന് പഠനം പറയുന്നു. ഭൂമിയു ടെ ആദ്യകാല അവസ്ഥക്ക് തുല്യമായ അന്തരീക്ഷമാണ് ഇതിനുള്ളത്. ജലസ മൃദ്ധമായ അന്തരീക്ഷത്തെ ചുട്ടുപൊള്ളുന്ന നീരാവിയാക്കി മാറ്റാൻ കഴിയുന്ന 427 ഡിഗ്രി സെൽഷ്യൂസ് ചൂടാണ് ഈ ഗ്രഹത്തിലുള്ളത്. ഇതിൽ നിന്നും ഒരു കാലത്ത് ഭൂമിയും ചുട്ടു പൊള്ളുന്ന ഗ്രഹമായിരിക്കാമെന്ന് അനുമാനിക്കാം.

പ്രപഞ്ചത്തിന്റെ ആദ്യകാലപഠനങ്ങൾ ഭൂമിയെ പ്രപഞ്ചത്തിന്റെ കേന്ദ്രത്തി ൽ പ്രതിഷ്ഠിച്ചവയായിരുന്നു. നൂറ്റാണ്ടുകളായി നടന്ന ജ്യോതിശാസ്ത്ര പഠന ചരിത്രത്തിൽ കൂടുതൽ കൃത്യമായ നിരീക്ഷണങ്ങൾ നടത്തിയ നിക്കോളാസ് കോപ്പർനിക്കസ് സൂര്യനെ സൗരയൂഥത്തിന്റെ കേന്ദ്രത്തിൽ പ്രതിഷ്ഠിച്ചു. കോ പ്പർനിക്കസിന്റെ പ്രവർത്തനങ്ങളേയും ജോഹന്നാസ് കെപ്ലറുടെ ഗ്രഹചലന നിയമങ്ങളേയും ടൈക്കോബ്രാഹിന്റെ നിരീക്ഷണങ്ങളേയും അടിസ്ഥാനമാക്കി ഐസക് ന്യൂട്ടൻ സാർവത്രിക ഗുരുത്വാകർഷണ നിയമം വികസിപ്പിച്ചു."

"ആകാശ ഗംഗയെന്ന താരാപഥത്തിലെ ഒരു നക്ഷത്രമാണ് സൂര്യനെന്നു പ റയുന്നതു ശരിയാണോ?"

"നിരീക്ഷിക്കാവുന്ന പ്രപഞ്ചത്തിലെ നൂറുകണക്കിന് ബില്യൺ ഗാലക്സിക ളിൽ ഒന്നായ ആകാശഗംഗയിലെ ഏതാനും നൂറുകോടി നക്ഷത്രങ്ങളിൽ ഒന്നാ ണ് സൂര്യൻ. ഏകദേശം 100 ബില്യൺ നക്ഷത്രങ്ങൾ ചേർന്നതാണ് ക്ഷീരപഥം അതായത് ആകാശഗംഗയെന്നും MilkyWayയെന്നും അറിയപ്പെടുന്ന നമ്മുടെ ഗാലക്സിയെന്ന് ഏറ്റവും പുതിയ കണക്കുകൾ പറയുന്നു. ഈ നക്ഷത്രക്കൂട്ട ങ്ങൾ ഒരു വലിയ ഡിസ്ക് പോലെ കാണപ്പെടുന്നു. അതിന്റെ വ്യാസം ഏകദേ ശം 100,000 പ്രകാശവർഷമാണ്. നമ്മുടെ സൗരയൂഥം ഈ ഗാലക്സിയുടെ കേന്ദ്രത്തിൽ നിന്ന് ഏകദേശം 25,000 പ്രകാശവർഷം അകലെയാണ്. ഇതിൽ നിന്നും ഒരു ഗാലക്സിയുടെ വലിപ്പം എത്രയാണെന്ന് ഊഹിക്കാമല്ലോ."

ആൽബർട്ട് ഐൻസ്റ്റീൻ

"ഈ ഇരുണ്ട ദ്രവ്യം എന്നാൽ എന്താണ് മുത്തശ്ശി?"

"പറയാം.. ഇരുണ്ട ദ്രവ്യമെന്നാൽ പ്രകാശവുമായോ വൈദ്യുത കാന്തിക മ
ണ്ഡലവുമായോ ഇടപഴകാത്തതായി കാണപ്പെടുന്ന ദ്രവ്യത്തിന്റെ ഒരു സാങ്കൽ
പിക രൂപമാണ്. ഗാലക്സികളുടെ ചലനത്തെക്കുറിച്ചുള്ള പഠനത്തിൽനിന്നും
പ്രപഞ്ചത്തിൽ ദൃശ്യ വസ്തുക്കളിൽ കണക്കാക്കുന്നതിനേക്കാൾ വളരെയധി
കം ദ്രവ്യം അടങ്ങിയിട്ടുണ്ടെന്ന് കണ്ടെത്തി.

നാസയുടെ ജെയിംസ് വെബ് ബഹിരാകാശ ദൂരദർശിനി തിരിച്ചറിഞ്ഞ ഏറ്റവും പഴക്കമുള്ള തമോഗർത്തം. 1.6 ദശലക്ഷം സൂര്യന്മാർക്ക് തുല്യമായ ഇതിന് 13 ബില്യൺ വർഷം പഴക്കമുണ്ട്.

നക്ഷത്രങ്ങൾ,ഗാലക്സികൾ, നെബുലകൾ, ഇന്റർസ്റ്റെല്ലാർ വാതകം എ ന്നിവക്കപ്പുറം അദൃശ്യ ദ്രവ്യവും അതിൽ അടങ്ങിയിരിക്കുന്നു. ഈ അദൃശ്യ ദ്ര വ്യം ഇരുണ്ട ദ്രവ്യം എന്നുകൂടി അറിയപ്പെടുന്നു. പ്രപഞ്ചത്തിലെ പിണ്ഡത്തി ന്റേയും ഊർജ്ജത്തിന്റേയും 69.2% ± 1.2% പ്രപഞ്ചത്തിന്റെ വികാസത്തിന്റെ ത്വരിതപ്പെടുത്തലിന് കാരണമാകുന്ന ഈ ഇരുണ്ട ഊർജ്ജമാണ്. 2021 ഡിസം ബർ 25ന് നാസയും യൂറോപ്യൻ യൂ ണിയനും സംയുക്തമായി, ബഹിരാകാശ ത്തേക്ക് ജെയിംസ് വെബ് ടെലിസ്കോപ്പിക് ക്യാമറ വിക്ഷേപിച്ചിരുന്നു. അതിൽ നിന്നും 2022 ജൂലൈ മുതൽ മനുഷ്യരാശിക്ക് കിട്ടിക്കൊണ്ടിരിക്കുന്ന ചിത്രങ്ങ ൾ വിസ്മയകരവും പ്രപഞ്ചഉൽപത്തിയെ പറ്റിയുള്ള ധാരണകളെ ഊട്ടി ഉറപ്പി ക്കുന്നതുമാണ്. പുതിയ കണ്ടെത്തലുകൾക്കായി, അനന്തമായി കിടക്കുന്ന പ്ര പഞ്ചത്തിന്റെ പുതിയ അറിവുകൾക്കായി, ശാസ്ത്രം മുന്നോട്ട് കുതിച്ചുകൊണ്ടേ യിരിക്കുന്നു. പ്രപഞ്ചവും നക്ഷത്രങ്ങളും ഉണ്ടായതെങ്ങനെയാണെന്ന് ഇതിൽ നിന്നും വ്യക്തമായയല്ലോ."

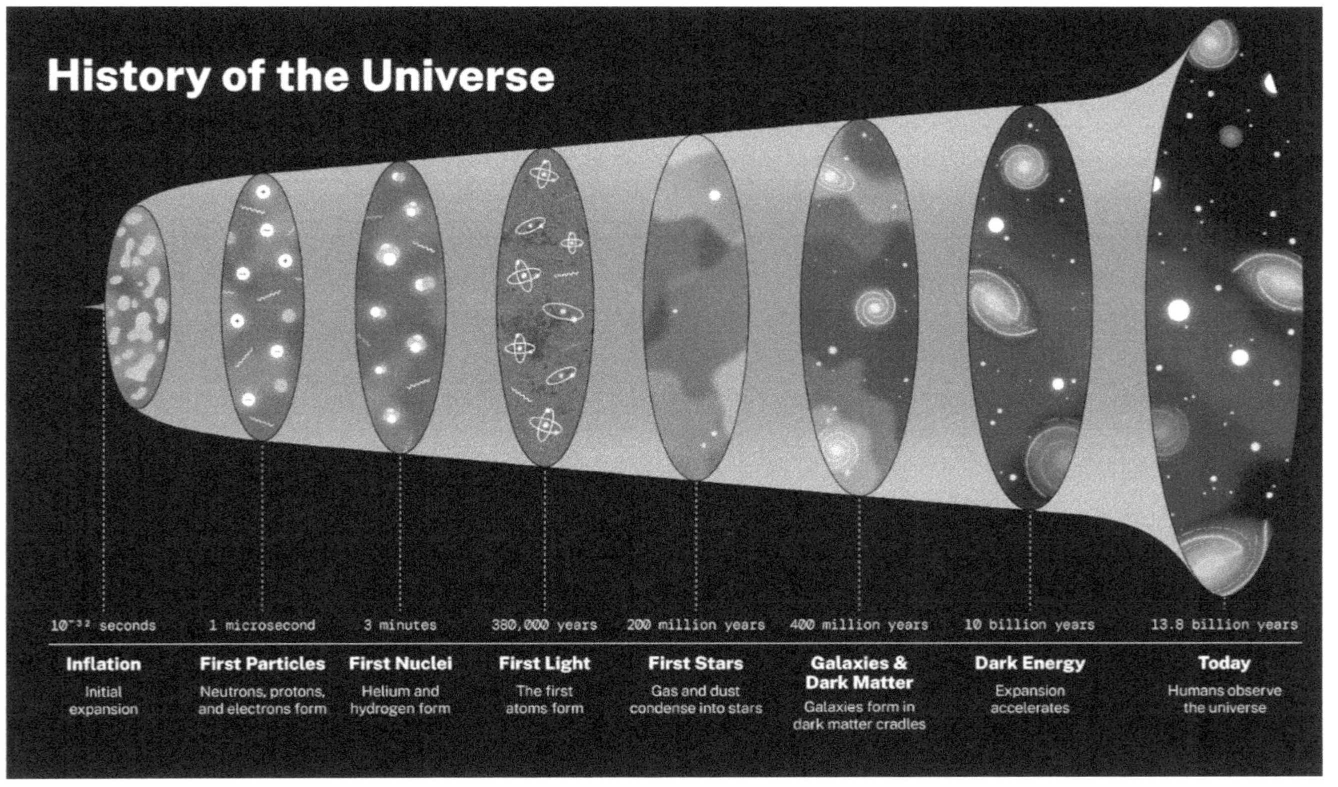
History of the Universe
10⁻³² seconds
1 microsecond
3 minutes
380,000 years
200 million years
400 million years
10 billion years
13.8 billion years
Inflation
Initial expansion
First Particles
Neutrons, protons, and electrons form
First Nuclei
Helium and hydrogen form
First Light
The first atoms form
First Stars
Gas and dust condense into stars
Galaxies & Dark Matter
Galaxies form in dark matter cradles
Dark Energy
Expansion accelerates
Today
Humans observe the universe

2

ജീവനുണ്ടാകുന്നു

''പ്രപഞ്ചമുണ്ടായത് എങ്ങനെയാണെന്ന് മനസ്സിലായി. എന്നാൽ ഭൂമിയിൽ ജീ വനുണ്ടായത് എങ്ങനെയാണ് മുത്തശ്ശി?''

"പ്രാചീനകാലം മുതൽ മനുഷ്യരെ അലട്ടിയിരുന്ന ചോദ്യങ്ങളിലൊന്നായിരി ക്കണം ഇത്. അതിനുള്ള എളുപ്പ ഉത്തരമായിരുന്നു മതങ്ങളുടെ ഉൽപത്തി ക ഥകൾ. എന്നാൽ അതേ സമയത്തുതന്നെ ജീവനേപറ്റിയുള്ള ശാസ്ത്രീയമായ അന്വേഷണങ്ങളും കണ്ടെത്തലുകളും നടക്കുന്നുമുണ്ടായിരുന്നു. ഭൂമി രൂപപ്പെ ട്ട് ഇപ്പോൾ ഏകദേശം 450-460 കോടി വർഷമായിട്ടുണ്ടാകും. അതിൽ ജീവനു ണ്ടായിട്ട് ഏകദേശം 350-400 കോടി വർഷവും. ജീവനുണ്ടായതിനുശേഷം അ തിന്റെ പരിണാമ ദിശയിൽ ഇതുവരെ ഭൂമിയിലുണ്ടായിരുന്ന പല ജീവികളും അതിജീവനത്തിന്റെ പാതയിൽ നിന്നും പുറന്തള്ളപ്പെട്ടു. ചിലത് ബാക്കിയായി."

"അപ്പോൾ ജീവനെന്നു പറഞ്ഞാൽ എന്താണ് മുത്തശ്ശി?"

"ജീവനെന്നാൽ രസതന്ത്രത്തിന്റെ ഭാഷയിൽ ആമിനോ അമ്ളങ്ങൾ, ഡി. എൻ.എ, പ്രോട്ടീനുകൾ എന്നിവ ഉൾപ്പെടുന്ന കോശങ്ങളാണ്. ജീവനെ നമ്മൾ ജീവികളുടെ രൂപത്തിലാണ് കാണുന്നത്. ജീവികളിൽ തന്നെ കണ്ണുകൊണ്ട് നേ രിട്ട് കാണാൻ കഴിയാത്ത വൈറസ് മുതൽ ഭീമാകാരനായ ആനകൾ വരെയു ണ്ട്."

"ജീവനെ പറ്റി ശാസ്ത്രകാരന്മാർ പഠിക്കാൻ തുടങ്ങിയത് എപ്പോൾ മുതലാ ണ്?"

"ബി.സി.ഇ 494-434-ൽ ജീവിച്ച ഗ്രീക്ക് ചിന്തകനായ എംപെഡോക്ളീസിന്റെ ഭൗതികവാദത്തിൽ ജീവനെന്നത് ഭൂമി,ജലം, വായു, തീ എന്നീ നാല് ഘടകങ്ങ ളാൽ നിർമ്മിതമാണെന്ന് സമർത്ഥിക്കുന്നു. പിന്നീട് ബി.സി.ഇ. 384-322-ൽ ജീ വിച്ച, ആധുനികശാസ്ത്രത്തിന്റെ വികാസത്തിന് അടിത്തറപാകിയ അരിസ്റ്റോ ട്ടിൽ, എല്ലാ ജീവജാലങ്ങൾക്കും ആത്മാവുണ്ടെന്നും അവ രൂപവും ദ്രവ്യവും ഉ ൾക്കൊള്ളുന്നതാണെന്നും സമർത്ഥിച്ചു. ജീവജാലങ്ങളെ തരംതിരിക്കാനുള്ള

ശ്രമങ്ങളും അദ്ദേഹം തുടങ്ങി. പിന്നീട് 1740-ൽ സ്വീഡിഷ് ശാസ്ത്രജ്ഞനായ കാൾ ലിനേയസിന്റെ ദ്വിപദ നാമകരണ (ശാസ്ത്രീയമായ നാമകരണം) സമ്പ്രദായത്തിൽ ജീവികളുടെ വർഗ്ഗീകരണം ആരംഭിച്ചു. അരിസ്റ്റോട്ടിൽ മുതൽ പത്തൊൻപതാം നൂറ്റാണ്ടുവരെ, ജീവന്റെ ഉത്ഭവത്തെ കുറിച്ചുള്ള ഒരു വീക്ഷണം ജീവനില്ലാത്ത വസ്തുക്കളിൽ നിന്ന് ജീവജാലങ്ങൾ ഉണ്ടാകാമെന്നും അത്തരം പ്രക്രിയകൾ സാധാരണവും ക്രമാനുഗതവുമാണെന്നാണ്. ഇതിനെ സ്വയമേവയുള്ള തലമുറ സിദ്ധാന്തമെന്ന് വിളിക്കുന്നു. ഇതിൽ ചെറിയ ജീവികൾ ജീർണ്ണിച്ച ജൈവവസ്തുക്കളാൽ സൃഷ്ടിക്കപ്പെട്ടതാണെന്നും ജീവൻ യാദൃശ്ചികമായി ഉടലെടുത്തതാണെന്നും സമർത്ഥിച്ചു. പതിനേഴാം നൂറ്റാണ്ടിൽ തോമസ് ബ്രൗണിന്റെ സ്യൂഡോഡോക്സിയ എപ്പിഡെമിക്ക പോലുള്ള കൃതികളിൽ ഇത് ചോദ്യം ചെയ്യപ്പെട്ടു. 1665 -ൽ റോബർട്ട് ഹുക്ക് ഒരു സൂക്ഷ്മജീവിയുടെ ആദ്യ ചിത്രങ്ങൾ പ്രസിദ്ധീകരിച്ചു. 1676-ൽ ആന്റണി വാൻ ലീവൻഹോക്ക് സൂക്ഷ്മാണുക്കളായ പ്രോട്ടോസോവയേയും ബാക്ടീരിയകളേയും വരച്ച് വിവരിച്ചു. വാൻ ല്യൂവൻ ഹോക്ക് സ്വതസിദ്ധമായ തലമുറയെന്ന സിദ്ധാന്തത്തോട് വിയോജിച്ചു, 1668-ൽ ഇറ്റാലിയൻ ശാസ്ത്രജ്ഞനായ ഫ്രാൻസെസ്കോ റെഡി, ഈച്ചകളുടെ മുട്ടകളിൽ നിന്നാണ് പുഴുക്കൾ വരുന്നതെന്ന് തെളിയിച്ചുകൊണ്ട് സ്വതസിദ്ധമായ തലമുറയെന്ന സിദ്ധാന്തത്തെ നിരാകരിച്ചു. 19-ാംനൂറ്റാണ്ടിന്റെ മധ്യത്തിൽ ഫ്രെഞ്ച് രസതന്ത്രജ്ഞനായ ലൂയിപാസ്ചറിന്റേയും ഐറിഷ് ഭൗതിക ശാസ്ത്രജ്ഞൻ ജോൺ ടിൻഡാലിന്റേയും പ്രവർത്തനത്തോടെ, സ്വതസിദ്ധമായ തലമുറ തെറ്റാണെന്ന് കണക്കാക്കപ്പെട്ടു.

എല്ലാ ജീവജാലങ്ങളും ഒരു പൊതുപൂർവ്വികനിൽ നിന്നും പരിണമിച്ചുണ്ടായതാണെന്ന് പതിനെട്ടാം നൂറ്റാണ്ടിൽ തന്നെ പല ശാസ്ത്രകാരന്മാരും അഭിപ്രായപ്പെട്ടിരുന്നുവെങ്കിലും 1859-ൽ ബ്രിട്ടീഷ് പ്രകൃതിശാസ്ത്രജ്ഞനായ ചാൾസ് ഡാർവിൻ പ്രസിദ്ധീകരിച്ച ഓൺ ദി ഒറിജിൻ ഓഫ് സ്പീഷീസ് എന്ന പുസ്തകത്തിനു ശേഷമാണ് പരിണാമ പ്രക്രിയയിലൂടെയാണ് ഇന്നുള്ള ജീവജാലങ്ങൾ ഉണ്ടായതെന്ന സിദ്ധാന്തം പൊതുവെ അംഗീകരിക്കപ്പെട്ടത്."

"ഈ പൊതുപൂർവ്വികനെ ഒന്ന് വിശദീകരിക്കാമോ മുത്തശ്ശി?"

"ആധുനികശാസ്ത്രം, വംശനാശം സംഭവിച്ച പല ജീവിവർഗ്ഗങ്ങളുടെയും ഫോസിലുകൾ കണ്ടെത്തിയതിലൂടെ ഇപ്പോൾ നിലനിൽക്കുന്ന എല്ലാ ജീവിവർഗ്ഗങ്ങളുടെയും പരിണാമത്തെ പറ്റിയുള്ള പഠനം സാധ്യമാക്കി. ആ പഠനത്തിലൂടെ കുറഞ്ഞത് 350 കോടി വർഷങ്ങൾക്ക് മുമ്പാണ് ജീവൻ ഉത്ഭവിച്ചതെന്നും, എല്ലാ ജീവിവർഗ്ഗങ്ങൾക്കും ഒരു പൊതുപൂർവ്വികൻ ഉണ്ടെന്നും അതിന്

എംപൈഡോക്ലീസ്

LUCA (last universal common ancestor) എന്നും പേരിട്ടു. ഭൂമിയിലെ ജീവ ന്റെ പരിണാമ ചരിത്രത്തിലെ ഒരു സാങ്കൽപ്പിക ഘട്ടമാണ് ലൂക്കയുടെ ഈ ആർ.എൻ.എ ലോകം. അതുപ്രകാരം ഡി. എൻ.എയുടേയും പ്രോട്ടീനുകളുടേ യും പരിണാമത്തിനും മുമ്പ് സ്വയം പകർത്തുന്ന ആർ.എൻ.എ തന്മാത്രകൾ പെരുകി, അതിൽ നിന്നാണ് ജീവന്റെ മൂന്ന് വിഭാഗങ്ങൾ അതായത് ബാക്ടീരിയ, ആർക്കിയ, യൂക്കറിയോട്ട് എന്നിവ ഉത്ഭവിച്ചത്."

"ജീവജാലങ്ങൾ ജൈവതന്മാത്രകളാൽ നിർമ്മിതമാണെന്ന് പറഞ്ഞല്ലോ. ഇ തൊന്ന് വിശദീകരിക്കാമോ?"

അരിസ്റ്റോട്ടിൽ

"ജീവജാലങ്ങൾ ബയോകെമിക്കൽ തന്മാത്രകളാൽ നിർമ്മിതമാണ്. പ്രധാന മായും ചില പ്രധാന രാസമൂലകങ്ങളിൽ നിന്നാണ് ഇവ രൂപംകൊള്ളുന്നത്. എല്ലാ ജീവജാലങ്ങളിലും രണ്ടുതരം വലിയ തന്മാത്രകൾ അടങ്ങിയിരിക്കുന്നു, പ്രോട്ടീനുകളും ന്യൂക്ലിക് ആസിഡുകളും. പ്രോട്ടീനുകളെന്നാൽ അമിനോ ആ സിഡ് അവശിഷ്ടങ്ങളുടെ ഒന്നോ അതിലധികമോ നീണ്ട ശൃംഖലകൾ ഉൾ കൊള്ളുന്ന വലിയ ജൈവതന്മാത്രകളും സൂക്ഷ്മ തന്മാത്രകളുമാണ്. ഉപാപച യ പ്രതി പ്രവർത്തനങ്ങളെ ഉത്തേജിപ്പിക്കൽ, ഡി.എൻ.എ പകർപ്പെടുക്കൽ, ഉത്തേജകങ്ങളോട് പ്രതികരിക്കൽ, കോശങ്ങൾക്കും ജീവജാലങ്ങൾക്കും ഘടന നൽകൽ, തന്മാത്രകളെ ഒരിടത്ത് നിന്ന് മറ്റൊരിടത്തേക്ക് കൊണ്ടുപോകൽ എന്നിവ ജീവികൾക്കുള്ളിൽ പ്രോട്ടീനുകളുടെ പ്രധാന ചുമതലയാണ്.

ചാൾസ് ഡാർവിൻ

കോശങ്ങളിൽ കാണപ്പെടുന്ന രാസസംയുക്തങ്ങളാണ് ന്യൂക്ലിക് ആസിഡു കൾ. അവ കോശങ്ങളിൽ വിവരങ്ങൾ വഹിക്കുകയും ജനിതക വസ്തുക്കൾ ഉണ്ടാക്കുകയും ചെയ്യുന്നു. ഈ ആസിഡുകൾ എല്ലാ ജീവജാലങ്ങളിലുമുണ്ട്. അവ ഭൂമിയിലെ എല്ലാ ജീവജാലങ്ങളുടേയും എല്ലാ ജീവകോശങ്ങളിലും വിവ രങ്ങൾ ഉണ്ടാക്കുകയും എൻകോഡ് ചെയ്യുകയും സൂക്ഷിക്കുകയും ചെയ്യുന്നു. ഇവ കോശത്തിന്റെ ന്യൂക്ലിയസിനുള്ളിലും പുറത്തും വിവരങ്ങൾ അയയ്ക്കുക യും പ്രകടിപ്പിക്കുകയും ചെയ്യുന്നു. കോശത്തിന്റെ ആന്തരിക പ്രവർത്തനങ്ങൾ മുതൽ ഒരു ജീവിയുടെ കുഞ്ഞുങ്ങൾവരെയുള്ള വിവരങ്ങൾ ന്യൂക്ലിക് ആസിഡ് സീക്വൻസ് വഴി ഉൾക്കൊള്ളുകയും നൽകുകയും ചെയ്യുന്നു.

ജീവന്റെ ഘടനാപരവും പ്രവർത്തനപരവുമായ യൂണിറ്റാണ് സെൽ അഥ വാ കോശം. ബാക്ടീരിയ, ആർക്കിയ പോലുള്ള ചെറിയ ജീവികൾ ചെറിയ ഒറ്റ

കോശങ്ങൾ ഉള്ളവയാണ്. വലിയ ജീവികൾ, പ്രധാനമായും യൂക്കറിയോട്ടുകൾ, ഒറ്റ കോശങ്ങളോ സങ്കീർണ്ണമായ ഘടനയുള്ള ബഹുകോശങ്ങളോ ആകാം. ജീ വശാസ്ത്രത്തിൽ, ജീവന്റെ ഉത്ഭവമെന്നത് ലളിതമായ രാസസംയുക്തങ്ങൾ (കാർബൺ-ഹൈഡ്രജൻ സംയുക്തങ്ങൾ)പോലെയുള്ള അജൈവ വസ്തുക്ക ളിൽ നിന്ന് ജീവനുണ്ടായ സ്വാഭാവിക പ്രക്രിയയാണ്. നിലവിലുള്ള ശാസ്ത്രീയ സിദ്ധാന്തം പ്രകാരം, ജീവനില്ലാത്തതിൽ നിന്ന് ഭൂമിയിലെ ജീവജാലങ്ങളിലേക്കു ള്ള മാറ്റം ഒരു പെട്ടെന്നുണ്ടായ സംഭവമല്ല, മറിച്ച് വാസയോഗ്യമായ ഒരു ഗ്രഹ ത്തിന്റെ രൂപീകരണം, ജൈവതന്മാത്രകളുടെ സ്വയം-പകർച്ച എന്നിവ ഉൾപ്പെ ടുന്ന സങ്കീർണ്ണമായ സ്വാഭാവിക പ്രക്രിയയാണ്."

"മുത്തശ്ശി, ഭൂമിയിൽ മാത്രമാണോ ജീവനുള്ളത്?, ഭൂമിയിൽ മാത്രം ജീവൻ കാണാപ്പെടാൻ എന്താണ് കാരണം?"

"പ്രപഞ്ചത്തിൽ ജീവൻ നിലനിൽക്കുന്ന ഒരേയൊരു സ്ഥലമായി ഭൂമി ഇപ്പോ ഴും തുടരുന്നു. ജീവന്റെ ചേരുവകളായ വെള്ളവും രാസവസ്തുക്കളും ഭൂമിയി ലാണുള്ളത് എന്നതാണതിന് കാരണം. എന്നാൽ ജീവൻ നിലനിൽക്കുന്ന ഒരേ യൊരു സ്ഥലമായി ഭൂമി നിലനിൽക്കുന്നുണ്ടെങ്കിലും, ജീവന്റെ ഉത്ഭവത്തിൽ ബഹിരാകാശത്ത് നിന്ന് ഭൗമജീവരൂപങ്ങൾ ഭൂമിയിൽ എത്താനുള്ള സാധ്യത യും തള്ളിക്കളയാവുന്നതല്ല. 2018 ജനുവരിയിൽ നടന്ന ഒരു പഠനത്തിൽ 450 കോടി വർഷം പഴക്കമുള്ള ഉൽക്കാശിലകൾ ഭൂമിയിൽ കണ്ടെത്തിയിരുന്നു. ജ്യോതിർ ജീവശാസ്ത്രം മറ്റ് ഗ്രഹങ്ങളിലെ ജീവന്റെ തെളിവുകളും അന്വേഷി ക്കുന്നുണ്ട്. 2016 സെപ്തംബർ 8-ന് വിക്ഷേപിക്കപ്പെട്ട നാസയുടെ OSIRIS-REx എന്ന പേടകം 7 വർഷത്തെ പ്രപഞ്ച പര്യടനത്തിനുശേഷം, ബെന്നുവെ ന്ന ഒരു ഛിന്നഗ്രഹത്തിൽ നിന്ന് സാമ്പിൾ ശേഖരിച്ച് 2023 സെപ്തംബർ 24-ന് ഭൂമിയിൽ തിരിച്ചെത്തിയ ദൗത്യത്തെപ്പറ്റി നമ്മൾ പത്രത്തിൽ വായിച്ചതാണ ല്ലോ. ആ സാമ്പിൾ പാറകളിലെ പഠനത്തിൽ നിന്നും ജീവന്റെ ഉത്ഭവത്തെകു റിച്ചുള്ള പുതിയ കണ്ടെത്തലുകൾ ലഭിക്കുമെന്ന് ശാസ്ത്രലോകം പ്രതീക്ഷിക്കു ന്നു.

ബാക്ടീരിയ, ആർക്കിയ എന്നീ വിഭാഗങ്ങളിൽ, ആധുനിക ജീവികളുടെ ജീ നോമുകൾ താരതമ്യം ചെയ്യുന്നതിലൂടെ അവയുടെ അവസാനത്തെ പൊതു പൂർവ്വികനായ LUCAയുടെ പ്രായവും, ജീനുകളുടെ എണ്ണവും അനുമാനിക്കാ ൻ കഴിയും. 4.477 മുതൽ 4.519 ബില്യൺ വർഷങ്ങൾക്ക് മു മ്പ് ഹാഡിയൻ യു ഗത്തിൽ LUCA ജീവിച്ചിരിക്കാമെന്ന് ഈ തന്മാത്രാഘടികാര മാതൃക സൂചിപ്പി ക്കുന്നു. ജീവന്റെ രണ്ട് പ്രധാന ശാഖകളിലെ അംഗങ്ങളായ ആർക്കിയയും ബാ ക്ടീരിയയും പങ്കിടുന്ന ജീനുകളെ അടിസ്ഥാനമാക്കി, ആധുനികജീവികളുടെ അവസാനത്തെ സാർവത്രിക പൊതുപൂർവ്വികനായ LUCAയെ ഒരു ജനിതകശാ

സ്ത്ര രീതിയിലും കണ്ടെത്താൻ ശ്രമിച്ചു. ഇതിൽ 355 ജീനുകൾ എല്ലാ ജീവജാ ലങ്ങൾക്കും പൊതുവായി കാണപ്പെടുന്നതായി കണ്ടെത്തി.

ഇന്നത്തെ ഭൂമിയിലുള്ളതിൽ നിന്ന് തികച്ചും വ്യത്യസ്തമായ ഒരു പരിതസ്ഥി തിയിൽ, ജീവനുണ്ടാകുന്നതിനു മുമ്പുള്ള രാസപ്രവർത്തനങ്ങൾ എങ്ങനെ ജീ വനെ സൃഷ്ടിച്ചുവെന്ന് മനസ്സിലാക്കാനാണ് അബിയോജെനിസിസ് (അജൈ വ ജീവോല്പത്തി) പഠനം ശ്രമിക്കുന്നത്. കാർബണിന്റേയും വെള്ളത്തിന്റേയും പ്രത്യേക രാസപ്രവർത്തനത്തിലൂടെയാണ് ജീവൻ പ്രവർത്തിക്കുന്നത്. അത് പ്രധാനമായും നാല് പ്രധാന രാസസംയുക്തങ്ങളെ അടിസ്ഥാനമാക്കിയുള്ളതാ ണ്. കോശസ്തരങ്ങൾക്കുള്ള ലിപിഡുകൾ, പഞ്ചസാരപോലുള്ള കാർബോ ഹൈഡ്രേറ്റുകൾ, പ്രോട്ടീൻ പരിണാമത്തിനുള്ള അമിനോആസിഡുകൾ, ന്യൂ ക്ലിക് ആസിഡുകളിൽ അടങ്ങിയ ഡി.എൻ.എ, അല്ലെങ്കിൽ ആർ.എൻ.എ എ ന്നിവയാണത്. ഗവേഷകർ പൊതുവെ കരുതുന്നത് നിലവിലെ ജീവൻ ഒരു ആർ.എൻ.എ ലോകത്തുനിന്നും ഉണ്ടായതാകാമെന്നാണ്."

"പരീക്ഷണശാലയിൽ നമുക്ക് ജീവനെ സൃഷ്ടിക്കാൻ കഴിയുമോ?"

"ആദ്യകാല ഭൂമിയുടേതുപോലുള്ള സാഹചര്യം സൃഷ്ടിച്ചുകൊണ്ട് 1952-ലെ മില്ലർ-യൂറേ പരീക്ഷണം, പ്രോട്ടീനുകളുടെ രാസഘടകങ്ങളായ മിക്ക അ മിനോ ആസിഡുകളും, അജൈവ സംയുക്തങ്ങളിൽ നിന്ന് ഉണ്ടാക്കാൻ കഴിയു മെന്ന് തെളിയിച്ചു. മിന്നൽ, റേഡിയേഷൻ (വികിരണം) സൂക്ഷ്മ ഉൽക്കാശില കളുടെ അന്തരീക്ഷത്തിലെ പ്രവേശനം, കടലിലേയും സമുദ്രത്തിലേയും തിര മാലകൾ എന്നിവയുൾപ്പെടെയുള്ള ബാഹ്യ ഊർജ്ജ സ്രോതസ്സുകളിൽ ഏതെ ങ്കിലും ഒന്ന് ജീവനുണ്ടാകാൻ സഹായകരമായ ഊർജ്ജ സ്രോതസാകാമെന്ന് കരുതുന്നു.

അബിയോജെനിസിസ് (അജൈവജീവോല്പത്തി) ഗവേഷകർ നേരിടുന്ന ഒ രു പ്രധാന വെല്ലുവിളി, പരിണാമഘട്ടങ്ങളിലൂടെ ഇത്തരമൊരു സങ്കീർണ്ണവും ഇറുകിയതുമായ ഒരു സംവിധാനം എങ്ങനെ വികസിച്ചുവെന്ന് വിശദീകരിക്കു കയെന്നതാണ്. ജീവൻ എങ്ങനെ, എപ്പോഴുണ്ടായിയെന്ന് വിശദീകരിക്കണമെ ങ്കിൽ ഭൂമി ഉണ്ടായ കാലത്തേക്ക് സഞ്ചരിക്കേണ്ടി വരും. അതിനെ ഇങ്ങനെ വി വരിക്കാം, ഏകദേശം 1380 കോടി വർഷങ്ങൾക്ക് മുമ്പ് ഈ പ്രപഞ്ചമുണ്ടായി, തുടർന്ന് വികസിക്കാൻ തുടങ്ങി. ഏകദേശം 480 കോടിവർഷങ്ങൾക്ക് മുമ്പ് സൂര്യനും അതോടൊപ്പം 450-460 കോടി വർഷത്തിൽ ഭൂമിയുമുണ്ടായി. പിന്നീ ട് ബുധന്റെ വലിപ്പമുള്ള ഒരു ഗ്രഹം ഭൂമിയിൽ കൂട്ടിയിടിച്ചതിന്റെ ഫലമായി ര ണ്ടും ചിന്നിച്ചിതറി. തെറിച്ചുപോയതും ബാഷ്പീകരിക്കപ്പെട്ടതുമായ ഭാഗങ്ങൾ ഭൂമിയിലേക്ക് വീണ്ടും ആകർഷിക്കപ്പെട്ടപ്പോൾ സാന്ദ്രത കുറഞ്ഞഭാഗങ്ങൾ പു റന്തോടായും സാന്ദ്രത കൂടിയ ഭാഗങ്ങൾ ഭൂമിയുടെ ഉൾക്കാമ്പായും മാറി. ഭൂമി

യുടെ അന്തരീക്ഷത്തിലെ രാസ പ്രക്രിയയുടെ ഫലമായി പിന്നീട് നിരന്തരമായി പെയ്ത മഴയിൽ ഭൂമി തണുക്കുകയും താഴ്ന്നഭാഗങ്ങൾ സമുദ്രങ്ങളായി രൂപ പ്പെടുകയും ചെയ്തു. പിന്നീട് ജീവനില്ലാത്ത രാസതന്മാത്രയിൽ നിന്നും ജൈവ തന്മാത്രകൾ ഉണ്ടായി.

ഇനി എങ്ങനെയാണ് ജീവനുണ്ടായതെന്ന് നോക്കാം. ഭൂമിയിൽ ജീവനുണ്ടാ യകാലഘട്ടത്തിലെ സാഹചര്യം സൃഷ്ടിച്ചുകൊണ്ടു പരീക്ഷണത്തിന് തുടക്കം കുറിച്ച സ്റ്റാൻലി മില്ലറേയും ഹരോൾഡ് യൂറിയയേയും പറ്റി മുമ്പ് പറഞ്ഞിരു ന്നല്ലോ. അവരുടെ പരീക്ഷണത്തിൽ പല പോരായ്മകളും ഉണ്ടായിരുന്നുവെ ങ്കിലും ഇന്ന് പൊതുവെ അംഗീകരിക്കുന്ന സിദ്ധാന്ത പ്രകാരം, നാലോ ആറോ തന്മാത്രകളുടെ അതായത് H2O (വെള്ളം), H2S (ഹൈഡ്രജൻ സൾഫൈഡ്) HCN (ഹൈഡ്രജൻ സൈനൈഡ്) NH3 (അമോണിയ), CH4(മീഥൈൻ) N2 (നൈട്രജൻ) എന്നിവയുടെ കൂടിച്ചേരൽ വഴി ഉണ്ടായ പ്രവർത്തനത്തിന്റേയും പ്രതിപ്രവർത്തനത്തിന്റേയും ഫലമായാണ് ജീവനുണ്ടായത്. ഈ ആറ് തന്മാ ത്രകളേയും പരസ്പരം പ്രവർത്തിപ്പിച്ചപ്പോൾ വലിയ തന്മാത്രകൾ രൂപപ്പെട്ട തായി കണ്ടു. ആ തന്മാത്രകളെ വീണ്ടും പ്രവർത്തിപ്പിച്ചപ്പോൾ തന്നെ അമിനോ ആസിഡുകൾ ഉണ്ടാകുന്നതായി കണ്ടെത്തി. ഇതിൽ നിന്നും അജൈവ തന്മാ ത്രകളിൽ നിന്നും ജൈവതന്മാത്രകളിലേക്കുള്ള പരിണാമം സാധ്യമാണെന്ന് വ്യ ക്തമായി. ഈ പ്രവർത്തനത്തിൽ നാലാമത്തെ തലമുറയിലെത്തിയപ്പോൾ ഇത് ഒരു രാസത്വരകമായി പ്രവർത്തിക്കാൻ കഴിയുന്ന തന്മാത്രകളായി മാറുന്നതായി കണ്ടു. അതായത് പെട്ടെന്ന് തന്നെ പ്രവർത്തിക്കാൻ കഴിയുന്ന തന്മാത്രകളുടെ കൂട്ടമായി. അഞ്ചാമത്തെ ജനറേഷനോടുകൂടി ഇന്നു ഡി.എൻ.എ, ആർ.എൻ. എ എന്നിവയിൽ കാണുന്നതുപോലുള്ള ന്യൂക്ലിയോടൈഡുകൾ ഉണ്ടാകുന്ന തായി കണ്ടെത്തി."

"ഈ പറയുന്നതിനൊക്കെ എന്താണ് തെളിവുകൾ മുത്തശ്ശി?"

"ഭൂമി അതിന്റെ വ്യത്യസ്ത കാലങ്ങളിലൂടെ കടന്നുപോകുമ്പോൾ 450 കോടി വർഷം മുതൽ 400 കോടി വർഷം വരെയുള്ള കാലഘട്ടത്തെ ഏഡിയൻ യുഗ മെന്ന് വിളിക്കുന്നു. അതായത് ഒരു തെളിവുകളും ബാക്കിവെക്കാത്ത, പാറകൾ ഉരുകിയൊലിക്കുന്ന ഭൂമി. 250 കോടി വർഷം മുതൽ 400 കോടി വർഷം വരെ പഴക്കമുള്ള പാറകളാണ് ഭൂമിയിലിന്ന് പൊതുവെ കാണാൻ കഴിയുന്നത്. എ ന്നാൽ അപൂർവ്വമായി ഏഡിയൻ യുഗത്തിലെ പാറകളും കണ്ടെത്തിയിട്ടുണ്ട്. പടിഞ്ഞാറൻ ഗ്രീൻലാൻഡിലെ 370 കോടി വർഷം പഴക്കമുള്ള മെറ്റാസെഡി മെന്ററി പാറകളാണ് അതിലൊന്ന്. അവിടെ കണ്ടെത്തിയ ബയോജെനിക് ഗ്രാ ഫൈറ്റും പടിഞ്ഞാറൻ ഓസ്ട്രേലിയയിലെ 348 കോടി വർഷം പഴക്കമുള്ള മണൽക്കല്ലിൽ നിന്ന് കണ്ടെത്തിയ മൈക്രോബയൽ മാറ്റ് (സൂക്ഷ്മജീവികളു

ടെപായ) ഫോസിലുകളും ഭൂമിയിലെ ജീവന്റെ ആദ്യ തെളിവുകളാണ്. പടിഞ്ഞാ റൻ ഓസ്ട്രേലിയയിലെ 410 കോടി ബില്യൺ വർഷം പഴക്കമുള്ള പാറകളിൽ 2015-ൽ ബയോട്ടിക് ജീവന്റെ അവശിഷ്ടങ്ങൾ കണ്ടെത്തി. അതുപോലെ 2017 മെയ് മാസത്തിൽ, പടിഞ്ഞാറൻ ഓസ്ട്രേലിയയിലെ ഗെയ്സെറൈറ്റിൽ കരയിലെ പിൽബറ ക്രാറ്റണിൽ 348 കോടി വർഷം പഴക്കമുള്ള സൂക്ഷ്മജീവി കളുടെ തെളിവുകൾ കണ്ടെത്തി. 454 കോടിവർഷങ്ങൾക്ക് മുമ്പു രൂപംകൊണ്ട ഭൂമിയിൽ, ജീവന്റെ വ്യക്തമായ ആദ്യകാല തെളിവുകൾ കുറഞ്ഞത് 350 കോ ടിവർഷങ്ങൾക്കും മുമ്പുള്ളതാണ്. കാനഡയിലെ ക്യൂബെക്കിൽ നിന്നുള്ള 377 കോടി മുതൽ 428 കോടി വർഷംവരെ പഴക്കമുള്ള ഗ്രീൻസ്റ്റോൺബെൽറ്റിലെ അവശിഷ്ടങ്ങൾക്കുള്ളിൽ സൂക്ഷ്മാണുക്കളുടെ ഫോസിൽ കാണപ്പെട്ടു. ഏ കദേശം 4.4 ബില്യൺ അതായത് 440 കോടി വർഷങ്ങൾക്ക് മുമ്പ് ഭൂമിയിൽ സ മുദ്രം രൂപപ്പെട്ടതിനുശേഷമാണിത്.

ഏകദേശം 250-400 കോടിവർഷങ്ങൾക്കിടയിൽ രൂപംകൊണ്ട ഒരുപാടു പാറകൾ ഭൂമിയിലുണ്ട്. ഗ്രീൻലാന്റിലെ 370 കോടിവർഷം മുമ്പു രൂപം കൊണ്ട മെറ്റാസെഡിമെൻറി പാറകളിൽ നിന്നും ശുദ്ധമായ കാർബണിന്റെ അംശം കണ്ടെത്തി. ഈ കാർബണിൽ നിന്നും അതിന്റെ വയസ്സ് കണ്ടെത്താൻ കഴിയു മെന്നുമാത്രമല്ല, ഇത് ജീവന്റെ ബാക്കിപത്രമായി ഉണ്ടായതാണോയെന്നുകൂടി അറിയാൻ സാധിക്കും. അതായത് കാർബണിന്റെ C-12,C-13 എന്ന ഐസോ ടോപ്പുകൾ തമ്മിലുള്ള അനുപാതം പരിശോധിച്ചാൽ എങ്ങനെയാണ് ഈ കാ ർബൺ ഉണ്ടായതെന്ന് കണ്ടെത്താൻ സാധിക്കും. ഗ്രീൻലാന്റിലെ ഈ പാറകളി ലെ കാർബൺപാളിയിലെ പരിശോധനയിൽ നിന്നും ഇവയിൽ കാർബൺ13- ന്റെ അളവ് വളരെ കുറവാണെന്ന് കണ്ടെത്തി. അതിൽനിന്നും ഇത് പ്രകാശ സംശ്ലേഷണം വഴി ഉണ്ടായതാണെന്നും, 380 കോടിവർഷങ്ങൾക്കു മുമ്പ് പ്ര കാശസംശ്ലേഷണം നടത്താൻ കഴിവുള്ളജീവികൾ ഭൂമിയിൽ ഉണ്ടായിരുന്നു വെന്നും തെളിഞ്ഞു. ഇതു പ്രകാരം 380-420 കോടിവർഷങ്ങൾക്കിടയിലാണ് ജീവനുണ്ടായതെന്ന് കരുതാം. ഇതുപോലെ 350 കോടിവർഷങ്ങൾക്കു മുമ്പ് ജീവിച്ചിരുന്ന ഏകകോശജീവികളുടെ ഫോസിലുകൾ അടങ്ങുന്ന പുറ്റുകളും കണ്ടെത്തിയിട്ടുണ്ട്. ഇത്രയും വിവരിച്ചതിൽ നിന്നും ഭൂമിയിൽ ജീവനുണ്ടായത് എപ്പോഴായിരിക്കാമെന്ന് ഒരു ഏകദേശധാരണ കിട്ടിക്കാണുമല്ലോ. അതായത് കുറഞ്ഞത് 350 കോടിവർഷങ്ങൾക്കും മുന്നേ ജീവനുണ്ടായിയെന്ന് ഉറപ്പിക്കാം."

"ഡി.എൻ.എയെ പറ്റി കേട്ടിട്ടുണ്ട്. ആർ.എൻ.എ എന്താണെന്നു വിവരിക്കാ മോ?"

"ഡി.എൻ.എ-യെന്ന വാക്ക് നമ്മൾ സാധാരണ കേൾക്കുന്നതാണെങ്കിൽ ആർ.എൻ.എയെന്നാൽ അതെന്താണെന്ന് പൊതുവെ സംശയമുണ്ടായേക്കാം.

കൊറോണ വൈറസിനെ പറ്റി കോവിഡ്-19 മഹാമാരി വന്ന അവസരത്തിൽ നമ്മൾ കേട്ടിരുന്നതാണല്ലോ. കൊറോണ വൈറസിന്റെയുള്ളിൽ ആർ.എൻ.എ തന്മാത്രകളും അതിന്റെ പുറന്തോടിൽ പ്രോട്ടീനുമാണെന്ന് ആ കാലത്ത് പത്ര ങ്ങളിൽ വായിച്ചിരുന്നത് ഓർമ്മയുണ്ടാകും. ഈ രോഗത്തിന് കാരണമായ വൈ റസിനെ ലാബിൽ സൃഷ്ടിച്ചതാണെന്നുപോലും അന്ന് പറഞ്ഞുകേട്ടിരുന്നു. ഇത്തരം വൈറസുകളെ ലാബിൽ സൃഷ്ടിക്കാൻ കഴിയുമെങ്കിൽ രാസപ്രവർ ത്തനം വഴി ആർ.എൻ.എ തന്മാത്രകൾ ഉണ്ടാകുമെന്നും അനുമാനിക്കാമല്ലോ."

"ജീവനെന്താണെന്ന് ഒന്നുകൂടി വിശദീകരിക്കാമോ മുത്തശ്ശി ?"

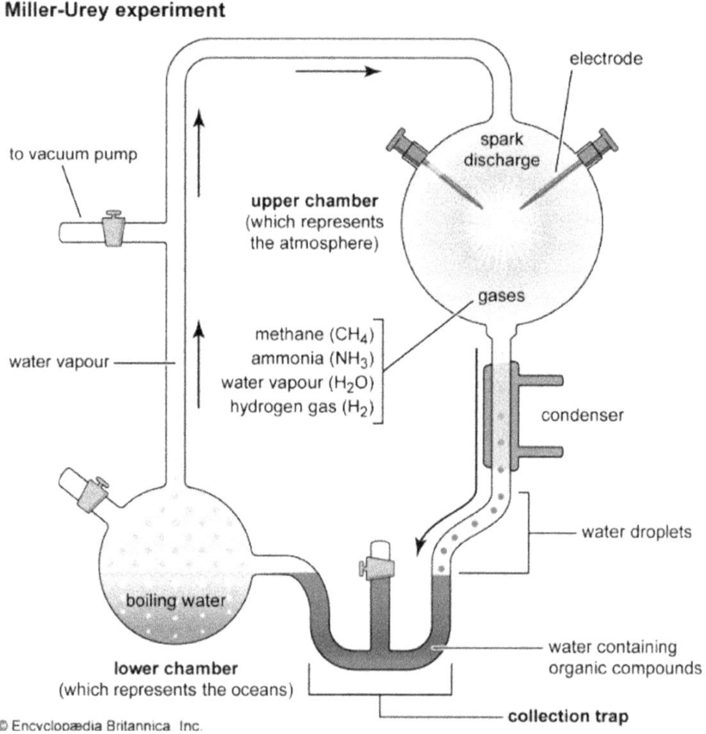

മില്ലർ യൂറേ പരീക്ഷണം

"ജീവന്റെ ഉത്ഭവത്തെപ്പറ്റി പറയുമ്പോൾ എന്താണ് ജീവൻ എന്നുകൂടി അറി യേണ്ടതുണ്ട്. ഏതെങ്കിലും വസ്തുവിന് സ്വാഭാവികമായി അതിന്റെ പതിപ്പു കൾ സൃഷ്ടിക്കാൻ കഴിയുകയും അങ്ങനെ സംഭവിക്കുമ്പോൾ അതിലുണ്ടാകു ന്ന ആകസ്മികമായ മാറ്റങ്ങൾ തൊട്ടടുത്ത പതിപ്പുകളിൽ പകരാൻ കഴിയുന്നു

വെങ്കിൽ അതിന് ജീവനുണ്ടെന്ന് പറയാം. ഒന്നുകൂടി വ്യക്തമാക്കിയാൽ, ഇന്നു കാണുന്ന എല്ലാ ജീവികളിലും കാണപ്പെടുന്ന ഡി.എൻ.എക്ക് ഒരു മുൻഗാമിയു ണ്ടെന്നും അത് ആർ.എൻ.എ ആണെന്നും അതിനാൽ ആദ്യത്തെ ജീവതന്മാത്ര അതായിരിക്കുമെന്ന് കരുതാം.

അതായത്, കുറഞ്ഞത് 350 കോടി വർഷങ്ങൾക്കു മുമ്പുതന്നെ ഭൂമിയിൽ ജീ വനുണ്ടായി. ജീവനില്ലാത്ത വസ്തുവിൽ നിന്ന് ജീവജാലങ്ങളിലേക്കുള്ള മാറ്റം ഒരു അസ്വാഭാവിക സംഭവമല്ല, മറിച്ച് വാസയോഗ്യമായ ഒരു ഗ്രഹത്തിന്റെ രൂ പീകരണം, ജൈവതന്മാത്രകളുടെ സ്വയം-പകർച്ച എന്നിവ ഉൾപ്പെടുന്ന സ ങ്കീർണ്ണമായ ഒരു സ്വഭാവിക പ്രക്രിയയാണ്. ജീവൻ എന്നത് ആരുടേയും സൃ ഷ്ടിയല്ലെന്നും ഭൂമിയിലെ സാഹചര്യമനുസരിച്ച് സ്വാഭാവികമായി സംഭവിച്ച രാസ പ്രക്രിയയുടെ ഫലമായി ഉണ്ടായതാണെന്നും ഇത് വ്യക്തമാക്കുന്നു."

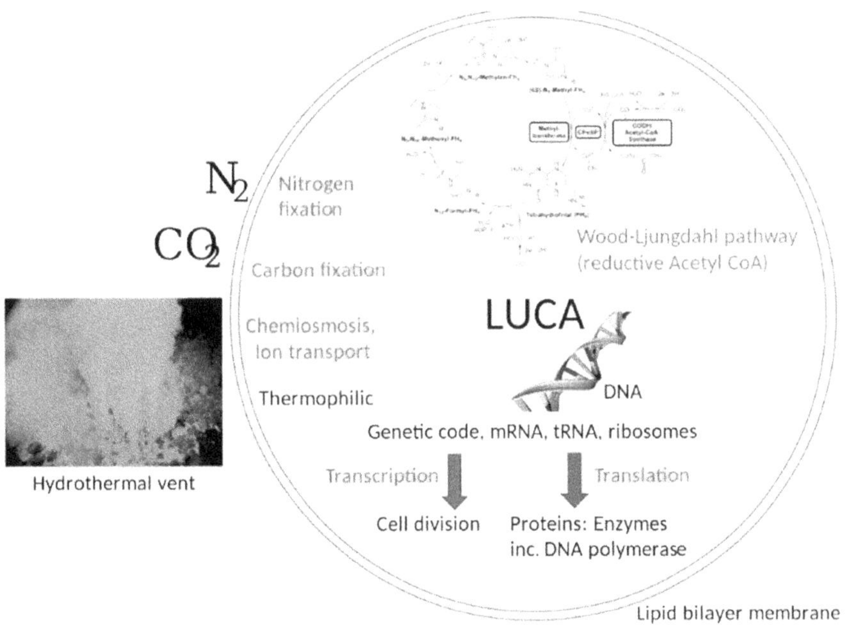

ജീവന്റെ ഉൽപത്തി

സ്റ്റാൻലി എൽ.മില്ലർ

ഹരോൾഡ് ക്ലേട്ടൺ യൂറേ

അജൈവ തന്മാത്രയിൽ നിന്നും ജീവതന്മാത്രകൾ ഉണ്ടാകുമെന്ന് തെളിയിച്ച അമേരിക്കൻ രസതന്ത്രജ്ഞനായ സ്റ്റാൻലി എൽ.മില്ലറും ഹരോൾഡ് ക്ലേട്ടൺ യൂറേയും.

3

യുഗങ്ങളിലാണ്ട ഭൂമി

"അജൈവ തന്മാത്രകളുടെ രാസപ്രവർത്തനത്തിൽ നിന്നാണ് ജീവതന്മാത്രകൾ ഉണ്ടായതെന്നും, ആ ജീവതന്മാത്രകളിൽ നിന്നുണ്ടായ ജീവികൾ പരിണമിച്ചാ ണ് മനുഷ്യരും മറ്റു ജീവികളും ഉണ്ടായതെന്നും പറഞ്ഞല്ലോ. അങ്ങനെയാണെ ങ്കിൽ ഇത്രയും വൈവിധ്യമായ ജീവിവർഗ്ഗങ്ങൾ ഭൂമിയിൽ എങ്ങനെയായിരിക്കും ഉണ്ടായിട്ടുണ്ടാകുക?"

"അതറിയണമെങ്കിൽ ഭൂമിയുടെ രൂപീകരണം മുതലുള്ള അതിന്റെ വിവിധ യുഗങ്ങളിൽ കൂടി സഞ്ചരിക്കേണ്ടി വരും. ഏകദേശം 454 കോടി വർഷങ്ങൾ മുമ്പാണല്ലോ ഭൂമി രൂപപ്പെട്ടത്. അതിനെ ഹാഡിയൻ, ആർക്കിയൻ, പ്രൊട്ടറോ സോയിക്, ഫനെറോസോയിക് എന്നീ നാല് യുഗങ്ങളായി തരം തിരിച്ചിട്ടുണ്ട്."

"ആ ഓരോ യുഗങ്ങളേയും പ്രത്യേകം വിവരിക്കാമോ മുത്തശ്ശി?"

"പറയാം, ഭൂമിയിലെ അറിയപ്പെടുന്ന നാല് യുഗങ്ങളിൽ ആദ്യത്തേതാണ് ഹാഡിയൻ. ബുധന്റെ വലിപ്പമുള്ള ഒരു ചിന്നഗ്രഹം ഭൂമിയുമായി കൂട്ടിയിടിക്കു കയും അതിന്റെ ഫലമായി ചന്ദ്രന്റെ ഉദയവും ഈ യുഗത്തിന്റെ തുടക്കത്തിലാ ണ് സംഭവിച്ചത്. ഇതിന്റെ അവസാന കാലഘട്ടം മുതലാണ് ലേറ്റ് ഹെവി ബോം ബാർഡ്മെന്റ് സംഭവിക്കുന്നത്. ഇന്റർനാഷണൽ കമ്മീഷൻ ഓൺ സ്ട്രാറ്റിഗ്രാ ഫിയുടെ (ICS) നിർവ്വചനമനുസരിച്ച് 400 കോടി വർഷങ്ങൾക്ക് മുമ്പ് ഹാഡി യൻ യുഗം അവസാനിച്ചു. പടിഞ്ഞാറൻ ഓസ്ട്രേലിയയിലെ ജാക്ക്ഹിൽസിൽ നിന്നും സിർകോൺ ധാതുക്കളടങ്ങിയ ഹാഡിയൻ കാലത്തെ പാറകൾ കണ്ടെ ത്തി. ഇതിൽ നിന്നും ഭൂഖണ്ഡങ്ങളുടെ പഴക്കവും ഉത്ഭവവും, പർവ്വതശൃംഖല കൾ, അഗ്നിപർവ്വതങ്ങൾ എന്നിവയുണ്ടായ കാലഘട്ടത്തിലെ ഭൂമിശാസ്ത്രപ രമായ സവിശേഷതകളുടെ വിവരം ലഭ്യമാണ്. അതിൽ നിന്നും പ്ലേറ്റ് ടെക്റ്റോ ണിക്സും ഭൂഖണ്ഡങ്ങളുടെ വളർച്ചയും ഹാഡിയൻ യുഗത്തിൽ ആരംഭിച്ചിട്ടു ണ്ടാകാമെന്ന് കരുതപ്പെടുന്നു. ആദ്യകാല ഹാഡിയൻ യുഗത്തിൽ, ഭൂമിയിൽ വളരെയധികം കാർബൺഡൈഓക്സൈഡും മീഥെയൻ സമ്പന്നവുമായ അ

ന്തരീക്ഷമായിരുന്നു ഉണ്ടായിരുന്നത്. പിന്നീട് സമുദ്രങ്ങൾ രൂപപ്പെട്ടു. ഇരുപ താംന്യൂറ്റാണ്ടിന്റെ അവസാന ദശകങ്ങളിൽ, പടിഞ്ഞാറൻ ഗ്രീൻലാൻഡ്, വടക്കു പടിഞ്ഞാറൻ കാനഡ, പടിഞ്ഞാറൻ ഓസ്ട്രേലിയ എന്നിവിടങ്ങളിൽ നിന്നുള്ള ഏതാനും ഹാഡിയൻ പാറകൾ കൂടി ഭൗമശാസ്ത്രജ്ഞർ തിരിച്ചറിഞ്ഞു. 2015 -ൽ പടിഞ്ഞാറൻ ഓസ്ട്രേലിയയിലെ 410 കോടി വർഷം പഴക്കമുള്ള പാറക ളിൽ "ബയോട്ടിക് ലൈഫിന്റെ അവശിഷ്ടങ്ങൾ" എന്ന് വ്യാഖ്യാനിക്കപ്പെടുന്ന കാർബൺ ധാതുക്കളുടെ അവശിഷ്ടങ്ങൾ കണ്ടെത്തി. ഉയർന്ന ഊഷ്മാവിൽ ഉരുകിയൊലിക്കുന്ന വസ്തുക്കൾക്കൊപ്പം വലിയ തോതിൽ കാർബൺഡൈ ഓക്സൈഡും, ഹൈഡ്രജനും ജലബാഷ്പവും ഉയർന്ന മർദ്ദവുമുള്ള ഒരു അ ന്തരീക്ഷമായിരുന്നു ഈ യുഗത്തിന്റെ ആദ്യകാലത്ത് ഭൂമിയിലുണ്ടായിരുന്നത്.

400 കോടി മുതൽ 440 കോടി വർഷങ്ങൾക്കിടയിൽ വളരെ വേഗത്തിൽ ദ്രാ വകജലം ഉണ്ടായിട്ടുണ്ടാകാമെന്ന് സിർകോണുകളേക്കുറിച്ചുള്ള പഠനങ്ങളിൽ നിന്നും കണ്ടെത്തിയിട്ടുണ്ട്. ഉയർന്ന ഉപരിതല താപനില ഉണ്ടായിരുന്നിട്ടും ജലസമൃദ്ധമായ സമുദ്രങ്ങൾ നിലവിൽ വന്നു. 400 കോടി വർഷങ്ങൾക്കുമുമ്പു രൂപപ്പെട്ട ഓസ്ട്രേലിയയിലെ ഹാഡിയൻ പാറയിലെ സിർക്കോണുകളിൽ 2008-ൽ പഠനം നടന്നിരുന്നു. അതിൽ നിന്നും ഭൂമിയുടെ ലിത്തോസ്ഫിയർ, സാവധാനത്തിൽ ചലിക്കുന്ന നിരവധി പ്ലേറ്റുകൾ ഉൾക്കൊള്ളുന്നതായിരുന്നു വെന്ന് സാധൂകരിക്കുന്ന ധാതുക്കൾ കണ്ടെത്തി. ഇതുപ്രകാരം 400 കോടി വർ ഷങ്ങൾക്ക് മുമ്പ് ഹാഡിയൻ യുഗത്തിന്റെ മധ്യകാലത്ത് തന്നെ ഭൂഖണ്ഡങ്ങൾ പ്രത്യക്ഷപ്പെട്ടിരിക്കാമെന്നും ഈ യുഗത്തിന്റെ അവസാനത്തോടെ അതിൽ പ ലതും സമുദ്രത്തിനടിയിൽ അപ്രത്യക്ഷമായിരിക്കാമെന്നും അനുമാനിക്കുന്നു. ഹാഡിയൻ യുഗത്തിന്റെ അവസാനത്തിൽ ഭൂഖണ്ഡത്തിന്റെ പുറംതോട് ഇന്നു ള്ള വിസ്തൃതിയുടെ 25% മാത്രമേ ഉണ്ടായിരുന്നുള്ളൂ."

"400 കോടി വർഷം മുതൽ ഇങ്ങോട്ടുള്ളതാണ് ആർക്കിയൻ യുഗം. അല്ലേ മുത്ത ശ്ശി?"

"അല്ല. അങ്ങനെയല്ല 400 കോടി മുതൽ 250 കോടി വർഷങ്ങൾക്കിടയിലുള്ള കാലഘട്ടത്തെയാണ് ആർക്കിയൻയുഗമെന്ന് വിളിക്കുന്നത്. ലേറ്റ് ഹെവി ബോം ബാർഡ്മെന്റ് ആർക്കിയൻ യുഗത്തിന്റെ തുടക്കത്തിലും സംഭവിച്ചിരിക്കാമെന്ന് അനുമാനിക്കുന്നു. ഈ യുഗത്തിന്റെ അവസാനത്തിൽ ഹുറോണിയൻ സമയ ത്ത് നിരവധി ഹിമയുഗങ്ങൾ സംഭവിച്ചു. ആർക്കിയൻ യുഗത്തിൽ ഭൂമി കൂടു തലും ജലം കൊണ്ട് നിറഞ്ഞതായിരുന്നു. ഭൂഖണ്ഡാന്തര പുറംതോട് ഉണ്ടായി രുന്നെങ്കിലും ഭൂരിഭാഗവും ഇന്നുള്ളതിനേക്കാൾ ആഴത്തിലുള്ള സമുദ്രത്തിനടി യിലായിരുന്നു. ഭൂമിയുടെ അന്തരീക്ഷം ഇന്നത്തേതിൽ നിന്നും വ്യത്യസ്തമായി, മീഥേൻ കൂടുതലും സ്വതന്ത്ര ഓക്സിജൻ കുറവുള്ളതുമായിരുന്നു."

"ഈ യുഗത്തിലാണ് ഭൂമിയിൽ ആദ്യമായി ജീവികൾ ഉണ്ടായിട്ടുണ്ടാകുക, അല്ലേ മുത്തശ്ശി?"

"ഈ യുഗത്തിലെ അറിയപ്പെടുന്ന ആദ്യകാലജീവികൾ, കൂടുതലും സ്ട്രോ മാറ്റോലൈറ്റുകളെന്നു വിളിക്കപ്പെടുന്ന, ആഴം കുറഞ്ഞ-ജലത്തിലെ സൂക്ഷ്മ ജീവികളാണ്. ആർക്കിയനിൽ ആരംഭിച്ച ഇവ യുഗത്തിലുടനീളം ന്യൂക്ലിയസി ല്ലാത്ത പ്രോകാരിയോട്ടുകൾ അഥവാ ആർക്കിയയും യൂബാക്ടീരിയയുമായി തുടർന്നു. പ്രോകാരിയോട്ടുകൾ മിക്കതും ഏകകോശജീവികളാണ്. ആദ്യകാല ഫോട്ടോസിന്തറ്റിക് പ്രക്രിയകൾ, പ്രത്യേകിച്ച് ആദ്യകാല സയനോബാക്ടീരി യകൾ, ആർക്കിയൻ മധ്യത്തിലോ അവസാനത്തിലോ പ്രത്യക്ഷപ്പെടുകയും ആർക്കിയന് ശേഷം സമുദ്രത്തിലും അന്തരീക്ഷത്തിലും സ്ഥിരമായ രാസമാറ്റ ത്തിന് കാരണമാവുകയും ചെയ്തു. ആദ്യകാലപരിണാമത്തിന്റെ പല പ്രധാന ഘട്ടങ്ങളും ഈ പരിതസ്ഥിതിയിൽ നടന്നതായി കരുതപ്പെടുന്നു. പ്ലേറ്റ്ടെക്റ്റോ ണിക്സ് ഹാഡിയൻ യുഗത്തിൽ ആരംഭിച്ചിരിക്കാമെങ്കിലും ആർക്കിയനിൽ ഇത് മന്ദഗതിയിലായി. ഭൂമിയുടെ ആവരണത്തിന്റെ വിസ്കോസിറ്റി അഥവാ സാന്ദ്രത വർദ്ധിച്ചതുകൊണ്ടാകാം പ്ലേറ്റ് ടെക്റ്റോണിക്സ് മന്ദഗതിയിലാകാൻ കാരണം. പ്ലേറ്റ് ടെക്റ്റോണിക്സ് സിദ്ധാന്തമനുസരിച്ച്, ഭൂമിയുടെ പുറന്തോട് തുടർച്ചയായി നീങ്ങുന്ന നിരവധി പ്ലേറ്റുകളാൽ നിർമ്മിതമാണ്. പ്ലേറ്റ്ടെക്റ്റോ ണിക്സ് കാരണം വലിയ അളവിൽ ഭൂഖണ്ഡാന്തര പുറന്തോട് രൂപപ്പെട്ടിരി ക്കാം. എന്നാൽ ആർക്കിയനിലെ ആഴമുള്ള സമുദ്രങ്ങൾ ഭൂഖണ്ഡങ്ങളെ പൂർ ണ്ണമായും മൂടിയിരിക്കാമെന്ന് കരുതപ്പെടുന്നു. ആർക്കിയൻ യുഗത്തിന്റെ അവ സാനത്തിൽ ഭൂഖണ്ഡങ്ങൾ സമുദ്രത്തിൽ നിന്ന് ഉയർന്നു വന്നു.

ആദ്യകാല ആർക്കിയൻ യുഗത്തിൽ ഭൂമിലേക്ക് ഛിന്നഗ്രഹങ്ങളുടെ പതനം പതിവായിരുന്നു. പിന്നീടുള്ള ആർക്കിയനിലും ഇത് തുടർന്നു. ഇവയിൽ അധി കവും മെക്സിക്കോയിലെ ചിക്സുലബ് ഗർത്തത്തിന്റെ വലുപ്പമുള്ളവയാണ്. ഈ കൂട്ടിയിടി കാരണം ഓക്സിജൻ സിങ്കാകുകയും അന്തരീക്ഷ ഓക്സിജന്റെ അളവിൽ വലിയ ഏറ്റക്കുറച്ചിലുകൾ ഉണ്ടാക്കുകയും ചെയ്തു."

"ഭൂമിയുടെ മൂന്നാമത്തെ യുഗം പ്രോട്ടോറോസോണിക് ആയിരിക്കും അ ല്ലേ?"

"അതേ, പ്രോട്ടറോസോയിക് യുഗം ഭൗമയുഗങ്ങളിൽ മൂന്നാമത്തേതാണ്. 250 കോടി മുതൽ 53.88 കോടി വർഷം വരെയുള്ള ഭൂമിയിലെ ഏറ്റവും ദൈർ ഘ്യമേറിയ യുഗമാണിത്. പ്രോട്ടറോസോയിക്കിനെ മൂന്ന് കാലഘട്ടങ്ങളായി ത രം തിരിച്ചിരിക്കുന്നു. പാലിയോപ്രോട്ടേറോസോയിക്, മെസോപ്രോട്ടോറോ സോയിക്, നിയോപ്രോട്ടോറോസോയിക് എന്നിവയാണവ.

ഭൂമിയുടെ അന്തരീക്ഷത്തിൽ സ്വതന്ത്ര ഓക്സിജൻ പ്രത്യക്ഷപ്പെടുന്നതുവ രെ, അതായത് ആദ്യകാല കേംബ്രിയൻ വൈവിധ്യവൽക്കരണത്തിന് മുമ്പുവ രെ ഭൂമിയിൽ ജീവികൾ താരതമ്യേന കുറവായിരുന്നു. ഏകകോശജീവികൾ അ ല്ലെങ്കിൽ ചെറിയ ബഹുകോശ ജീവികൾ എന്നിവ ഇടയ്ക്കിടെ പലയിടങ്ങളി ലായി ജീവിച്ചിരുന്നു. ഏകദേശം 340 കോടി വർഷങ്ങൾ മുതൽ ഇവ ഭൂമിയിൽ അധിവസിച്ചിരുന്നു. അടുത്ത ഏതാനും ബില്യൺ വർഷങ്ങളിൽ ഈ ജീവിക ളിൽ രൂപഘടനയിലോ കോശഘടനയിലോ കാര്യമായ മാറ്റങ്ങളൊന്നും സംഭ വിച്ചില്ല."

"ഏകകോശ ജീവിയിൽ നിന്നും ബഹുകോശജീവിയിലേക്കുള്ള പരിണാമ എങ്ങനെയാണ് സംഭവിച്ചത്?"

"160 മുതൽ 270 കോടി വർഷങ്ങൾക്കിടയിൽ ന്യൂക്ലിയസുള്ള യൂക്കറിയോട്ടി ക് കോശങ്ങൾ ഉയർന്നു വന്നു. എൻഡോസിംബയോസിസ് എന്നറിയപ്പെടുന്ന സഹവർത്തിത്വത്തിൽ യൂക്കറിയോട്ടിക് കോശങ്ങൾ ബാക്ടീരിയയെ വിഴുങ്ങി യപ്പോഴാണ് കോശഘടനയിലെ ഈ പ്രധാന മാറ്റം വന്നത്. വിഴുങ്ങിയ ബാക്ടീ രിയയും ആതിഥേയ കോശവും പിന്നീട് സഹപരിണാമത്തിന് വിധേയമായി, ബാക്ടീരിയ മൈറ്റോകോണ്ട്രിയ അല്ലെങ്കിൽ ഹൈഡ്രജനോസോമുകളായി പ രിണമിച്ചു. സയനോബാക്ടീരിയ പോലെയുള്ള ജീവികളുടെ മറ്റൊരു വിഴുങ്ങൽ ആൽഗകളിലും സസ്യങ്ങളിലും ക്ലോറോപ്ലാസ്റ്റുകളുടെ രൂപീകരണത്തിന് കാ രണമായി.

ആദ്യകാല പാലിയോപ്രോട്ടോസോയിക് കാലഘട്ടം പരിണാമത്തിലെ ഒരു ഇടവേളയായിരുന്നു. ഈ കാലത്താണ് മഹത്തായ ഓക്സിഡേഷൻ ഇവന്റ് (GOE) സംഭവിക്കുന്നത്. ജിയോളജിക്കൽ, ഐസോടോപിക്, കെമിക്കൽ തെ ളിവുകൾ പ്രകാരം ജൈവശാസ്ത്രപരമായി ഉൽപ്പാദിപ്പിക്കപ്പെട്ട ഓക്സിജൻ തന്മാത്രകൾ (ഡയോക്സിജൻ) ഭൂമിയുടെ അന്തരീക്ഷത്തിൽ അടിഞ്ഞുകൂടാൻ തുടങ്ങി. ഓക്സിജൻ കുറവായ ഒരു അന്തരീക്ഷത്തെ, ധാരാളമായി സ്വത ന്ത്രഓക്സിജനുള്ള ഒരു അന്തരീക്ഷമാക്കി മാറ്റാൻ ഇത് കാരണമായി. ഓക്സി ജന്റെ അളവ് GOEയുടെ അവസാനത്തോടെ നിലവിലെ അന്തരീക്ഷനിലയുടെ 10% വരെ ഉയർന്നു. അന്തരീക്ഷത്തിലും ആഴംകുറഞ്ഞ സമുദ്രത്തിലുമാണ് ആദ്യം ഓക്സിജന്റെ വർദ്ധനവ് ഉണ്ടായത്. ഈ പ്രക്രിയ ഏകദേശം 246 കോ ടി വർഷങ്ങൾക്ക് മുമ്പുള്ള സൈഡേറിയൻ കാലഘട്ടത്തിൽ ആരംഭിച്ച് ഏക ദേശം 206 കോടി വർഷം വരെയുള്ള റിയാസിയൻ കാലത്ത് അവസാനിച്ചു. അന്ന് ഭൂമിയിൽ ഉണ്ടായിരുന്നത് ഉപാചയത്തിന് ഓക്സിജൻ ആവശ്യമില്ലാത്ത ജീവികളായിരുന്നു. അതായത് കോശശ്വസനത്തെ അടിസ്ഥാനമാക്കി ജീവിക്കു ന്ന ജീവികൾ. വലിയ അളവിലുള്ള സ്വതന്ത്ര ഓക്സിജന്റെ സാന്നിധ്യം വായു

ആവശ്യമില്ലാത്ത മിക്ക ജീവികൾക്കും ദോഷകരമായി. വളർച്ചക്ക് ഓക്സിജൻ തന്മാത്ര ആവശ്യമില്ലാത്ത, അന്ന് ഭൂമിയിലുണ്ടായിരുന്ന ഭൂരിഭാഗം ജീവജാല ങ്ങളുടേയും വംശനാശത്തിന് ഇത് കാരണമായി."

"അന്തരീക്ഷത്തിൽ ഓക്സിജൻ വർദ്ധിക്കാൻ കാരണമെന്തായിരിക്കും?"

"പോർഫിറിൻ ഉപയോഗിച്ച് ഫോട്ടോസിന്തസിസ് നടത്തിയ സയനോബാ ക്ടീരിയകളുടെ പ്രവർത്തന ഫലമാണ് ഓക്സിജന്റെ ഈ വർദ്ധനവിന് കാര ണമായതെന്ന് കരുതപ്പെടുന്നു. വർദ്ധിച്ചുവരുന്ന ഓക്സിജന്റെഅളവ് ഒടുവിൽ ഫെറസ് സംയുക്തങ്ങൾ, ഹൈഡ്രജൻ സൾഫൈഡ്, അന്തരീക്ഷ മീഥേൻ എ ന്നിവ കുറക്കുകയും ആഗോള ഹിമപാതത്തിന് കാരണമാവുകയും ചെയ്തു. ഭൂമിയുടെ ഉപരിതലത്തിന് ചുറ്റുമുള്ള സൂക്ഷ്മ ജീവികളുടെ മാറ്റുകൾ നശിപ്പി ക്കപ്പെട്ടു. ഓക്സിജൻ നിറഞ്ഞ അന്തരീക്ഷത്തിൽ അതിജീവിക്കാനും വളരാനും കഴിയുന്ന എയ്റോബിക് പ്രോട്ടിയോബാക്ടീരിയ സിംബയോജെനിസിസ് വഴി യൂക്കറിയോട്ടിക് ജീവികളുടെ ഉയർച്ചക്കും തുടർന്ന് ബഹുകോശജീവികളുടെ പരിണാമത്തിനും ഇത് കാരണമായി."

"ഇതിനുശേഷമാണോ പ്രകാശസംശ്ലേഷണം വഴി ഊർജ്ജം ഉണ്ടാക്കുന്ന ജീവികൾ ഉണ്ടായത്?"

"പറയാം, യൂക്കാരിയോട്ടുകൾ നേരത്തെ ഉണ്ടായിരുന്നിരിക്കാമെങ്കിലും, എ ൻഡോസിംബിയന്റ് മൈറ്റോകോൺഡ്രിയയുടെ കോശശ്വസനം ജൈവ ഊർ ജ്ജത്തിന്റെ പ്രധാന ഉറവിടമായപ്പോൾ അവയുടെ വൈവിധ്യവൽക്കരണം ത്വ രിതപ്പെട്ടു. പിന്നീട്, ഏകദേശം 160 കോടിവർഷമായപ്പോൾ ചില യൂക്കാരിയോ ട്ടുകൾ സയനോബാക്ടീരിയയുമായുള്ള എൻഡോസിംബയോസിസ് വഴി പ്ര കാശ സംശ്ലേഷണം ചെയ്യാനുള്ള കഴിവ് നേടി. കൂടാതെ വിവിധ ആൽഗകൾ ക്ക് കാരണമായി. ഒടുവിൽ അത് സയനോ ബാക്ടീരിയയെ മറികടന്ന് കാർബ ൺഡൈഓക്സൈഡ് പോലെയുള്ള ലളിതമായ പദാർത്ഥങ്ങളിൽ നിന്ന് കാർ ബൺ ഉപയോഗിച്ച് സങ്കീർണ്ണമായ ജൈവസംയുക്തങ്ങൾ അതായത് കാർബോ ഹൈഡ്രേറ്റ്, കൊഴുപ്പ്, പ്രോട്ടീനുകൾ എന്നിവ ഉത്പാദിപ്പിക്കുന്ന ആദ്യ ജീവി യുണ്ടായി. ഏകദേശം 170 കോടി വർഷത്തിൽ വ്യത്യസ്ത കോശങ്ങൾ പ്രത്യേ ക പ്രവർത്തനങ്ങൾ നിർവ്വഹിച്ചുകൊണ്ട് ബഹുകോശജീവികൾ പ്രത്യക്ഷപ്പെ ടാൻ തുടങ്ങി. വികസിത ഏകകോശ യൂക്കറിയോട്ടുകളുടെ ആവിർഭാവം ഗ്രേറ്റ് ഓക്സിഡേഷൻ സംഭവത്തിന് ശേഷമാണ് ആരംഭിച്ചത്. സയനോ ബാക്ടീരി യയിൽ നിന്ന് വ്യത്യസ്തമായി യൂക്കാരിയോട്ടുകൾ ഉപയോഗിക്കുന്ന ഓക്സി ഡൈസ്ഡ് നൈട്രേറ്റുകളുടെ വർദ്ധനവ് മൂലമാകാം ഇത്. ഏതാണ്ട് എല്ലാ യൂ ക്കറിയോട്ടുകളിലും കാണപ്പെടുന്ന മൈറ്റോകോൺഡ്രിയയും പ്രകാശസംശ്ലേ ഷണത്തിനു സഹായിക്കുന്ന, സസ്യങ്ങളിലും ചില പ്രോട്ടിസ്റ്റകളിലും മാത്രം

കാണപ്പെടുന്ന സസ്യഭാഗമായ ക്ലോറോപ്ലാസ്റ്റുകളും അവയുടെ ആതിഥേയ രും തമ്മിലുള്ള ആദ്യത്തെ സഹജീവി ബന്ധങ്ങൾ രൂപപ്പെട്ടത് പ്രോട്ടോറോ സോയിക് കാലത്താണ്. പാലിയോ പ്രോട്ടോറോസോയിക് കാലഘട്ടത്തിന്റെ അവസാനത്തോടെ, യൂക്കറിയോട്ടിക് ജീവികൾ വ്യത്യസ്ത ജീവികളായി മാറി തുടങ്ങിയിരുന്നു."

"ഇന്നത്തെ രീതിയിൽ ജീവികൾ പ്രത്യുൽപാദനം തുടങ്ങിതെപ്പോഴാണ് മു ത്തശ്ശി?"

"ഭൂരിഭാഗം ഏകകോശജീവികളുടേയും പുനരുൽപ്പാദനത്തിന്റെ പ്രാഥമിക രീതിയായ അലൈംഗിക പുനരുൽപ്പാദനത്തിൽ നിന്നും വ്യത്യസ്തമായി ബീജ സങ്കലനം എന്ന പ്രക്രിയയിൽ സിക്താണ്ഡം സൃഷ്ടിക്കുന്നതിനായി ആണി ന്റേയും പെണ്ണിന്റേയും പ്രത്യുത്പാദന കോശങ്ങളുടെ സംയോജനം ഉൾപ്പെടു ന്ന ലൈംഗിക പുനരുൽപ്പാദനം എന്ന രീതി ഉണ്ടായി. 55.5 കോടി വർഷങ്ങൾ ക്ക് മുമ്പ് ഭ്രൂണ വികാസസമയത്ത് ഒരേ പോലുള്ള ഇടത്, വലത് വശങ്ങളുള്ള പകർപ്പുകൾ പ്രത്യക്ഷപ്പെട്ടു.

അക്രിറ്റാർക്കുകൾ പോലെയുള്ള യൂക്കറിയോട്ടുകൾ ഉണ്ടായത് സയനോ ബാക്ടീരിയയുടെ വികാസത്തെ തടഞ്ഞില്ല. പ്രോട്ടോറോസോയിക് കാലഘ ട്ടത്തിൽ ഒരുതരം സൂക്ഷ്മജീവികളായ സ്ട്രോമാറ്റോലൈറ്റുകൾ അവയുടെ ഏ റ്റവും വലിയ സമൃദ്ധിയിലും വൈവിധ്യത്തിലും എത്തി. ജലാശയങ്ങളിൽ ജീ വിക്കുന്ന ബഹുകോശ ജീവികൾക്ക് ജലാശയങ്ങളിൽ രക്തക്കുഴലുകളെ പര സ്പരം യോജിപ്പിക്കുന്നതുപോലുള്ള പരസ്പര സംഗമം ചെയ്യാൻ കഴിവുള്ള ഘടനകൾ ഉണ്ടായിരുന്നു. 20-ആം നൂറ്റാണ്ടിന്റെ രണ്ടാം പകുതിയിൽ, പ്രോട്ടോ റോസോയിക് പാറകളിൽ, പ്രത്യേകിച്ച് എഡിയാകരൻ കാലഘട്ടത്തിലെ നിര വധി ഫോസിൽ രൂപങ്ങളിലെ കണ്ടെത്തലിൽ നിന്നും കേംബ്രിയൻ സ്ഫോട നത്തിനും ദശലക്ഷക്കണക്കിന് വർഷങ്ങൾക്ക് മുമ്പ് തന്നെ ബഹുകോശജീവി കൾ വ്യാപകമായിരുന്നുവെന്ന് തെളിയിക്കുന്നു.

ഏകദേശം 61കോടി വർഷങ്ങൾക്ക് മുമ്പ് എഡിയാകരൻ കാലഘട്ടത്തിൽ സമുദ്രങ്ങളിൽ ബഹുകോശ ജീവികൾ പ്രത്യക്ഷപ്പെടാൻ തുടങ്ങിയ കാലംവരെ ഏകകോശ യൂക്കറിയോട്ടുകൾ, പ്രോകാരിയോട്ടുകൾ, ആർക്കിയകൾ എന്നി വയുടേതായിരുന്നു ജീവലോകം. സ്പോഞ്ചുകൾ, ആൽഗകൾ, സയനോബാ ക്ടീരിയ, സ്ലിംപൂപ്പൽ, മൈക്സോബാക്ടീരിയ എന്നിങ്ങനെ വൈവിധ്യമാർന്ന ജീവികളിൽ നിന്നും ബഹുകോശ ജീവികൾ പരിണമിച്ചു.

പെർമിയൻ കാലഘട്ടത്തിൽ, സസ്തനികളുടെ പൂർവ്വികർ ഉൾപ്പെടെയുള്ള സിനാപ്സിഡുകൾ ഭൂമിയിൽ ആധിപത്യം സ്ഥാപിച്ചു. എന്നാൽ ഈ ഗ്രൂപ്പി ന്റെ ഭൂരിഭാഗവും 25.2 കോടി വർഷത്തിലെ പെർമിയൻ-ട്രയാസിക് വംശനാശ

ത്തിൽ ഇല്ലാതായി. ഈ ദുരന്തത്തിൽ നിന്ന് കരകയറുന്നതിനിടയിൽ, ആർക്കോ സോറുകൾ അതായത് ഇന്ന് ജീവിച്ചിരിപ്പുള്ള പക്ഷികൾ, മുതലകൾ എന്നിവ ഉൾപ്പെടുന്ന ഉരഗവിഭാഗം കരയിലെ കശേരുക്കളിൽ ഏറ്റവും കൂടുതലായി മാ റി."

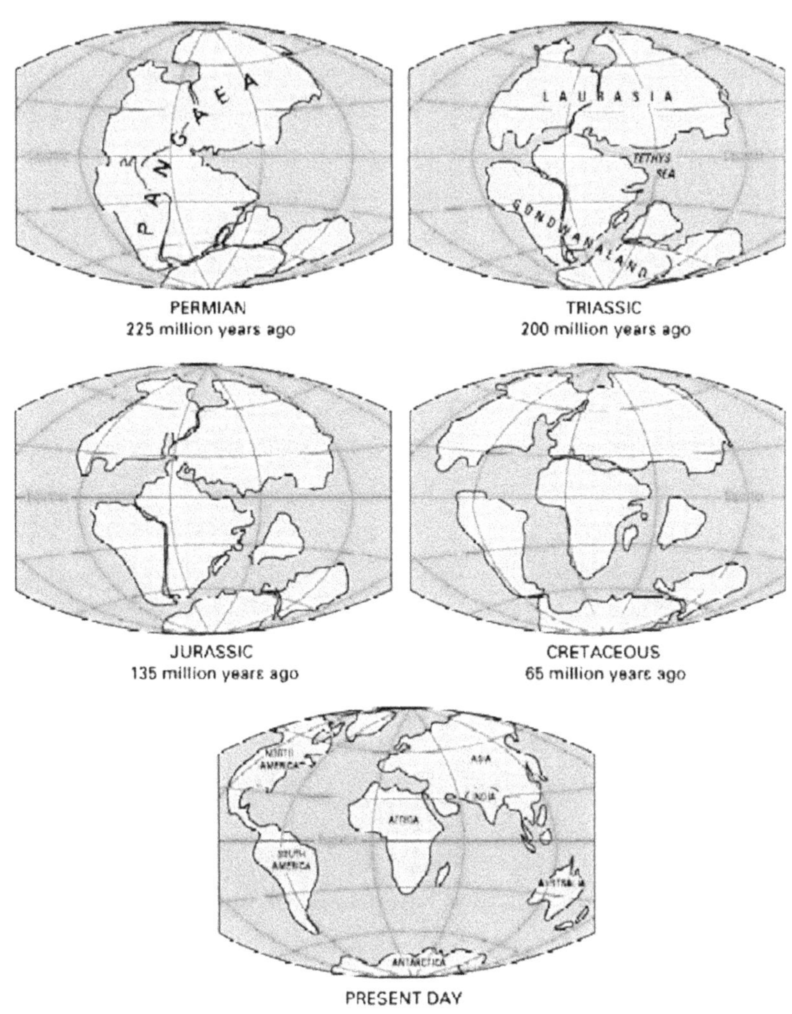

ഫനെറോസോയിക് യുഗത്തിലെ അവസാന അഞ്ചു പ്രധാന കാലഘട്ടങ്ങളിലെ ഭൂഖണ്ഡങ്ങളുടെ ഘടന

"ജീവികളുടെ പരിണാമത്തിനൊപ്പം ഭൂഖണ്ഡങ്ങളുടെ പരിണാമവും സംഭ വിച്ചിട്ടുണ്ടാകാം അല്ലേ മുത്തശ്ശി?"

"പ്രീകാംബ്രിയൻ കാലഘട്ടത്തിൽ, ഭൂമി നിരവധി സൂപ്പർ ഭൂഖണഡങ്ങളുടെ തകർച്ചയിലൂടെയും പുനർനിർമ്മാണ ചക്രങ്ങളിലൂടെയും കടന്നുപോയി. ഇ ത് കൃത്യമായി അറിയുന്നത് പാലിയോമാഗ്നറ്റിക്, ജിയോ ക്രോണോളജിക്കൽ ഡേറ്റിംഗ് രീതികൾ, പ്രീകാംബ്രിയൻ സൂപ്പീരിയോൺ ടെക്റ്റോണിക്സ് എന്നീ വയുടെ പഠനത്തിൽ നിന്നാണ്. പ്രോട്ടോറോസോയിക്കിന്റെ അവസാനത്തിൽ അതായത് ഏറ്റവും സമീപകാലത്ത്, 100-75 കോടിവർഷത്തിനിടയിലുണ്ടായ പ്രബലമായ സൂപ്പർ ഭൂഖണഡമാണ് റോഡിനിയ . കിഴക്കൻ വടക്കേഅമേരിക്ക യിൽ സ്ഥിതി ചെയ്യുന്ന ഗ്രെൻവില്ലെ ഓറോജെനിയാണ് റോഡിനിയയുടെ നിർ മ്മാണവുമായി ബന്ധപ്പെട്ട പർവ്വത നിർമ്മാണ പ്രക്രിയ. 250-150 കോടി വർ ഷത്തിനിടയിൽ സൂപ്പർ ഭൂഖണഡമായ കൊളംബിയയുടെ തകർച്ചക്കുശേഷം റോഡിനിയ രൂപപ്പെട്ടു. ഏകദേശം 50 കോടി വർഷം മുമ്പ് വേറൊരു സൂപ്പർ ഭൂഖണഡമായ ഗോണ്ഡ്വാനയും രൂപപ്പെട്ടു. ആഫ്രിക്ക, തെക്കേ അമേരിക്ക, അന്റാർട്ടിക്ക, ഓസ്ട്രേലിയ എന്നിവ കൂട്ടിമുട്ടിച്ച് പാൻ-ആഫ്രിക്കൻ ഓറോജെ നി രൂപപ്പെടുന്നതാണ്, ഗോണ്ഡ്വാന സൂപ്പർ ഭൂകണ്ഡത്തിന്റെ രൂപീകരണവുമാ യി ബന്ധപ്പെട്ട പർവ്വത നിർമ്മാണ പ്രക്രിയ."

"ഇന്നു നമ്മൾ കാണുന്ന വിധത്തിൽ ഭൂമിയിൽ ജീവജാലങ്ങൾ ഉണ്ടായത് എപ്പോൾ മുതലായിരിക്കും?"

"ഭൂമിയുടെ നാലാമത്തെ യുഗമായ ഫനെറോസോയിക് യുഗം മുതലാണ് ഇന്നു കാണുന്ന രീതിയിൽ ജീവജാലങ്ങളെ കാണാൻ കഴിയുന്നത്. കേംബ്രിയൻ വൈ വിധ്യവൽക്കരണത്തിന്റെ തോത് പിന്നീട് ത്വരിതഗതിയിലായപ്പോൾ, വൈവിധ്യ മാർന്ന കൂടുതൽ ജീവികൾ ഉണ്ടാകുകയും ഇന്നത്തേതിന് സമാനമായി മാറുക യും ചെയ്തു. ഇന്നത്തെ മിക്കവാറും എല്ലാ ജന്തുജാലങ്ങളും ആ കാലയളവിൽ പ്രത്യക്ഷപ്പെട്ടു.

53.88 കോടിവർഷം മുമ്പു തുടങ്ങിയതും നിലവിലുള്ളതുമായ യുഗമാണ് ഫാനെറോസോയിക്. വളരെയധികം ജന്തുക്കളും സസ്യജാലങ്ങളും ഭൂമിയുടെ ഉപരിതലത്തിൽ വിവിധ ഇടങ്ങളിൽ പെരുകുകയും വൈവിധ്യവൽക്കരിക്കുക യും കോളനിവൽക്കരിക്കുകയും ചെയ്ത കാലഘട്ടമാണിത്. ഫാനറോസോയി ക്കിന്റെ കാലഘട്ടം ആരംഭിക്കുന്നത് നിരവധി ജന്തുക്കളുടെ ഫോസിൽ തെളി വുകളുടെ പെട്ടെന്നുള്ള പ്രത്യക്ഷപ്പെടലോടെയാണ്. വൈവിധ്യമാർന്ന രൂപങ്ങ ളിലേക്കുള്ള വംശ പരിണാമം, സസ്യങ്ങളുടെ പരിണാമം, മത്സ്യ, ചേരട്ട പോ ലുള്ള ആർത്രോപോഡുകൾ, ഒച്ചിൽ പോലുള്ള മോലസ്കുകൾ എന്നിവയുടെ പരിണാമം. പ്രാണികൾ, ചിലന്തികൾ, ഞണ്ടുകൾ പോലുള്ള ചെലിസെറേറ്റു

കൾ, കരിങ്കൊന്ന് പോലുള്ള മിറിയപോഡുകൾ, രണ്ടുജോടി കൈകാലുകളുള്ള ടെട്രാപോഡുകൾ എന്നിവയുടെ കോളനിവൽക്കരണവും പരിണാമവും നട ന്നു. സസ്യങ്ങൾ ആധിപത്യം പുലർത്തുന്ന ആധുനിക ജന്തുജാലങ്ങളുടെ വി കസനം എന്നിവ ഈ യുഗത്തിന്റെ പ്രത്യേകതയാണ്.

ഈ കാലയളവിൽ, ഭൂഖണ്ഡങ്ങളെ ചലിപ്പിക്കുന്ന ടെക്റ്റോണിക് ശക്തികൾ അവയെ ഏറ്റവും പുതിയ സൂപ്പർ ഭൂഖണ്ഡമായ പാംഗിയ എന്നറിയപ്പെടുന്ന ഒരൊറ്റ ഭൂപ്രദേശത്തേക്ക് മാറ്റി, അത് പിന്നീട് നിലവിലെ ഭൂഖണ്ഡങ്ങളായി വേ ർപെട്ടു. ഈ ആദ്യ ബഹുകോശജീവികളുടെ ആവിർഭാവത്തിന് തൊട്ടുപിന്നാ ലെ, ഏകദേശം ഒരുകോടി വർഷങ്ങളിൽ ശ്രദ്ധേയമായ ജൈവവൈവിധ്യം പ്ര ത്യക്ഷപ്പെട്ടു. ഇതിനെ കേംബ്രിയൻ സ്ഫോടനം അല്ലെങ്കിൽ ബയോളജിക്കൽ ബിഗ് ബാംഗ് എന്ന് വിളിക്കുന്നു. ഇവിടെ, ആധുനിക മൃഗങ്ങളുടെ ഭൂരിഭാഗവും ഫോസിൽ രേഖയിൽ പ്രത്യക്ഷപ്പെട്ടു. അതുപോലെ തന്നെ വംശനാശം സംഭ വിച്ച പല വംശങ്ങളും. പ്രകാശസംശ്ലേഷണത്തിൽ നിന്ന് അന്തരീക്ഷത്തിൽ ഓക്സിജൻ അടിഞ്ഞുകൂടിയതാണ് കേംബ്രിയൻസ്ഫോടനത്തിന് പ്രധാന കാ രണമായി പറയുന്നത്. ഏകദേശം 50 കോടിവർഷങ്ങൾക്ക് മുമ്പ്, സസ്യങ്ങളും ഫംഗസുകളും ഭൂമിയെ കോളനിവത്കരിച്ചു. താമസിയാതെ ആർത്രോപോഡു കളും മറ്റ് മൃഗങ്ങളും അതിനെ പിന്തുടർന്നു."

"ഫനെറോസോയിക് യുഗത്തേപറ്റി കൂടുതൽ വിവരിക്കാമോ?"

"ഫനെറോസോയിക് യുഗത്തിനെ വീണ്ടും മൂന്നു കാലഘട്ടങ്ങളായി തരം തി രിച്ചിട്ടുണ്ട്. പാലിയോസോയിക്, മെസോസോയിക്, സെനോസോയിക് എന്നി വയാണിത്. മൊത്തത്തിൽ ഇവയെ 12 കാലഘട്ടങ്ങളായി തിരിച്ചിരിക്കുന്നു. പാലിയോസോയിക്കിന് ആറ് കാലഘട്ടങ്ങളുണ്ട്. അതായത് കേംബ്രിയൻ, ഓ ർഡോവിഷ്യൻ, സിലൂറിയൻ, ഡെവോണിയൻ, കാർബോണിഫറസ്, പെർമിയ ൻ.

പാലിയോസോയിക് കാലഘട്ടത്തിലെ ആദ്യ കാലഘട്ടമാണ് കേംബ്രിയൻ. ഇത് 53.9 കോടി മുതൽ 48.5 കോടി വർഷങ്ങൾക്ക് മുമ്പുള്ളതാണ്. കേംബ്രി യൻ സ്ഫോടനം എന്നറിയപ്പെടുന്ന സംഭവത്തിൽ, ഭൂമിയുടെ ചരിത്രത്തിൽ ഏറ്റവും കൂടുതൽ മൃഗങ്ങൾ പരിണമിച്ചു. സങ്കീർണ്ണമായ ആൽഗകളും ജന്തു ജാലങ്ങളിൽ തോടുള്ള ആർത്രോപോഡുകളും ഒരു പരിധിവരെ സെഫലോ പോഡുകളും ആധിപത്യം സ്ഥാപിച്ചു. സമുദ്രത്തിലെ മിക്കവാറുമെല്ലാ ജീവജാ ലങ്ങളും ഈ കാലഘട്ടത്തിൽ പരിണമിച്ചു. ഈ സമയത്ത്, സൂപ്പർ ഭൂഖണ്ഡം പന്നോട്ടിയ തകരാൻ തുടങ്ങി. അവയിൽ മിക്കതും പിന്നീട് സൂപ്പർ ഭൂഖണ്ഡമാ യ ഗോണ്ഡ്വാനയിലേക്ക് വീണ്ടും സംയോജിച്ചു.

അതിന് ശേഷമുള്ള ഓർഡോവിഷ്യൻ കാലഘട്ടം 48.5 കോടി വർഷം മുതൽ 44.4 കോടി വർഷം വരെ വ്യാപിച്ചുകിടക്കുന്നു. നീരാളി, കണവ പോലുള്ള പ്രാകൃത നോട്ടിലോയിഡുകൾ , കശേരുക്കളിൽ പെടുന്ന അക്കാലത്തെ താടിയെല്ലില്ലാത്ത മത്സ്യം, പവിഴങ്ങൾ എന്നിങ്ങനെയുള്ള നിരവധി ഗ്രൂപ്പുകൾ പരിണമിച്ചതും വൈവിധ്യ പൂർണ്ണമായയതും ഈ കാലഘട്ടത്തിലാണ്. ഈ പ്രക്രിയ മഹത്തായ ഓർഡോവിഷ്യൻ ജൈവ വൈവിധ്യവൽക്കരണ പരിപാടി അല്ലെങ്കിൽ GOBE എന്നാണ് അറിയപ്പെടുന്നത്. ഒച്ചുകൾ, സ്പോഞ്ചുകൾ, നക്ഷത്ര മത്സ്യങ്ങൾ പോലുള്ള ട്രൈലോബൈറ്റുകൾക്ക് പകരം ആർട്ടിക്യുലേറ്റ് ബ്രാച്ചിയോപോഡുകൾ ഉണ്ടാകാൻ തുടങ്ങി, കൂടാതെ കടൽ താമരകൾ ജന്തുജാലങ്ങളുടെ ഒരു പ്രധാന ഭാഗമായി മാറി. മൃഗങ്ങളില്ലാത്ത ഭൂഖണ്ഡമായ ഗോണ്ഡ്വാനയിലേക്ക് ആദ്യത്തെ അകശേരുകൾ കുടിയേറി. ഭൂമിയിലെ ആദ്യ സസ്യ വിഭാഗമായ പച്ച പായലുകൾ പോലുള്ള ഒരുകൂട്ടം ശുദ്ധജല ഗ്രീൻ ആൽഗകൾ, സസ്യങ്ങളുടെ ഒരു വിഭാഗമായ സ്ട്രെപ്റ്റോഫൈറ്റുകൾ കരയിലേക്ക് ഒലിച്ചു പോയതിനെ അതിജീവിക്കുകയും വെള്ളപ്പൊക്കസമതലങ്ങളിലും നദീതട മേഖലകളിലും കോളനിവത്കരിക്കാൻ തുടങ്ങുകയും ആദിമ കരസസ്യങ്ങൾക്ക് കാരണമാവുകയും ചെയ്തു. ഓർഡോവിഷ്യൻ കാലഘട്ടത്തിലാണ് കരയിലെ സസ്യങ്ങളുടെ തുടക്കം. വലിയ തോതിൽ വനങ്ങൾ ഉണ്ടായി. ആദ്യകാല വൃക്ഷമായ ആർക്കിയോപ്റ്ററിസിന്റെ വിജയം അന്തരീക്ഷത്തിൽ കാർബൺഡയോക്സൈഡ് നില താഴാൻ കാരണമായി. ഇത് ആഗോള തണുപ്പിനും സമുദ്രനിരപ്പ് താഴുന്നതിനും ഇടയാക്കി. ഇത് വൈകിയ ഡെവോണിയൻ വംശനാശത്തിന് കാരണമായതായി കരുതപ്പെടുന്നു. ആർക്കിയോപ്റ്ററിസിന്റെ വേരുകൾ മണ്ണിന്റെ ഘടനയെ മാറ്റി. തുടർന്നുള്ള പോഷകങ്ങളുടെ ഒഴുക്ക് പായലുകൾക്ക് കാരണമായിരിക്കാം. വലിയതോതിലുള്ള ഓക്സിജന്റെ വർദ്ധനവ് സമുദ്രത്തിലെ അനോക്സിക് ഇവന്റുകൾ എന്ന സംഭവങ്ങൾക്ക് കാരണമായി. ഇത് സമുദ്ര-ജീവികളുടെ നാശത്തിന് കാരണമായി. ഡെവോണിയൻ വംശനാശത്തിന്റെ പ്രാഥമിക ഇരകൾ സമുദ്രജീവികളായിരുന്നു. ഓർഡോവിഷ്യന്റെ അവസാനത്തോടെ, ഗോണ്ഡ്വാന സൂപ്പർ ഭൂഖണ്ഡം ഭൂമധ്യരേഖയിൽ നിന്ന് ദക്ഷിണ ധ്രുവത്തിലേക്ക് നീങ്ങി. ലോറൻഷ്യ ബാൾട്ടിക്കയുമായികൂട്ടിയിടിച്ച് ഐപെറ്റസ് സമുദ്രം ഇല്ലാതായി. ഗോണ്ഡ്വാനയിലെ ഹിമപാതം സമുദ്രനിരപ്പിൽ വലിയ കുറവ് ഉണ്ടാക്കി. അതിന്റെ തീരത്ത് നിലനിന്നിരുന്ന എല്ലാ ജീവജാലങ്ങളും ഇല്ലാതായി. ഹിമാനികൾ ഭൂമിയിൽ ഒരു മഞ്ഞുപാളി സൃഷ്ടിച്ചു. ഇത് ഓർഡോവിഷ്യൻ-സിലൂറിയൻ വംശനാശത്തിന് കാരണമായി. ഈ സമയത്ത് 60% കടൽ കശേരുക്കളുടേയും 25% ജീവി വിഭാഗങ്ങളുടേയും വംശനാശം സംഭവിച്ചു. ഇത് ഭൂമിയുടെ ചരിത്രത്തിലെ ഏറ്റവും മാരകമായ കൂട്ടവംശനാശങ്ങളിൽ ഒന്നാണെങ്കിലും ഈ

വംശനാശം കാലഘട്ടങ്ങൾക്കിടയിൽ വലിയ പാരിസ്ഥിതിക മാറ്റങ്ങൾക്ക് കാര ണമായില്ല.

ഓർഡോവിഷ്യന് ശേഷമുള്ള കാലഘട്ടമാണ് സിലൂറിയൻ കാലഘട്ടം. പല സസ്യങ്ങളും ഈ കാലഘട്ടത്തിൽ പരിണമിച്ചു. ഡെവോണിയന്റെ മദ്ധ്യകാല ഘട്ടത്തിൽ, കുറ്റിച്ചെടികൾ പോലെയുള്ള വനങ്ങൾ നിലനിന്നിരുന്നു. വാസ്കു ലർ സസ്യങ്ങൾ, കുതിരവാലൻ ചെടികൾ എന്നിവ പുതിയ ആവാസ വ്യവസ്ഥ യെ പ്രയോജനപ്പെടുത്തി. ആർത്രോപോഡുകളുടെ വൈവിധ്യവൽക്കരണ ത്തെ ഈ ഹരിതവൽക്കരണ പരിപാടി സഹായിച്ചു. ഡെവോണിയന്റെ അവ സാനത്തോടടുത്ത്, എല്ലാ ജീവജാലങ്ങളുടേയും 70% വംശനാശം സംഭവിച്ചു. മൊത്തത്തിൽ ഇത് ലേറ്റ് ഡെവോണിയൻ വംശനാശം എന്നറിയപ്പെടുന്നു."

"കൽക്കരി നിക്ഷേപങ്ങളുണ്ടായത് ഈ കാലഘട്ടത്തിലാണോ മുത്തശ്ശി?"

"അതേ, 35.9 കോടിവർഷം മുതൽ 29.9 കോടി വർഷം വരെ വ്യാപിച്ചുകിട ക്കുന്ന കാർബോണിഫറസ് കാലഘട്ടത്തിലാണ് വലിയ അളവിൽ മരങ്ങൾ ക ൽക്കരി നിക്ഷേപങ്ങളായി മാറിയത്. അതിനാൽ ഈ കാലഘട്ടത്തെ കാർബോ ണിഫറസ് അഥവാ കൽക്കരി വനം എന്നും വിളിക്കുന്നു. ഈ കാലത്ത് ഉഷ്ണ മേഖലാ ചതുപ്പുകൾ ഭൂമിയിൽ വലിയ തോതിൽ ഉണ്ടായി. ഭൂമിയുടെ ഭൂമിശാ സ്ത്രചരിത്രത്തിന്റെ 2% മാത്രം പ്രതിനിധീകരിക്കുന്ന കാർബോണിഫറസ്, പെ ർമിയൻ കാലഘട്ടങ്ങളിലാണ് 90% കൽക്കരി പാടങ്ങളും നിക്ഷേപിക്കപ്പെട്ടത്. ഈ തണ്ണീർത്തട മഴക്കാടുകൾ മൂലമുണ്ടാകുന്ന ഉയർന്ന ഓക്സിജന്റെ അളവ് ആർത്രോപോഡുകളെ അവയുടെ ശ്വസന വ്യവസ്ഥകളാൽ നിയന്ത്രിച്ചു നിർ ത്താൻ അനുവദിച്ചു. കാർബോണിഫറസ് കാലഘട്ടത്തിൽ ഭീമൻ നാല്ക്കാലി കൾ പോലുള്ള അർദ്ധ ജലജീവികളായ ഉഭയ ജീവികൾ ടെട്രാപോഡുകളായി വൈവിധ്യവൽക്കരിക്കപ്പെട്ടു, കൂടാതെ മൃഗത്തിന്റെ ഭ്രൂണത്തിന്റെ വികാസ ത്തെ സഹായിക്കുന്ന ചർമ്മങ്ങളുള്ള വംശം വികസിപ്പിച്ചെടുത്തു. അത് അവ യുടെ മുട്ടകളെ വെള്ളത്തിന് പുറത്ത് നിലനിൽക്കാൻ അനുവദിച്ചു. ഈ നാല് കാലികൾ, ഉരഗങ്ങൾ, ആദ്യത്തെ പല്ലിമുഖങ്ങൾ, അഥവാ ദിനോസറുകൾ, പ ക്ഷികൾ, സസ്തനികളുടെ പൂർവ്വികർ എന്നിവ പരിണമിച്ചു. കാർബോണിഫ റസിലുടനീളം, ഒരു തണുപ്പിക്കൽ പാറ്റേൺ ഉണ്ടായിരുന്നു. അത് ഒടുവിൽ ദ ക്ഷിണ ധ്രുവത്തിന് ചുറ്റുമായി സ്ഥിതിചെയ്യുന്ന ഗോണ്ഡ്വാനയുടെ ഹിമപാത ത്തിലേക്ക് നയിച്ചു. ഈ സംഭവം പെർമോ-കാർബോണിഫറസ് ഗ്ലേസിയേഷ ൻ എന്നറിയപ്പെടുന്നു. ഇത് കാർബണിഫറസ് മഴക്കാടുകളുടെ തകർച്ച എന്ന റിയപ്പെടുന്ന കൽക്കരിവനങ്ങളുടെ നാശത്തിന് കാരണമായി. ദിനോസറുകൾ സമൃദ്ധമായി തുടർന്നു. ദിനോസർ വിഭാഗമായ ടൈറനോസൗറോയിഡുകൾ, പക്ഷികൾ, സസ്യബുക്കായ ദിനോസർ, അയവിറക്കുന്ന ഇരുകാലിൽ ഓടുന്ന

സസ്യബുക്കുകളായ ചെറിയ ജീവികൾ തുടങ്ങിയ ഗ്രൂപ്പുകളുടെ ഉദയം കണ്ടു. ജുറാസിക് കാലഘട്ടത്തിലും ആദ്യ ക്രിറ്റേഷ്യസ് കാലഘട്ടത്തിലും ജീവിച്ചിരുന്ന സസ്യഭുക്കായ ഓർണിതിഷിയൻ ദിനോസറുകൾ, ഇക്ത്യോസറുകൾ എന്നിവ ഗണ്യമായി കുറഞ്ഞു.

പെർമിയൻ 29.8 കോടി മുതൽ 25.1 കോടി വർഷങ്ങൾ വരെ വ്യാപിച്ചു കിടക്കുന്നു. ഇത് പാലിയോസോയിക് കാലഘട്ടത്തിലെ അവസാന കാലഘട്ടമായിരുന്നു. ഇതിന്റെ തുടക്കത്തിൽ, എല്ലാ ഭൂപ്രദേശങ്ങളും ചേർന്ന് പാംഗിയ എന്ന സൂപ്പർ ഭൂഖണ്ഡം രൂപീകരിച്ചു. കാർബോണിഫറസുമായി താരതമ്യപ്പെടുത്തുമ്പോൾ ഭൂമി താരതമ്യേന വരണ്ടതായിരുന്നു. പുതിയ വരണ്ട കാലാവസ്ഥയിൽ നാൽകാലികൾ, ഉരഗങ്ങൾ, പക്ഷികൾ എന്നിവ പെരുകുകയും വൈവിധ്യവൽക്കരിക്കുകയും ചെയ്തു. പ്രത്യേകിച്ച് ആധുനിക സസ്തനികളുടെ പൂർവ്വികരായ ദിനോസർ പോലുള്ള ജീവിയായ ഡിമെട്രോഡൺ, എഡഫോസോറസ്, തെറാപ്സിഡുകൾ തുടങ്ങിയ സസ്തനികൾ പോലുള്ള ഉരഗങ്ങൾ."

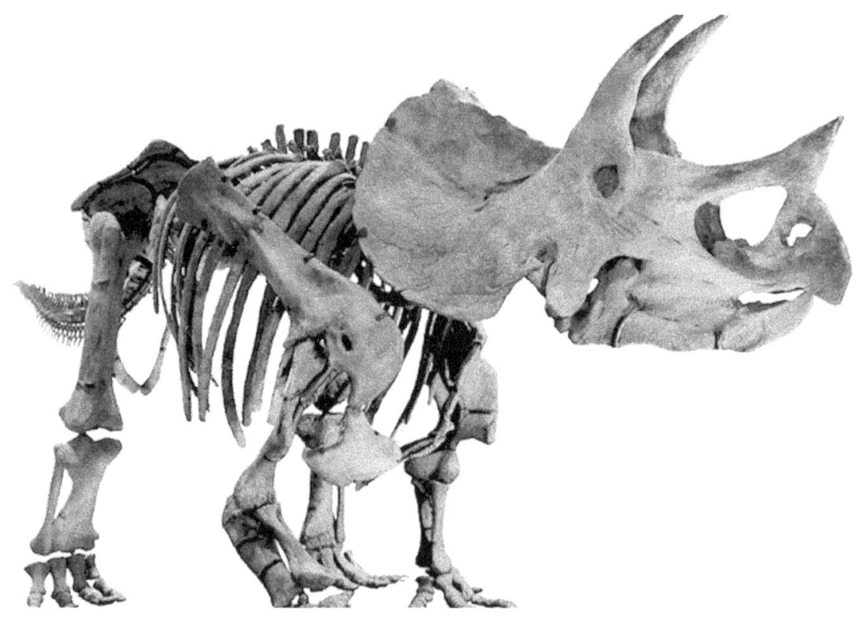

ലോസ് ഏഞ്ചലസ് കൗണ്ടിയിലെ നാച്ചുറൽ ഹിസ്റ്ററി മ്യൂസിയത്തിലുള്ള ട്രൈസെറാറ്റോപ്സിന്റെ അസ്ഥികൂടം

"ദിനോസറുകൾ ജീവിച്ചിരുന്നത് ഏത് കാലഘട്ടത്തിലാണ് മുത്തശ്ശി?"
"പറയാം, 25.2 കോടി മുതൽ 6.6 കോടി വർഷം വരെയുള്ളതാണ് മെസോ

സോയിക് കാലഘട്ടം. ഉരഗങ്ങളുടേയും ദിനോസറുകളുടേയും യുഗമെന്നും ഇതറിയപ്പെടുന്നു, മെസോസോയിക്കിനെ മൂന്ന് കാലഘട്ടങ്ങളായി തിരിച്ചിരിക്കുന്നു. ട്രയാസിക്, ജുറാസിക്, ക്രിറ്റേഷ്യസ്. ട്രയാസിക്കിനെ വീണ്ടും മൂന്നായി തിരിച്ചിരിക്കുന്നു. ആദ്യകാല ട്രയാസിക്, മധ്യകാല ട്രയാസിക്, അവസാനകാല ട്രയാസിക്. ആദ്യകാല ട്രയാസിക് 25.2 കോടി മുതൽ 24.7 കോടിവർഷം വരെ നിലനിന്നിരുന്നു. പെർമിയൻ വംശനാശത്തിന് ശേഷമുള്ള ചൂടുള്ളതും വരണ്ടതുമായ ഒരു യുഗമായിരുന്നു ഇത്. ടെംനോസ്പോണ്ടിലി തുടങ്ങിയ ജീവികൾ ട്രയാസിക് കാലഘട്ടത്തിൽ വലിയ ജലജീവികളായി പരിണമിച്ചു. മറ്റ് ഉരഗങ്ങളും അതിവേഗം വൈവിധ്യവൽക്കരിക്കപ്പെട്ടു, ഇക്ത്യോസറുകൾ, സൗരോപ്റ്റെറിജിയൻസ് തുടങ്ങിയ ജലജീവികൾ കടലിൽ പെരുകി. അതുപോലെ കരയിൽ മുതല ബന്ധുക്കൾ, പക്ഷി/ദിനോസർ ബന്ധുക്കൾ എന്നിവയുൾപ്പെടെ ആദ്യത്തെ ആർക്കോസോറുകൾ പ്രത്യക്ഷപ്പെട്ടു.

മധ്യകാല ട്രയാസിക് 24.7 കോടി മുതൽ 23.7 കോടി വർഷങ്ങൾവരെ വ്യാപിച്ചുകിടക്കുന്നു. മധ്യകാല ട്രയാസിക്കിൽ പാംഗിയയുടെ തകർച്ചയുടെ തുടക്കം വടക്കൻ പാംഗിയയിൽ ആരംഭിച്ചു. മധ്യകാല ട്രയാസിക്കിന്റെ അവസാനത്തോടെ പെർമിയൻ വംശനാശത്തിൽ നിന്ന് ഫൈറ്റോപ്ലാങ്ക്ടൺ, പവിഴം, ക്രസ്റ്റേഷ്യനുകൾ, മറ്റ് പല കടൽ അകശേരുക്കളും വീണ്ടെടുക്കപ്പെട്ടു. അതിനിടയിൽ, കരയിൽ, ഉരഗങ്ങൾ വൈവിധ്യവൽക്കരണം തുടർന്നു. ആദ്യത്തെ ഈച്ചകളും കോണിഫറസ് വനങ്ങളും തഴച്ചു വളർന്നു.

23.7 കോടി മുതൽ 20.1 കോടി വർഷം വരെ അവസാനകാല ട്രയാസിക് വ്യാപിച്ചു കിടക്കുന്നു. ശക്തമായ മൺസൂൺ കാലാവസ്ഥയും ഭൂരിഭാഗം മഴയും തീരപ്രദേശങ്ങളിലും ഉയർന്ന അക്ഷാംശങ്ങളിലും മാത്രമായി പരിമിതപ്പെടുത്തിയിരുന്നു. ആദ്യ യഥാർത്ഥ ദിനോസറുകൾ അവസാനകാല ട്രയാസിക്കിന്റെ തുടക്കത്തിൽ പ്രത്യക്ഷപ്പെട്ടു. ടെറോസറുകൾ പിന്നീട് പരിണമിച്ചു.

ജുറാസിക് കാലഘട്ടം 20.1 കോടി മുതൽ 14.5 കോടി വർഷം വരെ വ്യാപിച്ചു കിടക്കുന്നു. ഇതിനേയും മൂന്നായി തിരിച്ചിരിക്കുന്നു. ആദ്യകാല ജുറാസിക്, മധ്യകാല ജുറാസിക്, അവസാനകാല ജുറാസിക്. ആദ്യകാല ജുറാസിക് യുഗം 20.1 കോടി മുതൽ 17.4 കോടി വർഷം വരെയുള്ളതാണ്.

17.4 കോടി മുതൽ 14.5 കോടി വർഷംവരെ മധ്യ, അവസാനകാല ജുറാസിക് യുഗങ്ങൾ വ്യാപിച്ചുകിടക്കുന്നു. ലോകത്തിലെ വനങ്ങളുടെ വലിയൊരു ഭാഗം കോണിഫർ സാവന്നകളായിരുന്നു. സമുദ്രങ്ങളിൽ, വംശനാശം സംഭവിച്ച സമുദ്ര ഉരഗങ്ങളായ പ്ലീസിയോസറുകൾ വളരെ സാധാരണമായിരുന്നു. 'സീ ഡ്രാഗൺ' എന്നറിയപ്പെടുന്ന ഇക്ത്യോസറുകൾ തഴച്ചു വളർന്നു. അവസാന ജുറാസിക് യുഗം 16.3 കോടി മുതൽ 14.5 കോടി വർഷം വരെയുള്ളതാണ്. അ

വസാനത്തെ ജുറാസിക്കിൽ വടക്കൻ ഭൂഖണ്ഡങ്ങളിൽ നിരവധി ഇക്ത്യോസറു കൾക്കൊപ്പം സസ്യഭുക്ക് ദിനോസറായ സൗറോപോഡുകളുടെയും വംശനാശം സംഭവിച്ചു."

"ദിനോസോറുകൾ പൂർണ്ണമായും ഇല്ലാതായത് എപ്പോഴാണ് മുത്തശ്ശി?"

"10 കോടിവർഷം മുതൽ 6.6 കോടി വർഷം വരെയുള്ള ക്രിറ്റേഷ്യസിന്റെ അവസാന കാലഘട്ടത്തിലാണ് ദിനോസോറുകളടക്കമുള്ള വലിയ ജീവികൾ ഭൂമിയിൽ നിന്നും ഇല്ലാതായത്. ക്രിറ്റേഷ്യസ് കാലഘട്ടത്തിൽ ഭൂമി ശീതീകരണ പ്രവണത കാണിച്ചു. അത് സെനോസോയിക് കാലഘട്ടത്തിലും തുടർന്നു. ഒ ടുവിൽ ഉഷ്ണമേഖലാ കാലാവസ്ഥ ഭൂമധ്യരേഖയിൽ മാത്രമായി പരിമിതപ്പെ ട്ടു. ഭീമൻ ദിനോസറായ ടൈറനോസോറസ്, അങ്കിലോസോറസ്, ട്രൈസെറാ ടോപ്സ്, മൂന്നു കൊമ്പുള്ള ഹാഡ്രോസോറുകൾ തുടങ്ങിയ പുതിയ ജീവിവർ ഗ്ഗങ്ങളും, ദിനോസറുകളും ഇക്കാലത്തും തഴച്ചു വളർന്നു. പറക്കുന്ന മൃഗമായ ഭീമാകാരമായ ക്വെറ്റ്‌സാൽ കോട്ലസ് പോലുള്ള പുതിയ ജീവികളും ക്രിറ്റേഷ്യ സിന്റെ അവസാനം വരെ അതിജീവിച്ചു. വലിപ്പം കുറവായിരുന്നിട്ടും സസ്തനി കൾ വൈവിധ്യവത്കരിച്ചു. കൂടാതെ ആദ്യത്തെ പൂച്ചെടികൾ പരിണമിച്ചു. ക്രിറ്റേഷ്യസിന്റെ അവസാനത്തിൽ ഡെക്കാൻ കെണികളും മറ്റ് അഗ്നിപർവ്വത സ്ഫോടനങ്ങളും അന്തരീക്ഷത്തെ മോശമാക്കി. ഇത് തുടരുമ്പോൾ, ഒരു വലി യ ഉൽക്ക ഭൂമിയിലേക്ക് ഇടിച്ചു കയറുകയും ചിക്സുലബ് ഗർത്തം സൃഷ്ടി ക്കുകയും കെ-പി ജി വംശനാശം അതായത് ക്രിറ്റേഷ്യസ്-പാലിയോജീൻ വംശ നാശം എന്നറിയപ്പെടുന്ന സംഭവത്തിന് കാരണമാവുകയും ചെയ്തു. ഇത് ഭൂ മിയിലെ അഞ്ചാമത്തെയും ഏറ്റവും പുതിയതും വൻതോതിലുമുള്ള വംശനാ ശമാണ്. ഈ സമയത്ത് ഭൂമിയിലെ ജീവന്റെ 75% ഇല്ലാതായി. പക്ഷികൾ അല്ലാ ത്ത എല്ലാ ദിനോസറുകളുടേയും വംശനാശം സംഭവിച്ചു. 10 കിലോഗ്രാമിൽ കൂടുതൽ ശരീരഭാരമുള്ള എല്ലാ ജീവജാലങ്ങളും ഇല്ലാതായി. ഇതോടെ ദിനോ സറുകളുടെ യുഗം അവസാനിച്ചു."

"ഭൂമിയുടെ ചരിത്രത്തിലെ അവസാന കാലഘട്ടമായ സെനോസോയിക് കാ ലഘട്ടത്തേ പറ്റി വിശദമായി പറയാമോ മുത്തശ്ശി?"

"ഭൂമിയുടെ ചരിത്രത്തിലെ അവസാന 6.6 കോടി വർഷം മുതൽ നിലവിലെ ഭൂമിശാസ്ത്ര കാലഘട്ടംവരെയാണ് സെനോസോയിക് കാലഘട്ടം. സസ്തനി കൾ, പക്ഷികൾ, പൂച്ചെടികൾ എന്നിവയുടെ ആധിപത്യമാണ് ഇതിന്റെ സവി ശേഷത. സെനോസോയിക്കിനെ ഏഴ് കാലഘട്ടങ്ങളായി തിരിച്ചിരിക്കുന്നു. പാ ലിയോസീൻ, ഇയോസീൻ, ഒലിഗോസീൻ, മയോസീൻ, പ്ലിയോസീൻ, പ്ലീസ്റ്റോ സീൻ, ഹോളോസീൻ എന്നിവയാണവ.

പാലിയോസീൻ 6.6 മുതൽ 5.6 കോടി വർഷം വരെ നിലനിന്നിരുന്നു. ഗർഭം ധരിക്കുന്ന ആധുനിക സസ്തനികൾ ഈ സമയത്താണ് ഉത്ഭവിച്ചത്. ആദ്യകാല പാലിയോസീനിൽ ഭൂഖണ്ഡങ്ങൾ അവയുടെ ഇന്നത്തെ രൂപം സ്വീകരിക്കാൻ തുടങ്ങി. ഒരിക്കൽ ആധിപത്യം പുലർത്തിയിരുന്ന വലിയ ഉരഗങ്ങളുടെ വംശ നാശം സംഭവിച്ചതിനാൽ സമുദ്രങ്ങളിൽ സ്രാവുകൾ, വംശനാശം സംഭവിച്ച മാംസഭോജികളായ ക്രയോഡോണ്ടുകൾ പോലുള്ള പുരാതന സസ്തനികൾ വർദ്ധിച്ചു.

ഇയോസീൻ 5.6 കോടി മുതൽ 3.39 കോടി വർഷം വരെയുള്ളതാണ്. ഈ യോസീനിന്റെ ആദ്യകാലങ്ങളിൽ, ഇടതൂർന്ന വനങ്ങളിൽ വസിച്ചിരുന്ന ജീവ ജാലങ്ങൾക്ക് പാലിയോസീനിലെ പോലെ വലിയ രൂപങ്ങളിലേക്ക് പരിണമി ക്കാൻ കഴിഞ്ഞില്ല. അവയിൽ ആദ്യകാല പ്രൈമേറ്റുകൾ, തിമിംഗലങ്ങൾ, കു തിരകൾ എന്നിവയും മറ്റ് പല ആദ്യകാല സസ്തനികളും പറക്കാത്ത വലിയ പക്ഷികളായ പാരാക്രാക്സ് പോലുള്ളവയും ഉണ്ടായിരുന്നു.

അടുത്ത കാലഘട്ടമായ ഒലിഗോസീൻ 3.39 മുതൽ 2.303 കോടി വർഷം വ രേയുള്ളതാണ്. ഒലിഗോസീൻ കാലത്തെ പുൽമേടുകളുടെ വികാസം പുതിയ ആനകൾ, പൂച്ചകൾ, നായ്ക്കൾ എന്നിവയും ഇന്നും പ്രചാരത്തിലുള്ള മറ്റനേ കം ജീവജാലങ്ങൾ ഉൾപ്പെടെ നിരവധി പുതിയ ജീവിവർഗ്ഗങ്ങളും പരിണമിക്കു ന്നതിന് കാരണമായി.

അതിനുശേഷമുള്ള നിയോജിൻ കാലഘട്ടം 2.303 മുതൽ 2.58 കോടി വർ ഷം വരെ വ്യാപിച്ചുകിടക്കുന്നു. ഇതിനെ മയോസീൻ, പ്ലിയോസീൻ എന്ന 2 ഭാ ഗമായി തിരിച്ചിരിക്കുന്നു. മയോസീൻ 2.303 കോടി മുതൽ 53.33 ലക്ഷം വർഷം വരെയുള്ളതാണ്. കടൽ സസ്തനികളായ കടൽ ഒട്ടറുകൾ പോലുള്ള പുതിയ ജീവി വർഗ്ഗങ്ങൾ ഇക്കാലത്ത് പരിണമിച്ചു. അതുപോലെ കണ്ടാമൃഗങ്ങൾ, കു തിരകൾ എന്നിവ അടങ്ങുന്ന പെരിസോഡാക്റ്റൈല വിഭാഗങ്ങൾ തഴച്ചുവളരു കയും വിവിധ ഇനങ്ങളായി പരിണമിക്കുകയും ചെയ്തു. കുരങ്ങുകൾ 30 ഇന ങ്ങളായി പരിണമിച്ചു. അറേബ്യൻ പെനിൻസുലയുടെ സൃഷ്ടിയോടെ ടെത്തി സ് കടൽ ഇല്ലാതായി. അതിന്റെ ഫലമായി കരിങ്കടൽ, ചെങ്കടൽ, മെറിറ്ററേനി യൻ, കാസ്പിയൻ കടലുകൾ അവശേഷിച്ചു. ഇത് ആ ഭാഗങ്ങളിൽ വരൾച്ച വർദ്ധിപ്പിച്ചു. നിരവധി പുതിയ സസ്യങ്ങൾ പരിണമിച്ചു. ആധുനിക വിത്ത് സ സ്യ കുടുംബങ്ങളിൽ 95% വും മയോസീൻ അവസാനത്തോടെ നിലവിൽ വന്നു.

അതിനുശേഷമുണ്ടായ പ്ലിയോസീൻ 53.33 മുതൽ 25.8 ലക്ഷംവർഷം മുമ്പു ള്ളതാണ്. പ്ലിയോസീനിൽ വലിയ തോതിൽ കാലാവസ്ഥാ വ്യതിയാനങ്ങൾ സം ഭവിച്ചു. അതിന്റെ ഫലമായി ആധുനിക സസ്യ ജന്തുജാലങ്ങളുണ്ടായി. ദശ ല ക്ഷക്കണക്കിന് വർഷങ്ങളായി മെഡിറ്ററേനിയൻ കടൽ വറ്റിവരണ്ടു. ഹിമയു

ഗങ്ങൾ സമുദ്ര നിരപ്പ് കുറച്ചു. മെഡിറ്ററേനിയനിൽ നിന്ന് അറ്റ്ലാന്റിക്കിനെ വേർതിരിച്ചു. ആസ്ട്രലോപിത്തേക്കസ് ആഫ്രിക്കയിൽ പരിണമിച്ചു. ഭൂമിയി ലെ മനുഷ്യ വിഭാഗത്തിനു തുടക്കം കുറിച്ചു. കരീബിയൻ കടലിനും പസഫിക് സമുദ്രത്തിനും ഇടയിൽ പനാമ കടലിടുക്ക് രൂപപ്പെട്ടു. വടക്കേ അമേരിക്കക്കും തെക്കേ അമേരിക്കക്കും ഇടയിൽ മൃഗങ്ങൾ കുടിയേറി. കാലാവസ്ഥാ വ്യതിയാ നങ്ങൾ കാരണം ലോകമെമ്പാടും സാവന്നകൾ വ്യാപിച്ചു. ഇന്ത്യൻ മൺസൂൺ, മധ്യേഷ്യയിലെ മരുഭൂമികൾ, സഹാറ മരുഭൂമി എന്നിവയുടെ തുടക്കവും ഈ കാലഘട്ടത്തിൽ സംഭവിച്ചു.

25.8 ലക്ഷം വർഷം മുതൽ ഇന്നുവരെയുള്ള ക്വാട്ടേണറി കാലഘട്ടം ഫാന റോസോയിക് യുഗത്തിലെ ഏറ്റവും ചെറിയ ഭൂമിശാസ്ത്ര കാലഘട്ടമാണ്. ആ ധുനിക മൃഗങ്ങളേയും കാലാവസ്ഥയിലെ നാടകീയമായ മാറ്റങ്ങളേയും ഇത് അവതരിപ്പിക്കുന്നു. ക്വാട്ടേണറി കാലഘട്ടം പ്ലീസ്റ്റോസീൻ, ഹോളോസീൻ എ ന്ന രണ്ട് കാലഘട്ടങ്ങളായി തിരിച്ചിരിക്കുന്നു."

"അപ്പോൾ ആദിമ മനുഷ്യരുണ്ടായത് എപ്പോഴായിരിക്കും മുത്തശ്ശി?"

ഏകദേശം 19.8 ലക്ഷം വർഷങ്ങൾക്ക് മുമ്പുള്ള പ്രായപൂർത്തിയായ സ്ത്രീയുടെ അസ്ഥികൂടത്തിൽ നിന്നുള്ള പുനർനിർമ്മാണം. ജർമ്മനിയിലെ നിയാണ്ടർതൽ മ്യൂസിയത്തിലെ ഓസ്ട്രലോപിത്തേക്കസ് സെഡിബ.

"പറയാം, ഹിമയുഗം എന്നറിയപ്പെടുന്ന പ്ലീസ്റ്റോസീൻ 25.8 ലക്ഷം മുതൽ 11,700 ലക്ഷം വർഷം വരെ നിലനിന്നിരുന്നു. ഇയോസീൻ മധ്യത്തിൽ ആരംഭിച്ച തണുപ്പിക്കൽ പ്രവണതയുടെ ഫലമായി ഈ യുഗത്തിൽ ഹിമയുഗങ്ങളുടെ ഒരു പരമ്പര തന്നെ ഉണ്ടായി. വടക്കേ അർദ്ധഗോളത്തിൽ അക്ഷാംശം 40 ഡിഗ്രിവരെ ഹിമപാളികളാൽ മൂടിയ നിരവധി പ്രത്യേക ഹിമാനികളുടെ കാലങ്ങൾ ഉണ്ടായിരുന്നു. അതിനിടെ ആഫ്രിക്കയിൽ വരണ്ടുണങ്ങാനുള്ള പ്രവണത അനുഭവപ്പെട്ടു. ഇത് സഹാറ, നമീബ്, കലഹാരി എന്നീ മരുഭൂമികളുടെ സൃഷ്ടിയിൽ കലാശിച്ചു. വംശനാശം സംഭവിച്ച മമ്മുത്തസ് എന്ന ആനകൾ, ഭീമാകാരമായ ഗ്രൗണ്ട് സ്ലോത്തുകൾ, ഭയാനകമായ ചെന്നായ്ക്കൾ, സേബർ-പല്ലുള്ള പൂച്ചകൾ, ഹോമോഇറക്ടസ് പോലുള്ള പുരാതന മനുഷ്യർ എന്നിവ പ്ലീസ്റ്റോസീൻ കാലഘട്ടത്തിൽ സാധാരണവും വ്യാപകവുമായിരുന്നു. ശരീര ഘടനാപരമായ ആധുനിക മനുഷ്യർ, കിഴക്കൻ ആഫ്രിക്കയിൽ നിന്ന് കുറഞ്ഞത് രണ്ട് തരംഗങ്ങളിലെങ്കിലും കുടിയേറാൻ തുടങ്ങി. ആദ്യത്തേത് 2,70,000 വർഷങ്ങൾക്ക് മുമ്പാണ്. രണ്ടാമത്തേത് 70,000നും 60,000 വർഷത്തിനിടയിലാണെന്ന് കരുതപ്പെടുന്നു. 74,000 വർഷങ്ങൾക്ക് മുമ്പ് സുമാത്രയിലുണ്ടായ ഒരു സൂപ്പർ അഗ്നിപർവ്വത സ്ഫോടനം ആഗോള തലത്തിൽ മനുഷ്യരുടെ ജനസംഖ്യാ വർദ്ധനവിന് തടസ്സമായി. ഹോമോസാപ്പിയൻസിന്റെ കുടിയേറ്റത്തിന്റെ രണ്ടാം തരംഗം അന്റാർട്ടിക്ക ഒഴികെയുള്ള എല്ലാ ഭൂഖണ്ഡങ്ങളിലും വിജയകരമായി നടന്നു. പ്ലീസ്റ്റോസീൻ അവസാനിക്കാറായപ്പോൾ, ഹോമോസാപിയൻസ് ഇതര മനുഷ്യ വിഭാഗമായ ഹോമോ നിയാണ്ടർതലൻസിസ്, ഹോമോഫ്ളോറെസിയെൻസിസ് എന്നിവയുൾപ്പെടെ ലോകത്തിലെ വലിയ ജീവികളിൽ ഭൂരിഭാഗത്തേയും ഈ വലിയ വംശനാശ സംഭവം ഇല്ലാതാക്കി. എല്ലാ ഭൂഖണ്ഡങ്ങളേയും ഇതു ബാധിച്ചു. എന്നാൽ ആഫ്രിക്കയെ ഒരു പരിധിവരെ മാത്രം ബാധിക്കുകയും ആനകൾ, കാണ്ടാമൃഗം,ഹിപ്പോപ്പൊട്ടാമസ് തുടങ്ങിയ വലിയ മൃഗങ്ങൾ നിലനിൽക്കുകയും ചെയ്തു. പ്ലീസ്റ്റോസീന്റെ തുടക്ക കാലഘട്ടത്തിലാണ് ഹോമോജനുസ്സിലെ പുരാതന മനുഷ്യർ ആഫ്രിക്കയിൽ ഉത്ഭവിക്കുകയും ആഫ്രോ-യുറേഷ്യയിലുടനീളം വ്യാപിക്കുകയും ചെയ്തത്. പ്ലീസ്റ്റോസീൻ 25.8 ലക്ഷം മുതൽ 11,700 വർഷങ്ങൾക്ക് മുമ്പ് വരെ നിലനിന്നിരുന്നു."

"ഇന്ന് നിലവിലുള്ളത് ഹോളോസീൻ കാലഘട്ടമായിരിക്കും അല്ലേ മുത്തശ്ശീ?"

"അതേ, ഹോളോസീൻ കാലഘട്ടം 11,700 വർഷങ്ങൾക്ക് മുമ്പ് ആരംഭിച്ച് ഇന്നും നിലനിൽക്കുന്നു. രേഖപ്പെടുത്തപ്പെട്ട എല്ലാ ചരിത്രവും "മനുഷ്യചരിത്രമാകുന്നത്" ഹോളോസീൻ യുഗത്തിന്റെ അതിരുകൾക്കുള്ളിലാണ്."

"ഭൂമി അതിന്റെ യുഗ യുഗാന്തരങ്ങളിൽ കൈവരിച്ച മാറ്റത്തെ ഒന്നുകൂടി ചുരുക്കി വിവരിക്കാമോ മുത്തശ്ശി."

"ഭൗമ, ജീവ പരിണാമത്തെ ചുരുക്കി പറയുകയാണെങ്കിൽ, ഭൂമിക്ക് ഏകദേശം 454 കോടി വർഷം പഴക്കമുണ്ട്. 350 കോടിവർഷം മുൻപ് ജീവൻ ഉണ്ടായിരുന്നതിന്റെ തെളിവുകൾ ഇന്ന് ലഭ്യമാണ്. ഭൂമിയിൽ ജീവിച്ചിട്ടുള്ളതിൽ 99 ശതമാനത്തിലേറെ ജീവജാലങ്ങളും അതായത് അഞ്ഞൂറ് കോടിയിലേറെ ജീവിവർഗ്ഗങ്ങൾ വംശനാശം സംഭവിച്ച് ഇല്ലാതായതായി കണക്കാക്കപ്പെടുന്നു. ഇന്ന് ഭൂമിയിൽ ഒരു കോടി മുതൽ 1.4 കോടി വരെ ജീവിവർഗ്ഗങ്ങളാണുള്ളത്. 19 ലക്ഷം ജീവികളെ നാമകരണം ചെയ്തതായും 16 ലക്ഷം ജീവികളെ കേന്ദ്രീകൃത ഡേറ്റാബേസുകളിൽ ഉൾപ്പെടുത്തിയിട്ടുമുണ്ട്. ബാക്കി 80 ശതമാനത്തോളം ജീവികൾ ശാസ്ത്രീയമായി വിവരിക്കപ്പെടാത്തവയാണ്.

ആദിമ ഭൂമിയിൽ നിലനിന്ന ഉയർന്ന ഊർജ്ജത്തിലുള്ള രാസപ്രവർത്തനങ്ങൾ വഴി സ്വന്തം കോപ്പികൾ ഉണ്ടാക്കാൻ കഴിവുള്ള ഒരു തന്മാത്രയെ സൃഷ്ടിച്ചതാണ് 400 കോടി വർഷം മുൻപ് ജീവന്റെ തുടക്കം എന്ന് കരുതപ്പെടുന്നു. അതിനും അമ്പതുകോടി വർഷങ്ങൾക്ക് ശേഷം ഇന്നത്തെ മുഴുവൻ ജീവികളുടെ പൊതുപൂർവ്വികൻ രൂപപ്പെട്ടു. ആദ്യകാലത്തെ ലളിതമായ തന്മാത്രകളുടെ തുടർ പരിണാമം വഴിയാണ് ആധുനികജീവന് ആവശ്യമായ സങ്കീർണ്ണ രസതന്ത്രം രൂപപ്പെട്ടത്. ആദിമ തന്മാത്രകളിൽ സ്വയം കോപ്പികൾ ഉണ്ടാക്കാൻ കഴിവുള്ള RNAയും ഇതിൽ ഉൾപ്പെട്ടിരിക്കാം. ഭൂമിയിലുള്ള എല്ലാ ജീവികളും ഒരേ പൊതുപൂർവ്വികന്റെ പിന്മുറക്കാരാണെന്ന് മാത്രമല്ല, ഇന്ന് നിലവിലുള്ള ജീവികൾ പരിണാമത്തിലെ ഒരു ഘട്ടത്തിലേതു മാത്രമാണ്. ഇന്നുള്ള ജീവികൾ തുടർച്ചയായ വൈവിധ്യവൽക്കരണം, ജീവിവർഗ്ഗങ്ങളുടെ വേർപിരിയൽ, വംശനാശം സംഭവിച്ചതിനിടയിൽ ശാഖോപശാഖകളായി തിരിഞ്ഞ് രൂപപ്പെട്ടതാണ്.

ബഹുകോശജീവികളുടെ ആവിർഭാവത്തിനു ശേഷം ജീവികളുടെ പ്രത്യക്ഷമായ വൈവിധ്യത്തിൽ പെട്ടെന്ന് അതായത് ഒരുകോടി വർഷത്തോളം സമയം കൊണ്ട്, ഒരു കുതിച്ചുചാട്ടം ഉണ്ടായി. ഇതിനെ കാംബ്രിയൻ വികാസം എന്ന് വിളിക്കുന്നു. ഇന്നത്തെ പല ജീവിപരമ്പരകളുടേയും പൂർവ്വികരെ ഈ സമയത്ത് തന്നെ തിരിച്ചറിയാൻ സാധിക്കും. കാംബ്രിയൻ വികാസത്തിന് പല കാരണങ്ങളും ചൂണ്ടിക്കാണിക്കപ്പെടുന്നു. ഫോട്ടോസിന്തസിസ് വൻതോതിൽ നടന്നതുമൂലം അന്തരീക്ഷത്തിൽ ആദ്യമായി സ്വതന്ത്ര ഓക്സിജന്റെ അളവ് ഉയർന്നതാണ് അതിലൊന്ന്. ഏകദേശം 50 കോടി വർഷം മുമ്പാണ് ചെടികളും പായലുകളും കരയിലേക്ക് വ്യാപിച്ചത്. അവയെ തുടർന്ന് ആർത്രോപോഡുകളും മറ്റ് ജീവികളും ഉണ്ടായി. ഷഡ്പദങ്ങൾ ഏറ്റവും വിജയകരമായി കരയിൽ വ്യാപിക്കുകയും ഇന്നുള്ള മൃഗങ്ങളിൽ ഭൂരിപക്ഷം വരുന്ന ജീവിവർഗ്ഗങ്ങളായി മാ

റുകയും ചെയ്തു. ഏകദേശം 36.4 കോടിവർഷം മുൻപാണ് മത്സ്യങ്ങളിൽ നി
ന്നും രണ്ടുജോടി കൈകാലുകളുള്ള കരയിലുംവെള്ളത്തിലും ജീവിക്കുന്ന ഉഭയ
ജീവികൾ രൂപപ്പെട്ടത്. ഉഭയജീവി കളിൽ നിന്നും ഉരഗവംശങ്ങൾ അഥവാ ഇഴ
ജന്തുക്കൾ 15.5 കോടി വർഷം മുൻപ് രൂപപ്പെട്ടു. അവയിൽ നിന്നും 12.9 കോ
ടി വർഷം മുമ്പ് സസ്തനികളും ഒരു കോടി വർഷം മുമ്പ് ആഫ്രിക്കൻ ആൾ
ക്കുരങ്ങുകളും ഏകദേശം 28 ലക്ഷം വർഷം മുമ്പ് ആദ്യമനുഷ്യരും ഏകദേശം
മൂന്നു ലക്ഷം വർഷം മുമ്പ് ഇന്നത്തെ ആധുനിക മനുഷ്യരും രൂപപ്പെട്ടു. പല
വലിയ മൃഗങ്ങളുടേയും പരിണാമം നടന്നുവെങ്കിലും ആദ്യമുണ്ടായ ചെറിയ
ജീവികൾ ഇന്നും ഭൂമിയുടെ അധിപതികളായി തുടരുന്നു."

"ഈ വിവരങ്ങളൊക്കെ എങ്ങനെയാണ് മുത്തശ്ശി കണ്ടെത്തുന്നത്?"

"പറയാം, ജീവികളുടെ മൊത്തം കണക്കെടുത്താൽ ഏകകോശ ജീവികളായ
പ്രോകരിയോട്ടുകളാണ് ഇന്നും ഭൂമിയിൽ ഏറ്റവും അധികവും വൈവിധ്യവു
മായ ജീവിവർഗ്ഗം. ജീവികളുടെപരിണാമ ചരിത്രത്തെ പഠിക്കുന്നതിന് പഴയകാ
ല ജീവികളുടെ ഫോസിലുകളുടേയും ആധുനികജീവികളുടെ ശരീരത്തിന്റേയും
താരതമ്യ പഠനം സഹായിക്കുന്നു. ഒരു പൊതുപാരമ്പര്യത്തിൽ നിന്നാണ് ജീവി
കളുടെ പരിണാമമെന്നതിന് ജീവികളുടെ പൊതുവായ ജൈവ രസതന്ത്ര പ്ര
ക്രിയകളും തെളിവാണ്. ഉദാഹരണത്തിന് എല്ലാ ജീവികോശങ്ങളും ഒരേതരം
ന്യൂക്ലിയോടൈഡുകളും അമീനോ ആസിഡുകളും കൊണ്ടാണ് പ്രവർത്തിക്കു
ന്നത്. അടുത്ത കാലത്തുണ്ടായ മോളിക്കുലർ ജനറ്റിക്സ് എന്ന ശാസ്ത്രശാഖ
ജീവികളുടെ ജനിതകത്തിൽ നിന്നും പരിണാമ പാരമ്പര്യത്തെ തിരിച്ചറിയുന്ന
തിനുള്ള പുതിയ രീതികൾ കണ്ടെത്തിക്കൊണ്ടിരിക്കുന്നു. ജനിതകത്തിൽ നിര
ന്തരം സംഭവിച്ചു കൊണ്ടിരിക്കുന്ന മ്യൂട്ടേഷനുകളുടെ തോത് കണക്കാക്കി വം
ശങ്ങൾ തമ്മിൽ വേർതിരിഞ്ഞ കാലമേതാണെന്ന് നിർണ്ണയിക്കാൻ ഇന്ന് സാധി
ക്കും. ഉദാഹരണത്തിന് 98% സാദൃശ്യമുള്ള മനുഷ്യ-ചിമ്പാൻസി ജനിതകങ്ങ
ളിൽ സംഭവിച്ച വ്യത്യാസങ്ങളെ താരതമ്യം ചെയ്ത് വിശകലനം ചെയ്താൽ മ
നുഷ്യ-ചിമ്പാൻസികളുടെ പൊതുപൂർവ്വികന്റെ ജീവകാലഘട്ടത്തെ കണ്ടെത്താ
ൻ കഴിയും."

ഫോസിലുകളിൽ നിന്നും പുനഃസൃഷ്ടിച്ച സെറാടോപ്ഡിട് മോഡലുകൾ

ക്വെറ്റ്സാൽകോട്ട്ലസ് (ഒരു തരം പറക്കുന്ന മൃഗം)

4

ജീവപരിണാമത്തിന്റെ തെളിവുകൾ

"നഗ്നനേത്രങ്ങൾ കൊണ്ട് കാണാൻ കഴിയാത്തത്ര ചെറിയ, സൂക്ഷ്മജീവികൾ പരിണമിച്ചാണ് എല്ലാ ജീവികളും ഉണ്ടായതെന്ന് പറഞ്ഞല്ലോ. ഇതൊന്നുകൂടി വ്യക്തമാക്കാമോ മുത്തശ്ശീ?."

"ഭൂമിയിൽ ജീവനുണ്ടായതിനു ശേഷം കോടിക്കണക്കിന് വർഷങ്ങൾ കൊ ണ്ടാണ് ഇന്നു കാണുന്ന ജീവികൾ പരിണമിച്ചുണ്ടായത്. കോടിയെന്ന് പറയു ന്നത് അത്ര ചെറിയ കാലമല്ലായെന്നോർക്കുക. ജീവികൾക്കുള്ളിൽ കാലാകാല ങ്ങളിൽ സംഭവിക്കുന്ന ജൈവികമായ മാറ്റങ്ങളിൽ, ആ സാഹചര്യവുമായി പൊ രുത്തപ്പെടാൻ കഴിയുന്ന ജീവികൾ ഭൂമിയിൽ ബാക്കിയാകുന്നു. പ്രകൃതിയിലെ സാഹചര്യത്തെ അതിജീവിക്കാൻ കഴിയാത്തവ ഇല്ലാതാകുന്നു. ഇതാണ് ലളിത മായി പറഞ്ഞാൽ ജീവപരിണാമം."

"എല്ലാ ജീവികളും ഒരു പൊതുപൂർവ്വികനിൽ നിന്നാണ് ഉണ്ടായതെന്നതിന് എന്താണ് തെളിവ് മുത്തശ്ശീ?."

"ഇന്ന് നിലവിലുള്ള ജീവി വർഗ്ഗങ്ങളുടെ സമാനതകൾ തന്നെയാണ് എല്ലാ ജീവികളും ഒരു പൊതുപൂർവ്വികനിൽ നിന്നാണ് പരിണമിച്ചുണ്ടായത് എന്നതി നുള്ള ഒരു പ്രധാന തെളിവ്. അതെന്തൊക്കെയാണെന്ന് പറയാം.

ആദ്യമായി ആകാരതാരതമ്യം എന്താണെന്ന് നോക്കാം. അതായത്, എല്ലാ പൂ ക്കളുടേയും വലിപ്പം, നിറം, ഘടകങ്ങളുടെ എണ്ണം, ഘടന എന്നിവ ഓരോ ഇ നത്തിനും വ്യത്യസ്തമാണെങ്കിലും അടിസ്ഥാനഘടകങ്ങളായ വിദളം, ദളം, ത ന്തുകം, ജനിദണ്ഡ്, അണ്ഡാശയം എന്നിവ സമാനമാണ്. മനുഷ്യന്റെ കൈ, മു തലയുടെ മുൻകാൽ, തിമിംഗിലത്തിന്റെ തുഴ, പക്ഷിയുടെ ചിറക് എന്നിവ നി രീക്ഷിച്ചാൽ ഇവയുടെയെല്ലാം രക്തക്കുഴലുകളും നാഡികളും അസ്ഥികളും പേശികളും ഘടനാപരമായി സമാനതയുള്ളതായി കാണാം. ഇവയിൽ ബാഹ്യ

ഘടനയിൽ കാണിക്കുന്ന വ്യത്യാസങ്ങൾ വ്യത്യസ്ത ചുറ്റുപാടുകളിൽ ജീവിക്കു ന്നതിനുവേണ്ടി അവക്ക് ലഭിച്ച അനുകൂലനങ്ങൾ മാത്രമാണ്.

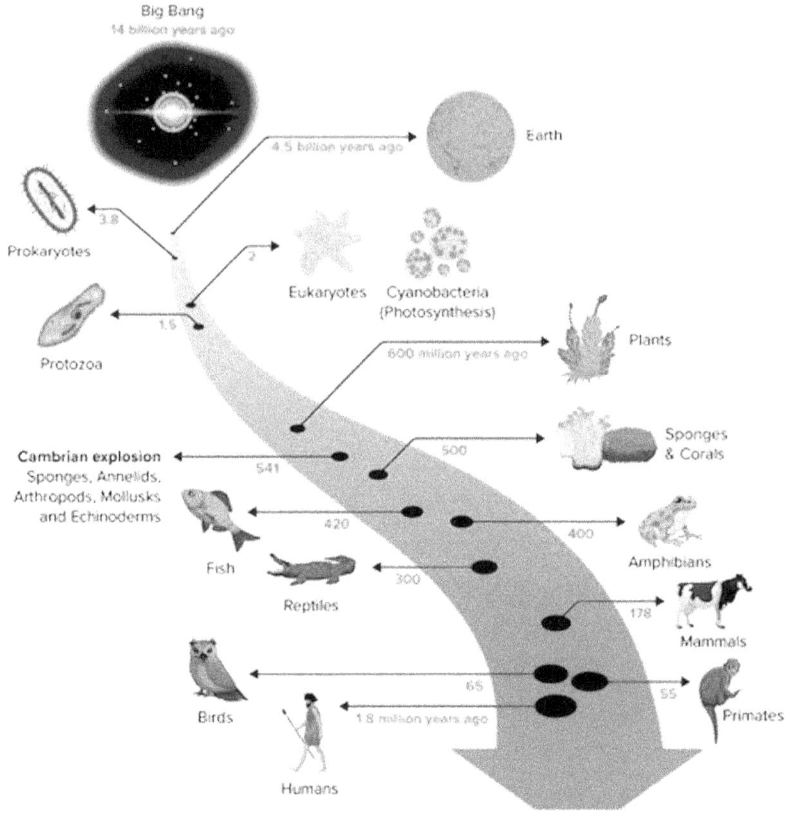

ജീവ പരിണാമത്തിന്റെ വിവിധ ഘട്ടങ്ങൾ

ഇനി അവശിഷ്ടാവയവങ്ങൾ നോക്കാം. അതായത് മുൻകാലങ്ങളിൽ വ്യക്ത മായ ധർമ്മം അനുഷ്ഠിച്ചിരുന്ന അവയവം പരിണാമദിശയിലെപ്പോഴോ പൂർ ണ്ണമായോ ഭാഗികമായോ ഉപയോഗശൂന്യമായിട്ടും ഇന്നും അതിന്റ അവശിഷ്ട ങ്ങൾ ശരീരത്തിൽ തുടർന്നും കാണപ്പെടുന്നു. ഡാർവീനിയൻ പരിണാമത്തി ന്റെ വ്യക്തമായ തെളിവുകളിൽ ഒന്നാണ് അവശിഷ്ടാവയവം അഥവാ അവ ശേഷാവയവം. ജലജീവികളിലും, ഉരഗങ്ങളിലും, ഉഭയജീവികളിലും, പക്ഷിക ളിലും, സസ്തനികളിലും ഇവ കാണപ്പെടുന്നുണ്ട്. മനുഷ്യരിൽ കാണപ്പെടുന്ന വെർമിഫോം അപ്പെൻഡിക്സ് ഒരു ഉദാഹരണമാണ്. വെർമിഫോം അപ്പന്റി

ക്സിനെ ബാധിക്കുന്ന ഒരു രോഗമായ അപ്പെൻഡിസൈറ്റിസിനെ പറ്റി കേട്ടിട്ടു ണ്ടാകുമല്ലോ. നമ്മുടെ ശരീരത്തിൽ ആവശ്യമില്ലാത്ത അവയവമായാണ് ഇന്ന തിനെ കാണുന്നത്. സസ്യത്തിലെ സെല്ലുലോസിനെ ദഹിപ്പിക്കാൻ ഉതകുന്ന ജീവാണുക്കൾ അടങ്ങിയ ഈ അവയവം ഇന്നത്തെ ചില ജന്തുക്കളിൽ ഇപ്പോ ഴും ആവശ്യമാണെങ്കിലും മനുഷ്യരിലടക്കം പല ജീവികളിലും ഉപയോഗമില്ലാ ത്തതാണ്.

വേറൊരു അവശിഷ്ടവയവമാണ് കശേരുക്കളിൽ കാണുന്ന ഒടുവിലത്തെ എല്ലായ അനുത്രികം അഥവാ വാലെല്ല്. മനുഷ്യരടക്കമുള്ള എല്ലാ സസ്തനിക ളിലും ജീവന്റെ ഏതെങ്കിലും ഘട്ടത്തിൽ വാല് ഉണ്ടായിട്ടുണ്ടാവണം. മനുഷ്യ നിൽ നാലാഴ്ച കഴിഞ്ഞ ഗർഭസ്ഥ ശിശുക്കളിൽ ഇത് കാണാം. വാലുകളിലെ പേശികൾ ഘടിപ്പിക്കാനാണ് ഇവ ഉണ്ടായിരുന്നത്. ഇപ്പോഴും പല പേശികളും സന്ധിബന്ധങ്ങളും ഇവയിൽ ഘടിപ്പിച്ച് നിൽക്കുന്നതുകൊണ്ട് ഇവ പൂർണ്ണമാ യും ഉപയോഗശൂന്യമാണെന്ന് പറയാൻ കഴിയില്ല.

വിവേകദന്തങ്ങൾ എന്നറിയപ്പെടുന്ന വായിൽ ഏറ്റവും ഒടുവിൽ മുളച്ചു വരു ന്നതുമായ അണപ്പല്ലുകളാണ് വേറൊരു ഉദാഹരണം. സസ്യാധിഷ്ഠിത ആഹാ രം ദഹിപ്പിക്കാനുള്ള ദഹനേന്ദ്രിയങ്ങൾ വികാസം പ്രാപിച്ചിട്ടില്ലാത്ത പൂർവ്വകാ ലഘട്ടത്തിൽ ആഹാരം നല്ലതുപോലെ ചവക്കേണ്ടിയിരുന്നു. ആ പൂർവ്വ മനു ഷ്യരിൽ താടിയെല്ലും വലുതായിരുന്നു. വലിയ താടിയെല്ലിനു അനുയോജ്യമായ എണ്ണത്തിൽ അണപ്പല്ലുകൾ ആവശ്യവുമായിരുന്നു. എന്നാൽ ആഹാരത്തിലും, പാകം ചെയ്ത് ആഹരിക്കുന്ന രീതിയിലുമുണ്ടായ വൻമാറ്റങ്ങൾ വലിയ താടി യെല്ലുകൾ ചുരുങ്ങാൻ ഇടയാക്കി. എന്നാൽ പല്ലുകളുടെ എണ്ണം നില നിന്നതി നാൽ വിവേക ദന്തങ്ങൾ അധികപ്പറ്റായി. അതുപോലെയുള്ള വേറൊരു അവ ശേഷാവയവമാണ് ഒട്ടകപ്പക്ഷിയിലും പറക്കാത്ത മറ്റു പക്ഷികളിലുമുള്ള ചിറ കുകൾ.

ഗുഹാമത്സ്യങ്ങളുടേയും സലമാണ്ടറുകളുടേയും കണ്ണുകൾ കാഴ്ച ലഭ്യ മാക്കുക എന്ന ധർമ്മം നിലവിൽ നിർവ്വഹിക്കുന്നില്ല. എന്നാൽ പൂർവ്വികനിൽ നിന്നും ലഭിച്ച ആ ഘടന അവയിൽ നിലനിർത്തിയിരിക്കുന്നു. മലമ്പാമ്പുകൾ, ബവാ എന്നയിനം പാമ്പുകൾ എന്നിവക്ക് ഇടുപ്പെല്ലിൽ നിന്നും പുറത്തേക്ക് തു ടയെല്ലുകളുടെ അവശേഷിപ്പുകൾ കാണപ്പെടുന്നു. എന്റമീബ ഹിസ്റ്റോലിറ്റിക്ക യെന്ന സൂക്ഷ്മാണുവിൽ കാണപ്പെടുന്ന മൈറ്റോകോൺട്രിയയാണ് വേറൊരു ഉദാഹരണം. ഇതിൽ മൈറ്റോകോൺട്രിയയുടെ ധർമ്മമായ ഊർജ്ജം പ്രദാനം ചെയ്യാൻ ഇവക്ക് കഴിവില്ല. വിവിധ ജീവികളിലെ ഭ്രൂണശാസ്ത്രവും ജൈവ വള രിച്ചാഘട്ടങ്ങളും താരതമ്യം ചെയ്യുന്നതിലൂടെ അവയുടെ പൂർവ്വികർ തമ്മിലുള്ള പരസ്പര ബന്ധം വെളിവാകുന്നു. എല്ലാ ജീവികളിലും അവയുടെ വളർച്ചയെ

നിയന്ത്രിക്കുന്ന ഹോക്സ്ജീൻ പോലെയുള്ള പൊതു ജീൻഘടകങ്ങൾ കാണ പ്പെടുന്നു. ഇത് ഒരു പൊതു പൂർവ്വികനിലേക്ക് വിരൽ ചൂണ്ടുന്നു. വിവിധ ജീവി കളുടെ ഭ്രൂണ വളർച്ചാഘട്ടങ്ങൾ താരതമ്യം ചെയ്താലും നിരവധി സാമ്യങ്ങൾ കാണാവുന്നതാണ്. ഭ്രൂണവളർച്ചയുടെ വിവിധ ഘട്ടങ്ങളിൽ പൂർവ്വികമായ പല സ വിശേഷതകളും പ്രത്യക്ഷപ്പെടുകയും അപ്രത്യക്ഷമാവുകയും ചെയ്യുന്നു. ഉ ദാഹരണത്തിന് മനുഷ്യശിശുക്കളിൽ ഭ്രൂണവളർച്ചയിലും നവജാത ശിശുക്കളി ലും കാണപ്പെടുന്ന ശരീരരോമം, ഭ്രൂണത്തോട് ബന്ധിപ്പിച്ചിട്ടുള്ള കരുസഞ്ചിയു ടെ വളർച്ചയും ചുരുങ്ങലും. കരയിൽ വസിക്കുന്ന തവളകളും സലമാണ്ടറും മു ട്ടക്കുള്ളിൽ ജലജീവികളുടെ രീതിയിൽ ലാർവ്വാ ഘട്ടത്തിലൂടെ കടന്നു പോകു ന്നു. പിന്നീട് കരയിൽ വസിക്കുന്നതിനുള്ള അനുകൂലനങ്ങളോടെ വിരിഞ്ഞ് പുറത്തു വരുന്നു. നട്ടെല്ലുള്ള ജീവികൾക്ക് ഭ്രൂണാവസ്ഥയിൽ ചെകിള പോലെ യുള്ള ഭാഗം രൂപപ്പെടുന്നു. മത്സ്യങ്ങളിലും സസ്തനികളിലും ഇവ പിന്നീട് വ്യ ത്യസ്ത ധർമ്മം നിർവ്വഹിക്കുന്ന ഭാഗങ്ങളായി രൂപപ്പെടുന്നു.

അവശിഷ്ടാവയങ്ങൾ പോലെ തന്നെ അനുരൂപാംഗങ്ങളും പരിണാമ വ്യ തിയാനങ്ങളും വ്യത്യസ്തമായ ജീവിവർഗ്ഗങ്ങൾ ഒരു പൊതുപൂർവ്വികനിൽ നി ന്നാണ് ഉത്ഭവിച്ചതെന്നതിനുള്ള തെളിവുകളാണ്. ഉദാഹരണത്തിന്, നട്ടെല്ലുള്ള ജീവികളുടെ മുൻപാദങ്ങൾ, മനുഷ്യരിൽ കൈകളായയും, മൃഗങ്ങളിൽ മുൻകാ ലുകളായും പക്ഷികളിലും വവ്വാലുകളിലുംചിറകുകളായും, തിമിംഗിലങ്ങളിൽ തുഴയാനുള്ള അവയവങ്ങളായും പരിണമിച്ചിരിക്കുന്നു. സസ്തനികളിലെ മ ധ്യകർണ്ണത്തിലെ അസ്ഥിയായ മാലിയസ്, മാലിയസുമായി ചേർന്ന് കാണപ്പെ ടുന്ന ഇൻകസ്, ഇതിനോട് ചേർന്നുള്ള സ്റ്റേപിസ് എന്നിവ ബാഹ്യകർണ്ണത്തി ൽ നിന്നും ആന്തരകർണ്ണത്തിലേക്ക് ശബ്ദം ചാലനം ചെയ്യുന്ന ധർമ്മം നിർവ്വ ഹിക്കുന്നു. പല്ലികളുടേയും, പല്ലിസമാനമായ ഫോസിൽ ജീവികളുടേയും താടി യെല്ല് രൂപപ്പെടുന്ന അതേ ഭാഗങ്ങളാണ് ഭ്രൂണവികാസത്തിൽ സസ്തനികളിൽ മാലിയസും ഇൻകസും രൂപപ്പെടുന്നത്. മിക്ക പ്രാണിവർഗ്ഗങ്ങളുടേയും വദന ഭാഗങ്ങളും ശൃംഗികളും ഒരേ തരത്തിൽ വികസിച്ചു വന്നവയാണ്. എന്നാൽ അ വ പലതരത്തിൽ പരിണമിച്ച് വ്യത്യസ്ത ധർമ്മങ്ങൾ നിർവ്വഹിക്കുന്നു. ഉദാഹര ണത്തിന് ഇളം പുല്ലും ഇലകളും തിന്നുന്ന പുൽച്ചാടി; ഇതേ അവയവം തേനീ ച്ചകളിൽ തേനുണ്ണാനും ശത്രുക്കളെ കടിക്കാനും ഉപയോഗിക്കുന്നു. പൂമ്പാറ്റയി ൽ ഇത് തേൻ വലിച്ചു കുടിക്കാനുള്ള ഭാഗമാണ്. അതേ അവസരം കൊതുകു കളിൽ ചോര വലിച്ചു കുടിക്കാൻ ഉപയോഗപ്പെടുന്നു."

"മൃഗങ്ങളിലും പക്ഷികളിലുമെല്ലാം കാണുന്ന കൈ കാലുകളിലെ സമാനത കളും ഒരു ഉദാഹരണമാണ് അല്ലേ മുത്തശ്ശി?"

"പല ജീവികളിലും കാണുന്ന കൈ-കാലുകളിലെ പഞ്ചവിരൽ വേറൊരു ഉ ദാഹരണമാണ്. ഭൂരിപക്ഷം ഉഭയജീവികൾ, ഉരഗങ്ങൾ, പക്ഷികൾ, സസ്തനിക ൾ എന്നിവയിൽ കൈകാലുകളിലും ചിറകുകളിലും അഞ്ച് വിരലുകളും സമാ നമായ അസ്ഥിവിന്യാസവും കാണപ്പെടുന്നു. അഞ്ച് വിരലുകളുള്ള എല്ലാ ജീവി കളും ഒരു പൊതുപൂർവ്വികനിൽ നിന്നും ഉരുത്തിരിഞ്ഞവയാണെന്ന് ഇത് തെളി യിക്കുന്നു. ടിക്‌ടാലിക് പോലെയുള്ള ചില ഫോസിൽ മത്സ്യങ്ങളുടെ മുൻ ചിറ കുകൾ പഞ്ചവിരൽ സ്വഭാവം കാണിക്കുന്നവയാണ്. ഉഭയജീവികൾ ഇത്തരം മ ത്സ്യങ്ങളിൽ നിന്നും ഉത്ഭവിച്ചവയാണെന്ന് ഇത് സൂചിപ്പിക്കുന്നു. നാല്ക്കാലി കളുടെ കൈകാലുകളിൽ ഒരു ഭുജാസ്ഥി, രണ്ട് പുറത്തെ കണങ്കൈയസ്ഥി, അ കത്തെ കണങ്കൈയസ്ഥി, ഒരു മണിബന്ധാസ്ഥി, ശേഷം അഞ്ച് കരതലാസ്ഥി കൾ, വിരലസ്ഥികൾ എന്നിവയുണ്ട്. ഇവയുടെ പഞ്ചവിരൽ അവയവങ്ങളുടെ ഘടനയും ഒരേപോലെയാണ്. അവ ഒരു പൊതുപൂർവ്വികനിൽ നിന്ന് ഉത്ഭവിച്ച താണെന്ന് ഇത് വ്യക്തമാക്കുന്നു. വിവിധ അനുകൂല സാഹചര്യങ്ങൾക്കും ജീ വിത രീതികൾക്കും അനുസൃതമായി വ്യത്യസ്ത പ്രവർത്തികൾ നിർവ്വഹിക്കു ന്നതിനു യോജിച്ച വിധത്തിൽ അവയവങ്ങളിൽ വ്യത്യസ്തമായ മാറ്റങ്ങൾ ജീ വികളിൽ ഉണ്ടായിട്ടുണ്ട്. ഈ പ്രതിഭാസം സസ്തനികളുടെ മുൻകാലുകളിൽ എങ്ങനെയാണെന്ന് പ്രതിഫലിച്ചതെന്ന് നോക്കാം. കുരങ്ങുകളുടെ മുൻകാലു കൾക്കുള്ള നീളക്കൂടുതൽ വൃക്ഷങ്ങളിൽ കയറുന്നതിനും തൂങ്ങുന്നതിനും ഗു ണകരമായി. പന്നികളുടെ ഒന്നാം വിരൽ നഷ്ടപ്പെടുകയും രണ്ടാമത്തെയും അ ഞ്ചാമത്തെയും വിരലുകൾ ചുരുങ്ങുകയും. ബാക്കിയുള്ള രണ്ടുവിരലുകൾ നീ ണ്ടതും ശരീരഭാരം താങ്ങാനാവശ്യമായ കരുത്തുള്ള കുളമ്പുകളായി മാറി. കു തിരകളിൽ മുൻകാലുകൾ നീണ്ടതും കരുത്തുള്ളതുമായി തീർന്നു. മൂന്നാം വി രൽ നീണ്ടതും ബലമേറിയ കുളമ്പായി മാറിയതിനാൽ അതിവേഗത്തിൽ ദീർ ഘദൂരം ഓടുന്നതിന് സഹായകരമായി. വവ്വാലുകളുടെ മുൻകാലുകൾ പരിണ മിച്ച് ചിറകുകളായി. അവസാനത്തെ നാലുവിരലുകൾ നീണ്ട ചിറകുകളായപ്പോ ൾ ഒന്നാം വിരൽ തല കീഴായി തൂങ്ങിക്കിടക്കുന്നതിന് സഹായകരമായ കൊളു ത്തായി മാറി.

എല്ലാ ജീവികളുടേയും കോശധർമ്മവും അതിന്റെ ഘടനയും സമാനമാണ്. എല്ലാ ജീവികളുടേയും കോശത്തിൽ പ്രോട്ടോപ്ലാസം, കോശാംഗങ്ങൾ എന്നിവ യുണ്ട്. കോശശ്വസനമാണ് മുഖ്യ ഊർജ്ജോത്പാദന പ്രക്രിയ. മാലിന്യങ്ങൾ വിസർജ്ജനത്തിലൂടെ പുറന്തള്ളുന്നു. ഇങ്ങനെ കോശഘടനയിലും ധർമ്മത്തി ലുമുള്ള സാദൃശ്യങ്ങൾ ഇന്നുള്ള ജീവികളെല്ലാം ഒരു പൊതുപൂർവ്വികനിൽ നി ന്നുണ്ടായതാണെന്ന് സമർത്ഥിക്കുന്നു. ജീവികളുടെ വർഗ്ഗീകരണവും പരിണാമ ത്തിലൂടെയാണ് ജീവികളുണ്ടായതെന്ന് തെളിയിക്കുന്നു. സാമ്യതയുടെ അടി

സ്ഥാനത്തിൽ ജീവികളെ വലിയ വിഭാഗമായും വ്യത്യാസങ്ങളുടെ അടിസ്ഥാന ത്തിൽ ചെറിയ വിഭാഗമായും തരം തിരിക്കുകയാണ് വർഗ്ഗീകരണത്തിൽ ചെയ്യു ന്നത്. ഒരു പൊതു പൂർവ്വികനിൽ നിന്നും വ്യത്യസ്തതകൾ പിൻപറ്റിയാണ് ജീ വികൾ പരിണമിച്ചതെന്ന് ഇത് തെളിയിക്കുന്നു. ഫോസിൽ അവശിഷ്ടങ്ങളുടെ താരതമ്യവും ആധുനിക കമ്പ്യൂട്ടർ സാങ്കേതികവിദ്യയുടെ സഹായത്തോടെ സാധ്യമാണ്. ഇന്നുള്ള ജീവികളെല്ലാം പൊതുപൂർവ്വിക ജീവികളിൽ നിന്നുണ്ടാ യതാണെന്ന് ഇവ സമർത്ഥിക്കുന്നു. ഭൂവൽക്കത്തിൽ സംരക്ഷിക്കപ്പെട്ടിട്ടുള്ള ജീ വികളുടെ അവശിഷ്ടങ്ങളോ അടയാളങ്ങളോ ആണല്ലോ ഫോസിലുകൾ. ലോ കത്തിന്റെ വിവിധ ഭാഗങ്ങളിൽ നിന്ന് ലഭിച്ച ഫോസിലുകളുടെ കാലപ്പഴക്കം നി ർണ്ണയിച്ചും താരതമ്യപഠനം നടത്തിയുള്ള പഠനങ്ങൾ ലളിതമായ ഘടനയിൽ നിന്നും സങ്കീർണ്ണ ഘടനയിലേക്ക് ജീവ പരിണാമം നടന്നുവെന്ന് തെളിയിക്കു ന്നു.

എല്ലാ ജീവികളും ഒരേ വംശപരമ്പരയിൽ പെട്ടതാണെന്ന പൊതുതത്വം ആ ധുനിക ജൈവരസതന്ത്രത്തിന്റേയും തന്മാത്രാജീവശാസ്ത്രത്തിന്റേയും കണ്ടെ ത്തലുകളും ശരിവെക്കുന്നു. തന്മാത്രാജീവശാസ്ത്രത്തിൽ നിന്നുള്ള പരിണാമ ത്തിന്റെ തെളിവുകൾ വളരെ വലുതാണ്. ചില സന്ദർഭങ്ങളിൽ ഈ തന്മാത്രാ തെളിവുകൾ പ്രാചീന ജീവശാസ്ത്ര തെളിവുകൾക്കുമപ്പുറത്തേക്ക് പോകുന്നു. ഉദാഹരണത്തിന്, കടലിൽ തിരിച്ചെത്തിയ കരയിലെ സസ്തനികളിൽ നിന്നാ ണ് തിമിംഗലങ്ങൾ ഉണ്ടായതെന്ന് അത് വ്യക്തമാക്കുന്നു. ശരീരഘടനയും പ്രാ ചീന ജീവശാസ്ത്ര തെളിവുകളും അനുസരിച്ച്, തിമിംഗലങ്ങളുടെ ഏറ്റവും അ ടുത്ത ജീവനുള്ള ബന്ധുക്കൾ ഭൂമിയിലുള്ള കാൽവിരലുകളുള്ള കന്നുകാലിക ൾ, ആടുകൾ, ഒട്ടകങ്ങൾ മുതലായ സസ്തനികളാണ്. തന്മാത്രാശാസ്ത്രത്തി ലെ സമീപകാല താരതമ്യപഠനം ഈ ബന്ധം സ്ഥിരീകരിക്കുകയും തിമിംഗല ങ്ങളുടെ കരയിൽ ജീവിക്കുന്ന ഏറ്റവും അടുത്ത ബന്ധു ഹിപ്പോപ്പൊട്ടാമസാ ണെന്ന് കണ്ടെത്തി. ഈ സാഹചര്യത്തിൽ തന്മാത്രശാസ്ത്രം ഫോസിൽ തെ ളിവുകൾക്ക് കൂടുതൽ വ്യക്തത നൽകുന്നു."

"ഡി.എൻ.എ ഉപയോഗിച്ച് എങ്ങനെയാണ് എല്ലാ ജീവികളും ഒരു പൊതുപൂ ർവ്വികനിൽ നിന്നാണ് ഉണ്ടായതെന്ന് പറയാൻ കഴിയുക?"

"ജീവകോശങ്ങളിലുള്ള ഡി.എൻ.എ-യിലെ ന്യൂക്ലിയോടൈഡ് സീക്വൻസു കളെ അമിനോ ആസിഡ് സീക്വൻസുകളിലേക്ക് വിവർത്തനം ചെയ്യാൻ ഉപ യോഗിക്കുന്ന കോഡ് എല്ലാ ജീവികളിലും അടിസ്ഥാനപരമായി ഒരുപോലെയാ ണ്. മാത്രമല്ല, എല്ലാ ജീവികളിലേയും പ്രോട്ടീനുകൾ 20 കൂട്ടം അമിനോ ആസി ഡുകളാൽ നിർമ്മിതമാണ്. ജീവികളുടെ പൊതുവായ ഈ സ്വഭാവം വൈവിധ്യ മാർന്ന ജീവികളുടെയെല്ലാം പൊതുപൂർവ്വികർ ഒരേ വിഭാഗത്തിൽ നിന്നാണ് ഉ

ണ്ടായതെന്ന് സാധൂകരിക്കുന്നു. ഡി.എൻ.എ ഉണ്ടാക്കുന്ന ന്യൂക്ലിയോടൈഡു കളെ ക്രമപ്പെടുത്താനുള്ള ശാസ്ത്രത്തിന്റെ കഴിവ് മെച്ചപ്പെട്ടതിനാൽ, ജീവികളു ടെ പരിണാമ ചരിത്രം പുനർനിർമ്മിക്കാൻ ജീനുകൾ ഉപയോഗിച്ച് സാധിക്കും. ഉൽപരിവർത്തനം കാരണം, ഒരു ജീനിലെ ന്യൂക്ലിയോടൈഡുകളുടെ ക്രമം കാല ക്രമേണ മാറുന്നു. മനുഷ്യരിലും മറ്റു ജീവജാലങ്ങളിലും പതിനായിരക്കണക്കി ന് ജീനുകളുണ്ട്. ഓരോജീവിയുടേയും പരിണാമ ചരിത്രത്തെക്കുറിച്ചുള്ള വിവ രങ്ങൾ ഡി.എൻ.എയിൽ അടങ്ങിയിരിക്കുന്നു. അടുത്ത ബന്ധമുള്ള രണ്ടു ജീ വികൾ തമ്മിലുള്ള ഡി.എൻ.എ വ്യത്യാസം കുറവായിരിക്കും. ഉദാഹരണത്തി ന് ചിമ്പാൻസിയുടേയും ആധുനിക മനുഷ്യരുടേയും ഡി.എൻ.എ തമ്മിൽ 98% സാമ്യമുള്ളതായി കാണാം.

പരിണാമത്തെ പിന്തുണയ്ക്കുന്ന രസകരമായ ഒരു തെളിവ് വ്യത്യസ്ത ജീ വികളുടെ ഡി.എൻ.എയിലെ സ്യൂഡോജെനുകളുടെ സാന്നിധ്യത്തെ പറ്റിയുള്ള അറിവാണ്. ഡി.എൻ.എ-യിലെ പ്രവർത്തന രഹിതമായ ജീനുകളുടെ അവശി ഷ്ടങ്ങളാണ് സ്യൂഡോജെനുകൾ. ആവാസ വ്യവസ്ഥകളും പെരുമാറ്റങ്ങളും കാരണം, ഒരു കടുവയിൽ നിന്നും വ്യത്യസ്തമായി, ഒരു കുതിരയുടേയും സീ ബ്രയുടേയും ജീനുകൾ തമ്മിൽ കൂടുതൽ സാമ്യമുള്ളതായി കാണാം. എന്നാൽ ഡി.എൻ.എയിലെ സ്യൂഡോജെനുകളിൽ ഈ സാമാനത കാണാൻ കഴിയില്ല. കാരണം സ്യൂഡോജെനുകൾ തമ്മിലുള്ള സമാനതയുടെ അളവ് അവയുടെ പരിണാമപരമായ ബന്ധത്തെ പ്രതിഫലിപ്പിക്കുന്നു. രണ്ട് ജീവികളുടെ അവ സാനത്തെ പൊതു പൂർവ്വികൻ എത്രത്തോളം വിദൂരമാണോ അത്രത്തോളം അ വയുടെ സ്യൂഡോജെനുകൾ തമ്മിൽ സമാനതകളും കുറവായിരിക്കും."

മനുഷ്യ പരിണാമം - ഒറ്റനോട്ടത്തിൽ

"പരിണാമത്തെ ഒന്ന് ചുരുക്കി പറയാമോ മുത്തശ്ശി?"

"അതായത് പരിണാമമെന്നത് പല ഘട്ടങ്ങളിലൂടെ സംഭവിച്ച സങ്കീർണ്ണമാ
യതും എന്നാൽ സ്വാഭാവികമായതുമായ പ്രവർത്തനമാണ്. ആദ്യം ന്യൂക്ലിയസി
ല്ലാത്ത പ്രോകാരിയോട്ടിക് കോശങ്ങൾ ഉണ്ടായി. പിന്നീട് ന്യൂക്ലിയസുള്ള യൂക്ക
റിയോട്ടിക് ഏകകോശ ജീവികളുണ്ടായി. അതിനുശേഷം ആദ്യത്തെ ബഹുകോ
ശ ജീവികൾ രൂപപ്പെട്ടു. പിന്നെ കോശങ്ങൾ വഹിക്കുന്ന ജീവികൾ, ചെറിയ
മത്സ്യങ്ങൾ, ഉഭയജീവികൾ, ഉരഗങ്ങൾ, സസ്തനികൾ, മനുഷ്യേതര പ്രൈമേ
റ്റുകൾ. അതിൽനിന്നും ആദ്യകാല കുരങ്ങുകൾ, മനുഷ്യരുടെ പൂർവ്വികരായ
ഓസ്ട്രലോപിറ്റെസിൻ പിന്നെ വ്യത്യസ്ത മനുഷ്യ വിഭാഗങ്ങൾ അവസാനം
ഹോമോസാപിയൻസ് സാപിയൻസ് എന്ന് വിളിക്കുന്ന ആധുനിക മനുഷ്യർ.
ഇതാണ് കോടിക്കണക്കിന് വർഷങ്ങളിൽ കൂടി നടന്ന ഇന്നത്തെ മനുഷ്യനിലേ
ക്കുള്ള പരിണാമ പ്രക്രിയ. ഇതിലെ ചെറിയ മാറ്റങ്ങൾ സംഭവിക്കാൻ പോലും
ആയിരക്കണക്കിന് വർഷങ്ങൾ വേണ്ടിവരും. ഇത്രയും പറഞ്ഞതിൽ നിന്നും ജീ
വ പരിണാമം എങ്ങനെ സംഭവിച്ചുവെന്ന് മനസ്സിലായി കാണുമല്ലോ".

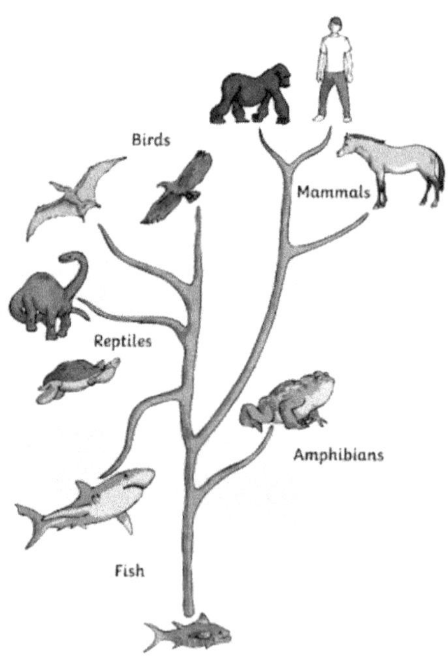

പരിണാമ ചിത്രം ഒറ്റ നോട്ടത്തിൽ. മൽസ്യം മുതൽ മനുഷ്യൻ വരെ

5

മനുഷ്യൻ ജനിക്കുന്നു

"ഇന്ന് നിലവിലുള്ള മനുഷ്യവിഭാഗമായ ഹോമോസാപ്പിയൻസ് സാപ്പിയൻസി നു മുമ്പുണ്ടായിരുന്ന മനുഷ്യവിഭാഗങ്ങളെ പറ്റി കൂടുതൽ പറയാമോ മുത്തശ്ശി."

"പറയാമല്ലോ. വളരെ രസകരമായ കഥയാണത്. ഹോമോസാപ്പിയസ് സാ പ്പിയൻസ് എന്ന് വിളിക്കുന്ന ഇന്നത്തെ മനുഷ്യർ ഭൂമിയിൽ പരിണമിക്കുന്നതി നു മുമ്പ് ഹോമോഹാബിലിസ്, ഹോമോഇറക്ടസ്, നീയാണ്ടർത്താലുകൾ, ഡെനിസോവൻ, തുടങ്ങിയ മനുഷ്യ വിഭാഗങ്ങളും ഭൂമിയിലുണ്ടായിരുന്നുവെ ന്നത് നിങ്ങൾ സ്കൂളിൽ പഠിച്ചിട്ടുള്ളതല്ലേ?"

"കേട്ടിട്ടുണ്ട്. കുരങ്ങിൽ നിന്നാണ് മനുഷ്യരുണ്ടായത് അല്ലേ മുത്തശ്ശി?"

"അല്ല, അത് ശരിയല്ല. കുരങ്ങിൽനിന്നല്ല മനുഷ്യനുണ്ടായത്. ഒരു പൊതു പൂർവ്വികനിൽ നിന്നാണ് മനുഷ്യരും, മനുഷ്യക്കുരുങ്ങുകളും, മറ്റു കുരങ്ങുക ളും പരിണമിച്ചുണ്ടായതെന്ന് പറയുന്നതായിരിക്കും ശരി. വ്യക്തമായി പറഞ്ഞാ ൽ, മനുഷ്യ പരിണാമ ചരിത്രത്തിൽ എല്ലാ വലിയ കുരുങ്ങുകളും ഉൾപ്പെടുന്ന വിഭാഗത്തിനെ ഹോമിനിഡുകളെന്നു വിളിക്കുന്നു. ഈ എല്ലാ ഹോമിനിഡുക ളുടേയും ഏറ്റവും പുതിയ പൊതുപൂർവ്വികൻ ഏകദേശം 1.4 കോടിവർഷങ്ങൾ ക്ക് മുമ്പാണ് ജീവിച്ചിരുന്നത്. മനുഷ്യനും കുരങ്ങുകളും ഉൾപ്പെടുന്ന സസ്ത നി വിഭാഗമായ പ്രൈപ്രമേറ്റുകളുടെ പരിണാമ പ്രക്രിയയാണ് മനുഷ്യ പരിണാമം. അത് എല്ലാ വലിയ കുരങ്ങുകളും ഉൾപ്പെടുന്ന ഹോമിനിഡ് കുടുംബത്തിലെ ഒ രു പ്രത്യേക ഇനമായ ഹോമോ സാപ്പിയൻസായി മാറി. ഈ പ്രക്രിയയിൽ മനു ഷ്യന്റെ രണ്ടു കാലിൽ നടത്തം, അവരുടെ വൈദഗ്ധ്യം, സങ്കീർണ്ണമായ ഭാഷ ഉ പയോഗിക്കാനുള്ള കഴിവ്, മറ്റ് ഹോമിനിനുകളുമായി കൂടിച്ചേരുന്ന മനുഷ്യ പ രിണാമത്തിന്റെ ക്രമാനുഗതമായ വികാസവും ഇതിൽ ഉൾപ്പെടുന്നു. നരവംശ ശാസ്ത്രം, ഫോസിൽ പഠനം, ജനിതകശാസ്ത്രം എന്നിവയുൾപ്പെടെ നിരവധി ശാസ്ത്രശാഖകളുടെ പഠനത്തിൽകൂടിയാണ് മനുഷ്യപരിണാമത്തെക്കുറിച്ച് നമുക്ക് അറിവ് ലഭിക്കുന്നത്."

"മറ്റ് ജീവികളിൽ നിന്നും മനുഷ്യനിലേക്കുള്ള പരിണാമം എപ്പോഴായിരിക്കും സംഭവിച്ചിട്ടുണ്ടാകുക?"

ഹോമോ ഹാബിലസ്

"ജീവികളുടെ പരിണാമചരിത്രത്തിൽ 8.5 കോടി വർഷങ്ങൾക്ക് മുമ്പാണ് മറ്റ് സസ്തനികളിൽ നിന്നും കുരങ്ങുവർഗ്ഗം വേർപിരിഞ്ഞത്. 5.5 കോടി വർഷങ്ങൾക്കു മുമ്പുള്ള അവയുടെ ഫോസിലുകൾ ശാസ്ത്രജ്ഞർ കണ്ടെത്തിയിട്ടുണ്ട്. ഏകദേശം 6.6 മുതൽ 5.6 കോടി വർഷങ്ങൾക്ക് മുമ്പ് പാലിയോസീൻ കാലഘട്ടത്തിൽ കുരങ്ങുവർഗ്ഗങ്ങൾക്ക് തുടർച്ചയായി ചില വകഭേദങ്ങൾ ഉണ്ടായി. ചെറിയ കുരങ്ങുകളുടെയും ഹോമിനിഡുകളെന്നറിയപ്പെടുന്ന വലിയ കുരങ്ങുകളുടെയും ഉത്ഭവത്തിന് ഇതു കാരണമായി. അതിനുശേഷം ഏകദേശം 1.5-2

കോടി വർഷങ്ങൾക്കിടയിൽ ഒറംഗൂട്ടാനുകൾ ഉൾപ്പെടെ ആഫ്രിക്കൻ, ഏഷ്യൻ ഹോമിനിഡുകളും, ഏകദേശം 1.4 കോടിവർഷങ്ങളിൽ ഓസ്ട്രലോപിതെസിൻ, പാനിന ഉപഗോത്രങ്ങൾ ഉൾപ്പെടെ ഹോമിനിനുകളും, 80-90 ലക്ഷം വർഷത്തിനിടയിൽ ഗോറില്ലിനി ഗോത്രത്തിൽ നിന്ന് ഗൊറില്ലകളും വേർപിരിഞ്ഞു. 40 മുതൽ 70 ലക്ഷം വർഷത്തിനിടയിൽ വംശനാശം സംഭവിച്ച മനുഷ്യന്റെ ഇരു കാലി പൂർവ്വികർ ഉൾപ്പെടെ ഓസ്ട്രലോപിതെസിനുകളും ചിമ്പാൻസികളും പിഗ്രി ചിമ്പാൻസിയായ ബോണോബോസും പാൻ ഉൾപ്പെടുന്ന വിഭാഗത്തിൽ നിന്ന് വേർപിരിഞ്ഞു. വംശനാശം സംഭവിച്ച മനുഷ്യ വിഭാഗത്തിൽ പെട്ട ജീവികളിൽ ആദ്യത്തേതെന്ന് കരുതുന്ന ഹോമോഹാബിലിസ് ഏകദേശം 28 ലക്ഷം വർഷങ്ങൾക്ക് മുമ്പ് പരിണമിച്ചു. വംശനാശം സംഭവിച്ച മറ്റു മനുഷ്യ വർഗ്ഗങ്ങൾക്കു ശേഷം ഏകദേശം 3 ലക്ഷം വർഷങ്ങൾക്കുമുമ്പ് ഹോമോ സാപിയൻസ് സാപിയൻസെന്ന ഇന്നത്തെ ആധുനിക മനുഷ്യർ പരിണാമ പ്രക്രിയയിലൂടെ ആഫ്രിക്കയിൽ ഉയർന്നു വന്നു. ഇതാണ് മനുഷ്യപരിണാമത്തിന്റെ ഏകദേശ ചിത്രം.”

"ഇങ്ങനെ പരിണാമം സംഭവിക്കാൻ എന്താണ് കാരണം മുത്തശ്ശി?"

“ജീവപരിണാമത്തിന്റെ പല ഘട്ടത്തിൽ വന്ന ജനിതക വ്യതിയാനമായിരിക്കാം പരിണാമത്തിന് കാരണമായത്. ജനിതക വ്യതിയാനം വന്നവ പുതിയ ജീവികളായി മാറുന്നു. അല്ലാത്തവ അതുപോലെ നിലനിൽക്കുന്നു. ഭൂമിയിലെ അന്നത്തെ സാഹചര്യവുമായി പൊരുത്തപ്പെടാൻ കഴിയുന്ന ജീവികൾ അതിജീവിക്കുന്നു. ഇതാണ് ജീവപരിണാമത്തിന്റെ അടിസ്ഥാന തത്വം. പരിണാമത്തിലെ ഈ മാറ്റങ്ങൾ സംഭവിക്കുന്നത് ലക്ഷക്കണക്കിന് വർഷങ്ങൾ കൊണ്ടാണെന്നുകൂടി ഓർക്കണം. ഇന്നത്തെ മനുഷ്യരുടേയും ഇന്ന് നിലവിലുള്ള ചിമ്പാൻസികളുടേയും ജനിതകം പരിശോധിച്ചപ്പോൾ അവയുടെ ക്രോമോസോമുകളുടെ എണ്ണത്തിൽ ഒരെണ്ണത്തിന്റെ വ്യത്യാസം കണ്ടെത്തി. മനുഷ്യരിലെ ക്രോമോസോമുകൾ 23 ജോടിയാണെങ്കിൽ ചിമ്പാൻസിയിൽ അത് 24 ജോടിയാണ്. ചിമ്പാൻസികളിലുള്ള രണ്ട് ക്രോമോസോമുകൾ കൂടിച്ചേർന്ന് ഒന്നായതാണ് മനുഷ്യരിലേതെന്നും കണ്ടെത്തി. അതായത് ചിമ്പാൻസികളുടേയും മനുഷ്യരുടേയും പൊതുപൂർവ്വികർ ഒന്നായിരുന്നുവെന്ന് ഇത് തെളിയിക്കുന്നു.”

"മുത്തശ്ശീ, വലിയ കുരങ്ങുവിഭാഗത്തിൽപെട്ട ഹോമിനിഡുകളിൽ നിന്നും മനുഷ്യനിലേക്കുള്ള പരിണാമത്തിന് സഹായകരമായ സാഹചര്യം എന്തായിരിക്കും?"

"മനുഷ്യപരിണാമത്തിന്റെ മുഖ്യ അനുകൂല സാഹചര്യമായി കണക്കാക്കുന്നത് അവയുടെ ഇരുകാലിലുള്ള നടത്തമാണ്. സാഹിലാന്ത്രോപ്പസ്, ഓറോറിൻ എന്നീ ഹോമിനിനുകളാണ് ഇരുകാലിൽ നടന്ന ഏറ്റവും പുരാതന മനുഷ്യ

രൂപമെന്ന് കരുതപ്പെടുന്നു. പുല്ലുകളും കുറ്റിച്ചെടികളും വളരുന്ന പ്രദേശമായ ആഫ്രിക്കൻ സാവന്നകളിൽ ദൂരെയുള്ള മറ്റുജീവികളെ നിരീക്ഷിക്കാൻ ഇരുകാ ലിൽ നിവർന്നുനിൽക്കാൻ ഈ ജീവികളെ പ്രേരിപ്പിച്ചിട്ടുണ്ടാകാം. ഇരുകാലിൽ ഉയർന്നു നിന്നപ്പോൾ അവയുടെ കൈകൾ സ്വതന്ത്രമാകുകയും അതുപയോഗി ച്ച് പ്രവർത്തികൾ ചെയ്യാൻ തുടങ്ങുകയും ചെയ്തു. ഇത് അവയുടെ മസ്തി ഷ്ക വളർച്ചക്കു കാരണമായി. ഈ മാറ്റമാണ് മനുഷ്യ പരിണാമത്തിലെ പ്രധാ ന സംഭവമായി കരുതപ്പെടുന്നത്."

"മുത്തശ്ശീ, മുമ്പുണ്ടായിരുന്ന പല മനുഷ്യ വിഭാഗങ്ങളേപറ്റി പറഞ്ഞല്ലോ. ഇ വരൊക്കെ രാക്ഷസരായ ഭീകരജീവികളായിരിക്കും അല്ലേ?"

"നമ്മൾ കേട്ടിട്ടുള്ള രാക്ഷസർ, അസുര-ദേവന്മാർ എന്നിവർ കഥകളിലെ ക ഥാപാത്രങ്ങൾ മാത്രമാണ്. ഒരു കാലഘട്ടത്തിൽ ആധുനിക മനുഷ്യർക്കൊപ്പം ഭൂമിയിലുണ്ടായിരുന്ന നിയാണ്ടർത്താൽ മനുഷ്യർ നമ്മളേ പോലെ തന്നെ ബു ദ്ധിയുള്ള, സഹജീവി സ്നേഹമുള്ള മനുഷ്യരായിരുന്നു. മുമ്പുപറഞ്ഞ മനുഷ്യ വിഭാഗങ്ങൾക്കെല്ലാം ആ പേരുകൾ നൽകിയത് ഇന്നത്തെ മനുഷ്യർ തന്നെയാ ണ്. നിയാണ്ടർത്താൽ മനുഷ്യ വിഭാഗത്തിന് ആ പേരു ലഭിക്കാൻ കാരണമായ ഒരുകഥയുണ്ട്. 1856-ൽ ജർമ്മനിയിലെ നിയാണ്ടർത്താൽ താഴ് വരയിൽ കുറെ തൊഴിലാളികൾ ചുണ്ണാമ്പ് കല്ല് ഖനനം നടത്തുകയായിരുന്നു. അവർക്ക് അവി ടെയുള്ള ഒരു ഗുഹക്കകത്തുനിന്നും ഒരു തലയോട്ടിയും 16 അസ്ഥിക്കഷണങ്ങ ളും കിട്ടി. അതൊരു കരടിയുടേതാകാമെന്ന നിഗമനത്തിൽ അതവർ പരിചയ ക്കാരനും അദ്ധ്യാപകനുമായ ജൊഗാൻകോൾഫുളോട്ടെന്ന ആളെ ഏല്പിച്ചു. അ തൊരു മനുഷ്യന്റേതാണെന്ന സംശയത്താൽ കൂടുതൽ പഠനങ്ങൾക്കായ് അദ്ദേ ഹം അത് വേറെ ആളുകൾക്കു കൈമാറി. അങ്ങനെ ആ അസ്ഥികൾ മനുഷ്യരു ടെ പൂർവ്വികരേപറ്റി പഠനം നടത്തുന്ന ശാസ്ത്രകാരന്മാരുടെ കൈയ്യിലെത്തി. ഭൂ മിയിൽ നിന്നും അപ്രത്യക്ഷമായ ഏതോ മനുഷ്യജീവിയുടെ അസ്ഥികൂടമാണ തെന്ന് അവർ കണ്ടെത്തി. നിയാണ്ടർ താഴ് വാരത്തുനിന്നും കണ്ടെത്തിയതു കൊണ്ടാണ് ആ മനുഷ്യജാതിക്ക് നിയാണ്ടർത്താൽ മനുഷ്യരെന്ന പേരു വന്ന ത്."

"ആദ്യമായി അവിടെ നിന്നായിരിക്കും ഇവയുടെ അസ്ഥികൂടങ്ങൾ കണ്ടെ ത്തിയത് അല്ലേ മുത്തശ്ശി?"

ഹോമോ ഇറക്റ്റസ്

"അങ്ങനെയല്ല. ഇതിനുമുമ്പ് 1829-ൽ ബെൽജിയത്തിൽ നിന്നും 1848-ൽ ജിബ്രാട്ടറിൽ നിന്നും ഇവയുടെ ഫോസിലുകൾ കണ്ടെത്തിയിരുന്നു. എന്നാൽ ഇത് മനുഷ്യരുടേതാണെന്ന് കണ്ടെത്താൻ അന്നവർക്ക് കഴിഞ്ഞിരുന്നില്ല. അ തായത് അന്ന് ശാസ്ത്രം അത്രയും വളർന്നിരുന്നില്ല. പിന്നീട് പടിഞ്ഞാറൻ യൂ റോപ്പ്, തെക്ക് പടിഞ്ഞാറൻ ഏഷ്യ, മധ്യേഷ്യ എന്നിവിടങ്ങളിലെ പല ഭാഗങ്ങളി ൽ നിന്നും നിയാണ്ടർത്താളെന്ന് പേരിട്ട ഈ മനുഷ്യവിഭാഗത്തിന്റെ അവശി ഷ്ടങ്ങൾ കണ്ടെത്തി."

"ഇവരേ കാണാൻ എങ്ങനെയാണ്, ഇന്നത്തെ മനുഷ്യരേപോലെ തന്നെയാ ണോ?"

"ഏതാണ്ട് ഇന്നത്തെ മനുഷ്യരേ പോലെ തന്നെ. നിയാണ്ടർത്താൽ മനുഷ്യ രിലെ പുരുഷന്മാരുടെ ശരാശരി ഉയരം 164 സെ.മീറ്ററും തൂക്കം 65 കി.ഗ്രാമുമാ ണ്. സ്ത്രീകളുടെ ശരാശരി ഉയരം 155 സെ.മീറ്ററും തൂക്കം 54 കി.ഗ്രാമും. ബലി ഷ്ട ശരീരപ്രകൃതിയുള്ള ഇവർക്ക് ആധുനിക മനുഷ്യരുടേതിന് തുല്യമായ ത ലച്ചോറിന്റെ വലിപ്പവും ഉണ്ടായിരുന്നു. ഹിമയുഗത്തിന്റെ തണുത്ത കാലാവ സ്ഥക്ക് അനുയോജ്യമായ ശാരീരിക പ്രകൃതിയാണ് ഇവർക്കുണ്ടായിരുന്നത്. ചെറിയ കുടുംബങ്ങളായിട്ടായിരുന്നു ഇവരുടെ ജീവിതം. മുപ്പത് വയസ്സായിരു ന്നു ശരാശരി ആയുസ്സ്. വൃദ്ധരേയും പരിക്കേറ്റവരേയും അവർ സംരക്ഷിച്ചിരു ന്നുവെന്നതിന് തെളിവുണ്ട്. ഭാഷ കൈകാര്യം ചെയ്യാൻ അവർക്ക് സാധിച്ചിരു

ന്നുവെന്ന് ഇവയുടെ തലയോട്ടിയിൽ നടത്തിയ പരീക്ഷണങ്ങളിൽനിന്നും ക ണ്ടെത്താൻ കഴിഞ്ഞു. കല്ലുകൊണ്ടും എല്ലുകൊണ്ടുമുള്ള ആയുധങ്ങളും അ വർ നിർമ്മിച്ചിരുന്നു."

ഹോമോ ഡെനിസോവൻ

"ഈ മനുഷ്യജീവികൾ ഉണ്ടായത് യൂറോപ്പിലും അടുത്ത പ്രദേശങ്ങളിലുമാ ണോ മുത്തശ്ശീ?"

"പറയാം. പടിഞ്ഞാറൻ യൂറോപ്പ്, തെക്ക് പടിഞ്ഞാറൻ ഏഷ്യ, മദ്ധ്യേഷ്യ എ ന്നിവിടങ്ങളിൽ ഇവർ ജീവിച്ചിരുന്നതിന് തെളിവുണ്ട്. ഇവയുടെ ഫോസിലുകൾ ലഭിച്ചിട്ടുള്ളത് ഇവിടെ നിന്നെല്ലാമാണ്. ഗുഹകളെ ആശ്രയിച്ചായിരുന്നു ഇവരു ടെ ജീവിതം. ഇന്നുള്ള വിവരമനുസരിച്ച് ഏകദേശം 28 ലക്ഷം വർഷങ്ങൾക്കു മുമ്പ് ആഫ്രിക്കയിലാണ് ആദ്യമായി മനുഷ്യ വിഭാഗത്തിൽപെട്ട ജീവികൾ പരി ണമിച്ചുണ്ടായത്. അതിനെ ഹോമോഹാബിലിസ് എന്നുവിളിക്കുന്നു. ഏകദേ ശം 19 ലക്ഷം വർഷങ്ങൾക്കു മുമ്പ് ഹോമോഇറക്ടസെന്ന വേറൊരു മനുഷ്യ വിഭാഗവും അവിടെ വെച്ചുതന്നെ പരിണമിച്ചുണ്ടായി. ഇവരാണ് ആഫ്രിക്കയി ൽ നിന്നും ആദ്യമായി പുറത്തുകടക്കുന്ന മനുഷ്യവിഭാഗം. ഏകദേശം 13 ലക്ഷം വർഷങ്ങൾക്കു മുമ്പാണ് ഇവ ആഫ്രിക്കക്ക് പുറത്തേക്കുപോയത്. ഇവ പിന്നീട്

നിയാണ്ടർത്താൽ മനുഷ്യന്റെ പുനഃസൃഷ്ടി. നാഷണൽ മ്യൂസിയം ലണ്ടൺ

ഇന്നത്തെ യൂറോപ്പിലെ ജോർജിയ മുതൽ ഏഷ്യയിലെ ഇന്ത്യോനേഷ്യ വരെ വ്യാപിച്ചു. 70,000 വർഷം മുമ്പുവരെ ഇവർ ഭൂമിയിൽ ഉണ്ടായിരുന്നു. ഏറ്റവും കൂടുതൽ കാലം ഭൂമിയിൽ ജീവിച്ചിരുന്ന മനുഷ്യവിഭാഗത്തിൽ പെട്ട ജീവികളാ യിരുന്നു ഇവർ. ഏകദേശം 7 ലക്ഷം വർഷങ്ങൾക്കുമുമ്പ് ഭൂമിയിൽ പരിണമി ച്ചുണ്ടായ വേറൊരു മനുഷ്യവിഭാഗമാണ് ഹോമോഹൈഡൽബെർഗീസീസ്. ഏകദേശം 4 ലക്ഷം വർഷങ്ങൾക്കും 3 ലക്ഷം വർഷങ്ങൾക്കുമിടയിൽ ഇവരും ആഫ്രിക്കയിൽ നിന്നും പുറത്ത് കടന്നു. ഇതിൽ ഒരു കൂട്ടം യൂറോപ്പിലേക്കും മറ്റൊരു കൂട്ടം കിഴക്കൻ ഏഷ്യയിലേക്കും വ്യാപിച്ചു. കാലക്രമേണ യൂറോപ്പി ലേക്ക് കുടിയേറിയവർ ഹോമോ നിയാണ്ടർത്താലീസായി മാറി. കിഴക്കൻ ഏ ഷ്യയിലേക്ക് പോയവർ പിന്നീട് ഹോമോ ഡെനിസോവാൻ എന്നറിയപെടുന്ന

വരായി. ആഫ്രിക്കയിൽ തന്നെ തുടർന്ന ഹോമോ ഹൈഡൽ ബെർഗീസിസ് മനുഷ്യരിൽ നിന്നും പിന്നീട് നമ്മുടെ പൂർവ്വികരായിരുന്ന ഹോമോസാപ്പിയൻ സ് ഉണ്ടായി."

"മനുഷ്യവർഗ്ഗങ്ങളെല്ലാം ആഫ്രിക്കയിൽ തന്നെ പരിണമിക്കാൻ കാരണമെന്താണ്?"

"ആഫ്രിക്കയിൽ നിന്നുതന്നെ മനുഷ്യ പരിണാമമുണ്ടാകാൻ കാരണം, ആ കാലഘട്ടത്തിലെ ആ പ്രദേശത്തിന്റെ പരിസ്ഥിതി, പരിണാമ പ്രക്രിയക്ക് യോജിച്ചതാകണം. ഏകദേശം മൂന്നുലക്ഷത്തിനും രണ്ടു ലക്ഷത്തിനുമിടയിൽ യൂറോപ്പിലേക്ക് കുടിയേറിയ നിയാണ്ടർത്താൽ മനുഷ്യർ യൂറോപ്പ് മുഴുവനായും പടിഞ്ഞാറൻ ഏഷ്യയിലും വ്യാപിച്ചു. ഹോമോസാപ്പിയൻസ് സാപ്പിയൻസ് അഥവാ ആധുനിക മനുഷ്യർ ഏകദേശം 3 ലക്ഷത്തിനും രണ്ടുലക്ഷം വർഷങ്ങ ൾക്കുമിടയിലാണ് പരിണമിച്ചത്. ഇവരും ഏകദേശം 70,000 വർഷങ്ങൾക്ക് മുമ്പ് ആഫ്രിക്കയിൽ നിന്നും പുറത്തുകടന്നു. ഇതിൽ ഒരു വിഭാഗം യൂറോപ്പി ലും വേറൊരു വിഭാഗം ഏഷ്യയിലും എത്തി. അതായത് ഒരേകാലത്തു തന്നെ മൂന്നു മനുഷ്യ വിഭാഗങ്ങൾ ഭൂമിയിൽ നിലനിന്നിരുന്നു. ഒന്ന് ഡെനിസോവൻ, രണ്ട് നിയാണ്ടർത്താൽ മനുഷ്യർ മൂന്ന് ഹോമോസാപ്പിയൻസ് എന്നു വിളിക്കു ന്ന നമ്മുടെ പൂർവ്വികർ. ഏകദേശം 30,000 വർഷങ്ങൾക്കു മുമ്പ് നിയാണ്ടർത്താ ൽ മനുഷ്യർ ഭൂമിയിൽ നിന്നും ഇല്ലാതായി. കുറച്ച് വർഷങ്ങൾക്കുശേഷം ഡെ നിസോവനും. ഇന്ന് ഭൂമിയിൽ ജീവിച്ചിരിപ്പുള്ള ഏക മനുഷ്യജാതി ഹോമോസാ പ്പിയൻസ് മാത്രമായി മാറി."

"എങ്ങനെയാണ് മുത്തശ്ശീ നിയാണ്ടർത്താൽ മനുഷ്യരും ഡെനിസോവൻ മ നുഷ്യരും ഇല്ലാതായത്?"

"എങ്ങനെയാണ് ഈ മനുഷ്യവിഭാഗങ്ങൾ ഭൂമിയിൽ നിന്നും ഇല്ലാതായത് എ ന്നതിന് കൃത്യമായ ഉത്തരം ലഭ്യമല്ല. ഗവേഷകരുടെ ഇടയിൽ പല അഭിപ്രാ യങ്ങളുമുണ്ട്. കാലാവസ്ഥയിൽ വന്ന മാറ്റങ്ങളായിരിക്കാം ഒരു കാരണം. ജീവ പരിണാമത്തിന്റെ ഒരു പ്രധാന പ്രത്യേകത പ്രകൃതിയുമായി യോജിച്ചു പോകാ ൻ കഴിയുന്ന ജീവികൾ അതിജീവിച്ച് പോകുമെന്നതാണല്ലോ. വേറൊരു കാര ണമായി പറയുന്നത് ആഫ്രിക്കയിൽ നിന്നും വന്ന ഹോമോസാപ്പിയൻസ് തങ്ങ ളോടൊപ്പം കൊണ്ടുവന്ന പകർച്ച വ്യാധികൾ പ്രതിരോധശേഷി കുറഞ്ഞ നിയാ ണ്ടർത്താൽ, ഡെനിസോവൻ മനുഷ്യരെ ഇല്ലാതാക്കിയതാകാമെന്നാണ്. വേ റൊരു അഭിപ്രായം, കൂട്ടംകൂടി നടന്നിരുന്ന ഹോമോസാപ്പിയൻ മനുഷ്യരുമായി എണ്ണത്തിൽ കുറവായ മറ്റു വിഭാഗത്തിന്റെ കൂടിച്ചേരലിൽ, എണ്ണത്തിൽ കുറ വായവർ ഭൂരിപക്ഷത്തിൽ ലയിച്ച് ഇല്ലാതായിരിക്കാമെന്നാണ്. ഇന്ന് ഭൂമിയുള്ള ആഫ്രിക്കക്കാരല്ലാത്ത ജനവിഭാഗങ്ങളിൽ ഒന്നുമുതൽ നാലു ശതമാനം വരെ

ഇവരുടെ ഡി.എൻ.എ ഉണ്ടത്രെ. അതായത് നിയാണ്ടർത്താൽ മനുഷ്യരും ഡെ നിസോവൻ മനുഷ്യരും ഇന്നും ആധുനിക മനുഷ്യരിൽ കൂടി ജീവിക്കുന്നുവെ ന്ന് സാരം."

"ഈ മനുഷ്യർ കൂടിച്ചേർന്നത് എപ്പോഴായിരിക്കും മുത്തശ്ശീ?"

"ആഫ്രിക്കയിൽ നിന്നും പുറത്തുകടന്ന ഹോമോസാപ്പിയൻസ് ഈ മനുഷ്യ വിഭാഗങ്ങളെ കണ്ടുമുട്ടിയപ്പോൾ അവരുമായി ഇണ ചേർന്നിരുന്നുവെന്നതി നു തെളിവുകളുണ്ട്. നമ്മൾ ഉൾപ്പെടുന്ന ആധുനിക മനുഷ്യരിൽ ഈ വിഭാഗ ങ്ങളുടേയും ഡി.എൻ.എ അടങ്ങിയിരിക്കുന്നു. ഇവരെല്ലാം മനുഷ്യരെന്ന ഒരേ വിഭാഗത്തിൽ പെട്ടവരായതുകൊണ്ടാണ് ഇത്തരത്തിൽ പ്രത്യുൽപ്പാദനം സം ഭവിച്ചത്. ഇത് മൂന്ന് അവസരങ്ങളിൽ സംഭവിച്ചിരിക്കാമെന്നാണ് ഗവേഷകർ കണക്കാക്കുന്നത്. ആദ്യത്തേത് 70,000 വർഷങ്ങൾക്കുമുമ്പ് ഹോമോസാപ്പിയ ൻസ് ആപ്രിക്കയിൽ നിന്നും പുറത്തു കടന്ന് മിഡിലീസ്റ്റിൽ എത്തിയപ്പോഴാ യിരിക്ക ണം. ഇതിന്റെ ഫലമായി പുതിയ ജീനുകളുള്ള മനുഷ്യർ മധ്യപടിഞ്ഞാ റൻ ഏഷ്യയിലുണ്ടാകുന്നു. ഇവർ പിന്നീട് യൂറോപ്പിലേക്കും ഏഷ്യയിലേക്കും കുടിയേറി. വേറൊരു സന്ദർഭം, ഏകദേശം 50,000 വർഷങ്ങൾക്ക് മുമ്പ് ഹോ മോസാപ്പിയൻസ് യൂറോപ്പിലെത്തുമ്പോഴാകാം. ഹോമോസാപ്പിയൻസ് അവി ടെ ഉണ്ടായിരുന്ന നിയാണ്ടർത്താൽ മനുഷ്യരുമായി ഇടകലരുകയും പുതിയ ജീനുകളോടുകൂടിയ മനുഷ്യർ ഉണ്ടാകുകയും ചെയ്തു. മൂന്നാമത്തെ സന്ദർഭം ഏകദേശം 35000 വർഷങ്ങൾക്കും മുമ്പ് ഹോമോസാപ്പിയൻസ് ഇന്നത്തെ റ ഷ്യയിലെ സൈബീരിയയിൽ എത്തുകയും അവിടെ ഉണ്ടായിരുന്ന ഡെനിസോ വൻ മനുഷ്യരുമായി ഇണചേരുകയും അതിന്റെ പിൻതലമുറ പിന്നീട് കിഴക്ക ൻ ഏഷ്യയിലേക്ക് വ്യാപിക്കുകയും ചെയ്തിരിക്കാം. ഇന്നത്തെ കിഴക്കൻ ഏഷ്യ യിലുള്ള ജനങ്ങളിൽ 4 ശതമാനംവരെ ഡെനിസോവൻ ജീനുകൾ കാണപ്പെടു ന്നു."

"മുത്തശ്ശീ ഈ ഡെനിസോവൻ മനുഷ്യരേപറ്റി പറയുമോ?, കാണാനെങ്ങനെ യാണവർ?"

"പറയാം. ഇന്നത്തെ റഷ്യയിലെ മഞ്ഞിൽ പുതഞ്ഞു കിടക്കുന്ന പ്രദേശമാ ണ് സൈബീരിയ എന്നറിയാമല്ലോ. ആ സൈബീരയയിലെ അൽത്തായി പർവ്വ ത നിരയുടെ താഴ് വരയിലെ അനൂയി നദിയുടെ സമീപത്താണ് ഡെനിസോവ ഗുഹ. 2008 ജൂലൈ മാസത്തിൽ ആ ഗുഹയിൽ പതിവ് ഗവേഷണം നടത്തു കയായിരുന്ന റഷ്യയിലെ പുരാവസ്തുശാസ്ത്രജ്ഞനായ അലക്സാണ്ടർസൈ ബർ ഗോകുൽന് ഒരു ചെറിയ അസ്ഥികഷ്ണം കിട്ടി. ആ ഗുഹയിൽ ഭൂമിയുടെ ഇരുപത് പാളികൾക്കുള്ളിലായാണ് അധിവാസത്തിന്റെ തെളിവുകൾ അദ്ദേഹം അന്വേഷിച്ചിരുന്നത്. ഏറ്റവും മുകളിലെ പാളിയിൽ അടുത്തകാലത്തേയും അ

വസാനത്തെ പാളിയിൽ പഴയകാലത്തേയും ശേഷിപ്പുകളാണ് ഉണ്ടാവുക. ഇ തിൽ 11-മത്തെ പാളിയിൽ നിന്നാണ് അദ്ദേഹത്തിന് ഈ വിരലസ്ഥിയുടെ ദ്ര വിച്ച ഭാഗം കിട്ടിയത്. സ്വാഭാവികമായും ഈ പാളിയുടെ രൂപീകരണം കാലക്ര മമനുസരിച്ച് മുപ്പതിനായിരത്തിനും അമ്പതിനായിരം വർഷത്തിനും ഇടയിലാ യിരിക്കണം. ആ ഗുഹയിൽ നിന്നും കിട്ടിയ അസ്ഥിക്ഷണം ഹോമോസാപ്പി യന്റേതായിരിക്കുമെന്നാണ് ഗവേഷകർ ആദ്യം കരുതിയത്. പിന്നീട് ഈ ഫോ സിൽ രണ്ടായി വിഭജിച്ച് ഒരെണ്ണം കാലിഫോർണിയയിലെ ജനറ്റിക് ലാബട്ടറി യിലേക്ക് അയച്ചു കൊടുത്തു. മറ്റേത് ജർമ്മിനിയിലെ മാക്സ് പ്ലാക് ഇൻസ്റ്റി റ്റ്യൂട്ട് ഓഫ് ഇവലൂഷനറി ആന്ത്രപ്പോളജിയിലെ സ്വാന്തേ പാബോക്ക് നൽകി. അ വിടെ നടത്തി യ പരീക്ഷണത്തിൽ നിന്നും അത് ആധുനിക മനുഷ്യന്റേതും നി യാണ്ടർത്താൽ മനുഷ്യന്റേതുമല്ലാത്ത ജനിതകഘടനയുള്ള വേറൊരു മനുഷ്യ ജീവിയുടേതാണെന്നവർ കണ്ടെത്തി. ആ വിരലസ്ഥിയിൽനിന്നും വേർതിരിച്ചെ ടുത്ത ഡി.എൻ. എ-യിൽ നിന്നും, കറുത്ത ചർമ്മവും, കറുത്ത മുടിയും കറുത്ത കണ്ണുമുള്ള പത്തുവയസ്സിനു താഴെ പ്രായമുള്ള ഒരു പെൺകുട്ടിയുടേതാണ് അ തെന്നും കണ്ടെത്തി. അതിനവർ ഡെനിസോവൻ എന്ന പേരു നൽകി. ഡെനി സോവൻ മനുഷ്യരെ പറ്റിയുള്ള വേറൊരു തെളിവ് കിട്ടിയത് ചൈനയിലെ സി യാഹി ഹാഴൂയിലെ ബായ്ഷിയാകാർസ്റ്റ് ഗുഹയിൽ നിന്നും ലഭിച്ച താടിയെ ല്ലാണ്. ടിബറ്റൻ പീഠഭൂമിയിൽ ഒരു ലക്ഷത്തി അറുപതിനായിരം വർഷങ്ങൾക്ക് മുമ്പുതന്നെ ഡെനിസോവൻ മനുഷ്യരുടെ സാന്നിധ്യമുണ്ടായിരുന്നുവെന്ന് തെ ളിഞ്ഞിട്ടുണ്ട്. ഹോമോസാപ്പിയൻസ് എത്തുന്നതിന് മുമ്പുതന്നെ ഇവർ ഏഷ്യ ൻ ഭൂപ്രദേശത്ത് അലഞ്ഞുനടന്നിട്ടുണ്ടാകുമെന്ന് കരുതുന്നു. ന്യൂഗനിയിൽ താ മസിക്കുന്ന മനുഷ്യരിലും ഇന്നത്തെ മെലിനേഷ്യൻ രാജ്യങ്ങളിലും ആസ്ത്രേ ലിയയിലെ ആദിമ മനുഷ്യരിലും ഡെനിസോവൻ മനുഷ്യരുടെ ഡി.എൻ.എ കാണാം."

"അങ്ങനെയെങ്കിൽ ആധുനികരല്ലാത്ത ഇത്തരം മനുഷ്യർ ഇന്ത്യയിലും ഉ ണ്ടായിട്ടുണ്ടാകുമോ മുത്തശ്ശി"?

"ഇന്ത്യയിൽനിന്നും ആധുനിക മനുഷ്യരല്ലാത്തവരുടെ ഫോസിലുകൾ ക ണ്ടെത്താൻ കഴിഞ്ഞിട്ടില്ല. എന്നാൽ ആർക്കിയോളജിക്കൽ തെളിവുകളായി ആ ദിമ മനുഷ്യരുടെ ശിലാഉപകരണങ്ങൾ ധാരാളം കിട്ടിയിട്ടുണ്ട്. മധ്യപ്രദേശിലെ സൺ ആർക്കിയോളജിക്കൽ സൈറ്റായ ഡാബാ സൈറ്റിൽ നിന്നും 80,000 വർ ഷം പഴക്കമുള്ള പുരാതന ശിലായുധങ്ങൾ കണ്ടെത്തിയിട്ടുണ്ട്. അതുപോലെ ആന്ധ്രപ്രദേശിലെ കുർണൂൽ ജില്ലയിലെ ജ്വാലപുരത്തുള്ള ആർക്കിയോളജി സൈറ്റിൽ നിന്നും 77,000 വർഷം പഴക്കമുള്ള മധ്യശിലായുഗ ഉപകരണങ്ങൾ കണ്ടെത്തിയിരുന്നു. എന്നാൽ അക്കാലത്ത് ഏതുതരം മനുഷ്യരാണ് ഇവിടെ

ജീവിച്ചിരുന്നതെന്ന് വ്യക്തമല്ല. ഏതായാലും അത് ആധുനിക മനുഷ്യരുടേത്
ആയിരിക്കില്ലെന്നാണ് മനുഷ്യകുടിയേറ്റത്തിന്റെ ജനിതകശാസ്ത്രം പറയുന്ന
ത്."

"ഈ പറയുന്ന ജനിതകശാസ്ത്ര പരീക്ഷണത്തിൽ കൂടിയാണോ മുത്തശ്ശീ
ഏകദേശം മൂന്നുലക്ഷം വർഷങ്ങൾക്ക് മുമ്പാണ് ആഫ്രിക്കയിൽ ആധുനിക മ
നുഷ്യർ പരിണമിച്ചതെന്ന് പറയുന്നത്?"

സ്വാന്റേ പാബോ

"അതുമാത്രമല്ല ഫോസിൽപഠനവും ഈ പറയുന്നത് ശരിയാണെന്ന് തെളി
യിക്കുന്നു. മനുഷ്യപരിണാമ പഠനത്തിലെ ഇന്നത്തെ ഏറ്റവും വിശ്വസിനീയമാ
യ പഠനശാഖയാണ് ജനിതകശാസ്ത്രം. ഭാഷകളുടെ പഠനവും ലിഖിത രേഖക
ളും, പുരാവസ്തുക്കളുടെ പഠനവും, ഫോസിലുകളും, പുരാണ സാഹിത്യങ്ങ
ളും മറ്റുമാണല്ലോ ചരിത്രപഠനത്തിനായി നമ്മൾ ആശ്രയിച്ചിരുന്നത്. ജനിതക
ശാസ്ത്രത്തിന്റെ വളർച്ച വലിയമാറ്റമാണ് ഈ മേഖലയിൽ വരുത്തിയത്. ജീവി
കളുടെ ജൈവതന്മാത്രയിലുള്ള ഡി.എൻ.എയെ പറ്റി കേട്ടിട്ടുണ്ടാകുമല്ലോ. ഒരു

കുട്ടിയുടെ അച്ഛനമ്മമാർ ആരാണെന്ന് തെളിയിക്കാനും അഴുകിയ, അല്ലെങ്കി ൽ തിരിച്ചറിയാൻ കഴിയാത്ത മൃതശരീരം ആരുടേതാണെന്ന്, ബന്ധുക്കളുടെ ഡി.എൻ.എയുമായി താരതമ്യം ചെയ്ത് കണ്ടെത്താൻ ശാസ്ത്രത്തിന് ഇന്ന് കഴിയും. വർഷങ്ങൾക്കുമുമ്പ് മണ്ണടിഞ്ഞുപോയ ജീവികളുടെ ഫോസിലുകളിൽ നിന്നും അവയുടെ ഡി.എൻ.എ വേർതിരിച്ചെടുക്കാം. അതിനെ Ancient DNA അഥവാ പുരാതന ഡി.എൻ.എയെന്നു വിളിക്കുന്നു. ഒരു പഴയ ഫോസിൽ കി ട്ടിയാൽ ഏതുജീവിയുടേതാണ് അതെന്നും എത്ര വർഷം മുമ്പാണ് അവ ഭൂമി യിൽ ജീവിച്ചതെന്നും,ആണാണോ പെണ്ണാണോയെന്ന് തുടങ്ങി മറ്റ് ജനിതക മായ സവിശേഷതകൾ ഡി.എൻ.എ പരിശോധനയിൽ കൂടി കണ്ടെത്താൻ കഴി യും.അതുപോലെ ലോകത്തിന്റെ പലഭാഗത്തും ഇന്ന് ജീവിച്ചിരിക്കുന്ന മനുഷ്യ രുടെ ഡി.എൻ.എ-യിൽ പുരുഷന്മാരിൽ മാത്രം കാണുന്ന Y ക്രോമോസോം വ ഴി പിന്നോട്ട് സഞ്ചരിച്ചപ്പോൾ അവസാനം എത്തിച്ചേർന്നത് 1,60,000 വർഷ ങ്ങൾക്കു മുമ്പ് ആഫ്രിക്കയിൽ ജീവിച്ചിരുന്ന ഒരാളിലാണ്. അതുപോലെതന്നെ അമ്മമാരിൽകൂടി മാത്രം കൈമാറ്റം ചെയ്യപ്പെടുന്ന മൈറ്റോകോൺഡ്രിയൽ ഡി. എൻ.എ പരിശോധനയിൽ അവസാനമെത്തിയതും 1,80,000 വർഷം മുമ്പു ആ ഫ്രിക്കയിൽ ജീവിച്ചിരുന്ന ഒരു സ്ത്രീയിലാണ്. ഈ പരീക്ഷണങ്ങളിൽ നിന്നും ഭൂമിയിൽ ഇന്ന് ജീവിച്ചിരിക്കുന്ന മനുഷ്യരുടേയെല്ലാം പൂർവ്വികർ ആഫ്രിക്കയി ലാണെന്ന് തെളിഞ്ഞു."

"അങ്ങനെയെങ്കിൽ ഒരു അമ്മയിൽ നിന്നാണോ നമ്മെളെല്ലാം ഉണ്ടായത്?"

"അങ്ങനെ പറയാനാവില്ല. ഒരു കാലഘട്ടത്തിൽ ആഫ്രിക്കയിൽ ജീവിച്ചിരു ന്ന ഒരു കൂട്ടം മനുഷ്യരിൽ നിന്നാണ് ഇന്നത്തെ മനുഷ്യസമൂഹം ഉണ്ടായതെന്ന് ഉറപ്പിക്കാം."

"എന്നാൽ ഇന്ത്യക്കാരും, വെള്ളക്കാരും ചൈനക്കാരും ആഫ്രിക്കക്കാരുമെ ല്ലാം കാഴ്ചയിൽ വ്യത്യസ്തരാണല്ലോ മുത്തശ്ശീ. അപ്പോൾ, അവരെല്ലാം എങ്ങ നെയാണ് ഒരേ പൂർവ്വികരിൽ നിന്നും ഉണ്ടാകുക?"

"പുറമെ തൊലിയുടെ നിറവ്യത്യാസം കാണാമെങ്കിലും ഈപറയുന്ന മനുഷ്യ ർ തമ്മിൽ ജനിതകമായ വ്യത്യാസങ്ങൾ കുറവാണെന്നാണ് ജീവശാസ്ത്രഞ്ജനാ യ റിച്ചാർഡ് ലെവന്റിൻ കണ്ടെത്തിയത്. ഇന്ന് കാണുന്ന ഈ വ്യത്യസ്ത ജനവി ഭാഗങ്ങളുടെ രക്തഗ്രൂപ്പ്, രക്തത്തിലെ പ്രോട്ടീനുകൾ, ജീനുകൾ തമ്മിലുള്ള വ്യ ത്യാസങ്ങൾ എന്നിവ പരിശോധിച്ചപ്പോൾ ഒരേ വംശത്തിനുള്ളിലുള്ള ആളുക ളിലാണ് പുറത്തുള്ളവരിലേക്കാൾ കൂടുതൽ വ്യതിയാനങ്ങളെന്ന് അദ്ദേഹം ക ണ്ടെത്തി. അതിനർത്ഥം കാഴ്ചയിൽ മാത്രമാണ് മനുഷ്യരിലെ വ്യത്യാസങ്ങൾ. ജനിതകപരമായി ഇവരെല്ലാം ഒരേ വിഭാഗത്തിൽപെട്ടതാണെന്നും വ്യത്യാസങ്ങ ൾ പുറമേയുള്ള കാഴ്ചയിലും സംസ്ക്കാരത്തിലും മാത്രമാണെന്നും വ്യക്തമാ

കുന്നു."

"ജനിതകപരമായി ആധുനിക മനുഷ്യരെല്ലാം ഒന്നാണെങ്കിൽ ഇവരുടെയെല്ലാം തൊലിയിലെ നിറവ്യത്യാസം എങ്ങനെയുണ്ടായി?"

"ആധുനിക മനുഷ്യർ ഏകദേശം മൂന്നുലക്ഷം വർഷംമുമ്പ് ആഫ്രിക്കയിൽ പരിണമിച്ചുണ്ടായതാണല്ലോ. മനുഷ്യരുടെയെല്ലാം ശരീരത്തിൽ മെലനോസൈസ് എന്ന പ്രത്യേക തരം കോശങ്ങളുണ്ട്. ഇത് മെലനിൻ എന്ന തവിട്ടും ഇരുണ്ട കറുപ്പുനിറവുമുള്ള വസ്തു ഉൽപ്പാദിപ്പിക്കുന്നു. ഭൂമധ്യരേഖയിൽ താമസിക്കുന്ന മനുഷ്യരുടെ ശരീരത്തിൽ നേരിട്ട് പതിക്കുന്ന സൂര്യപ്രകാശത്തിലെ അൾ ട്രാവയലറ്റ് രശ്മി ക്യാൻസറിന് കാരണമാണ്. അതിൽ നിന്നും ശരീരത്തെ ര ക്ഷിക്കുന്നതിന് ഈ മെലനിൻ സഹായിക്കുന്നു. ശരീരത്തിൽ നേരിട്ട് പതിക്കു ന്ന രശ്മികളെ ഇത് ആകിരണം ചെയ്യുന്നു. ആഫ്രിക്കയിൽ കൂടുതൽ കാലം ജീവിച്ച മനുഷ്യരിൽ മെലനിൻ കൂടുതലുള്ളവർ അതിജീവിച്ചിട്ടുണ്ടാകാം. അ ങ്ങനെ ആഫ്രിക്കയിലുള്ളവരുടെ ചർമ്മത്തിന് കറുപ്പുനിറമായി. എഴുപതിനാ യിരം വർഷങ്ങൾക്ക് മുന്നേ ലോകത്തിന്റെ മറ്റ് ഭാഗങ്ങളിലേക്ക് കുടിയേറിയ ആ ളുകളിൽ അവിടെയുള്ള കാലാവസ്ഥക്കനുസരിച്ച് ശരീരത്തിലെ മെലനിന്റെ ഉ ൽപാദനത്തിലും ഏറ്റക്കുറച്ചിലുകൾവന്നിരിക്കാം. അൾട്രാവയലറ്റ് രശ്മികൾ ക്ക് വേറൊരു ഗുണം കൂടിയുണ്ട്. അത് ശരീരത്തിനാവശ്യമായ വിറ്റമിൻ ഡി ഉൽ പാദിപ്പിക്കുന്നു എന്നതാണത്. സൂര്യപ്രകാശത്തിൽ അൾട്രാവയലറ്റ് രശ്മികൾ കുറഞ്ഞ പ്രദേശങ്ങളിൽ സ്വാഭാവികമായും വിറ്റമിൻ ഡിയുടെ കുറവ് അനുഭ വപ്പെടാം. അതിനെ ക്രമീകരിക്കുന്നതിനുവേണ്ടി ശരീരം മെലനിന്റെ ഉൽപാദനം കുറക്കുകയും ആ പ്രദേശങ്ങളിലെ ആളുകളിലെ ഡി.എൻ.എയിൽ വ്യതിയാനം സംഭവിക്കുകയും ചെയ്തിരിക്കണം. തണുത്ത കാലാവസ്ഥയിൽ ജീവിക്കുന്ന വരിൽ ഈ കാരണത്താൽ മെലനിന്റെ ഉൽപ്പാദനം കുറയുകയും ചർമ്മത്തിന്റെ കറുപ്പു കുറഞ്ഞ് വെളുപ്പായതായിരിക്കണം. ഇന്ത്യയിലടക്കമുള്ള മിതോഷ്ണ മേഖലയിലുള്ളവരുടെ ചർമ്മത്തിന്റെ നിറം ബ്രൗൺ നിറമായും മാറി. ഇത് പല തലമുറകൾ കൊണ്ട് സംഭവിക്കുന്ന ജൈവികമായ മാറ്റമാണെന്ന് കൂടി കാണ ണം."

"എന്നാൽ കാനഡപോലുള്ള സൂര്യപ്രകാശം കുറഞ്ഞ ഭൂപ്രകൃതിയുള്ള രാ ജ്യങ്ങളിലുള്ളവരിൽ പലരും കറുത്ത നിറമുള്ളതായി കാണുന്നതോ?"

"അതിനൊരു കാരണമായി പറയുന്നത്, സമുദ്രത്തിനടുത്ത് താമസിക്കുന്ന വർക്ക് മത്സ്യം ഭക്ഷണത്തിന്റെ ഭാഗമായതിനാൽ ശരീരത്തിനാവശ്യമായ വിറ്റമി ൻ ഡി മത്സ്യത്തിൽ നിന്നും ലഭിക്കുമെന്നതാണ്. അതിനാൽ വിറ്റമിൻ ഡി ലഭി ക്കുന്നതിന് ശരീരത്തിലെ മെലനിൻ കുറക്കേണ്ടതില്ല. അതുകൊണ്ട് അവരുടെ ജീനുകളിൽ കാര്യമായ വ്യതിയാനം സംഭവിച്ചിട്ടുണ്ടാവില്ല."

"ഇന്ത്യക്കാരിൽ വെളുത്തവരേയും ഇരുനിറക്കാരെയും കരുത്തവരേയും കാ
ണുന്നതെന്തുകൊണ്ടാണ് മുത്തശ്ശീ?"

"പലപ്പോഴായി ഏഷ്യയുടെ പലഭാഗങ്ങളിൽ നിന്നും കുടിയേറിവന്ന മനു
ഷ്യരുടേയും വളരെ മുന്നേ ആഫ്രിക്കയിൽനിന്നും നേരിട്ട് വന്നവരുടേയും കൂടി
ച്ചേരലിന്റെ ബാക്കിപത്രമാണല്ലോ ഇന്നത്തെ ഇന്ത്യക്കാർ. ഈ കൂടിച്ചേരലിൽ
കൂടി കൈവന്ന ജനിതകഘടനയും വ്യത്യസ്ത ഭൂപ്രകൃതിയും കാലാവസ്ഥയു
മായിരിക്കണം ഈ നിറവ്യത്യാസങ്ങൾക്ക് കാരണം. അതുപോലെ സമുദ്രത്തി
ന്റെ സാമീപ്യവും വെയിൽ കൊള്ളുന്ന തൊഴിലും ഒരു ഘടകമായിരിക്കാം. ഏ
കദേശം 700 വർഷങ്ങൾക്കപ്പുറമുള്ള ഇന്ത്യൻ സമൂഹത്തെ പറ്റി ഫ്രിയർ ജോ
ർദാനസ് എഴുതിയ മിറാബിലിയ ഡെസ്ക്രിസ്ക്രിപ്റ്റ, ദി വണ്ടേഴ്സ് ഓഫ് ദി
ഈസ്റ്റ് എന്ന പുസ്തകത്തിൽ പറയുന്ന ഒരു രസകരമായ സംഗതിയുണ്ട്,
കൂടുതൽ കറുത്ത നിറമുള്ളവരെ കൂടുതൽ സൗന്ദര്യമുള്ളവരായി അക്കാലത്ത്
ഇവിടത്തുകാർ കണ്ടിരുന്നുവെന്നതാണ്. പോർച്ചുഗീസുകാർ വന്നതിനു ശേഷ
മായിരിക്കണം ഇവിടെ വെളുപ്പ് കറുപ്പിനുമേൽ ആധിപത്യം സ്ഥാപിച്ചത്. തൊ
ലിപ്പുറത്തെ നിറത്തിന് ഒരു പ്രാധാന്യവുമില്ലെന്ന് ഇതിൽ നിന്നും മനസ്സിലായി
കാണുമല്ലോ."

കെനിയയിലെ നാഷണൽ മ്യൂസിയത്തിലുള്ള ആദിമ മനുഷ്യരുടെ ഒരു
ചിത്രീകരണം

6

ഇന്ത്യയിലെ ആദിമ മനുഷ്യർ

"ആഫ്രിക്കയിലാണ് മനുഷ്യർ പരിണമിച്ചുണ്ടായതെന്ന് പറഞ്ഞല്ലോ. അപ്പോ ൾ, എപ്പോഴാണ് ഇന്ത്യയിൽ ആധുനിക മനുഷ്യർ എത്തിയത്?"

"ഇന്ത്യയിലേക്കുള്ള ആധുനിക മനുഷ്യരുടെ കുടിയേറ്റം പ്രധാനമായും നാ ല് കാലഘട്ടങ്ങളിലാണ് സംഭവിച്ചത്. ഇതിൽ ആദ്യത്തെ കുടിയേറ്റം 70,000 മു തൽ 16,000 വർഷങ്ങൾക്കിടയിൽ ആഫ്രിക്കയിൽനിന്നും നേരിട്ട് എത്തിയവരു ടേതാണ്. പല ഘട്ടങ്ങളിലായാണ് ഈ കുടിയേറ്റം നടന്നത്. മനുഷ്യർ വേട്ടയാ ടി ജീവിച്ചിരുന്ന കാലത്തായിരുന്നു അത്. രണ്ടാമത്തേത് ഏകദേശം 9000ത്തി നും 5000 വർഷങ്ങൾക്കുമിടയിൽ നടന്ന ഇറാനിലെ സൈഗ്രോസ് മലനിരകളി ൽ നിന്നുള്ളവരുടെ കുടിയേറ്റമാണ്. ഇവരുടെപൂർവ്വികരും വേട്ടക്കാരായിരുന്നു. മൂന്നാമത്തേത് ഏകദേശം 4000 വർഷങ്ങൾക്കുമുമ്പ് ഇന്ത്യയുടെ കിഴക്കുഭാഗ ത്തുകൂടി നടന്നു. ഇവർ കൃഷി അറിയാമായിരുന്ന ആളുകളായിരുന്നു.

നാലാമത്തേത് ഏകദേശം 4000 മുതൽ 3000 വർഷത്തിനിടയിൽ സംഭവിച്ച താണ്. മദ്ധ്യേഷ്യയിൽനിന്നും അതായത്, ഇന്നത്തെ കസാക്കിസ്ഥാൻ ഉൾപ്പെടു ന്ന പ്രദേശത്തുനിന്നുള്ള നാടോടികളുടെ കുടിയേറ്റമാണത്. റഷ്യ മുതൽ മം ഗോളിയവരെ വ്യാപിച്ചുകിടക്കുന്ന പുൽമേടുകൾ നിറഞ്ഞ പ്രദേശത്തെ സ്റ്റെപ്പ് മേഖലയെന്നാണ് വിളിക്കുന്നത്. അവിടെ കന്നുകാലികളെ മേയ്ച്ച് നടന്നിരുന്ന വിഭാഗമായിരുന്നു ഇവർ. കുതിരകളേയും കുതിരകളെ കെട്ടിയ രഥവും ഉപ യോഗിക്കാൻ ഇവർ പ്രാപ്തരായിരുന്നു. യൂറോപ്പിലേക്കുള്ള ആധുനിക മനു ഷ്യരുടെ കുടിയേറ്റവും ഇവിടെ നിന്നുണ്ടായിട്ടുണ്ട്. ഇവരുടെ കുടിയേറ്റത്തെ യാണ് ആര്യന്മാരുടെ കുടിയേറ്റമെന്ന് വിളിക്കുന്നത്".

"ഈ പറയുന്നതൊക്കെ ശരിയാണ് എന്നതിന് എന്താണ് തെളിവ് മുത്തശ്ശി?"

"ചരിത്രപഠനത്തെ സഹായിക്കുന്ന പ്രധാന ശാസ്ത്ര ശാഖകളാണല്ലോ പുരാ വസ്തുശാസ്ത്രം, ഭാഷാശാസ്ത്രം, ഫോസിൽപഠനം, അതുപോലെ പോപ്പുലേ ഷൻജനറ്റിക്ക് അഥവാ ജനസംഖ്യാ ജനിതക ശാസ്ത്രം. ഈ ശാസ്ത്രശാഖകളു

ടെ പഠനത്തിൽ കൂടിയാണ് ഇത്തരം വിവരങ്ങൾ ലഭിക്കുന്നത്. ഇന്ത്യയിലെ വി വിധ മനുഷ്യ സമൂഹങ്ങൾ ഉപയോഗിച്ചിരുന്ന ഭാഷകളുടെ പഠനം, ചരിത്രാവ ശിഷ്ടങ്ങൾ, പുരാതന ഗ്രന്ഥങ്ങളിൽ നിന്നുള്ള സൂചനകൾ എന്നിവ ഒരു പരി ധി വരെ കുടിയേറ്റങ്ങളുടെ ചരിത്രത്തെ മനസ്സിലാക്കാൻ നമ്മെ സഹായിക്കു ന്നു. പുതിയ ശാസ്ത്രശാഖയായ പോപ്പുലേഷൻ ജനിറ്റിക്ക് ചരിത്രപഠനത്തെ കൂടുതൽ തെളിവുള്ളതാക്കി."

"വ്യത്യസ്തഭാഷകളും സംസ്ക്കാരവുമുള്ള ഇന്ത്യക്കാരുടെ ജനിതക ഘടന യെ വിശദീകരിക്കാമോ മുത്തശ്ശീ?."

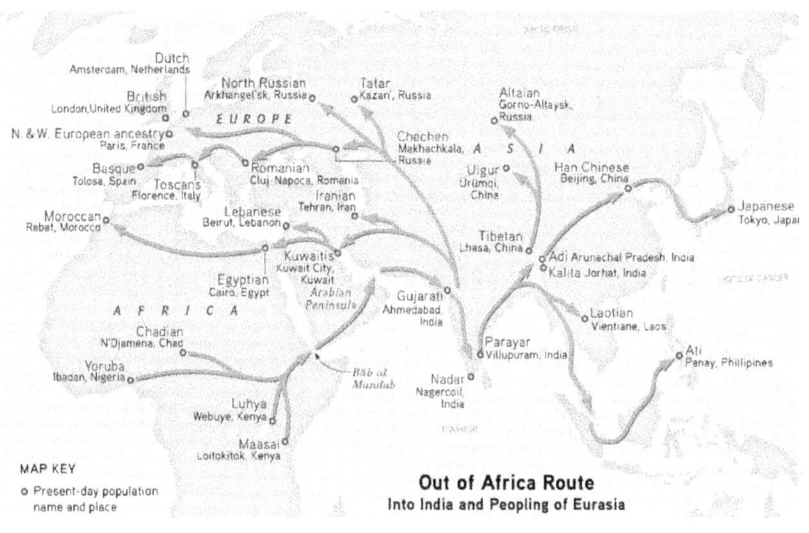

ആഫ്രിക്കയിൽ നിന്നും പുറത്തേക്കുള്ള ആധുനിക മനുഷ്യരുടെ കുടിയേറ്റം

"ഇന്നത്തെ ഇന്ത്യൻ ജനതയെ രൂപപ്പെടുത്തിയ കൂടിച്ചേരലുകൾ പ്രധാനമാ യും നാല് കാലഘട്ടങ്ങളിലാണല്ലോ സംഭവിച്ചത്. ആദ്യം ഇന്ത്യയിലുണ്ടായിരു ന്ന ജനവിഭാഗം AASI (Acient Ancestral South Indian population) എന്ന് അറിയപ്പെടുന്നു. ഇന്ന് ഇന്ത്യയിൽ അന്തമാൻ നിക്കോബാർ ദ്വീപിലെ ചില ഗോ ത്ര വിഭാഗങ്ങളാണ് ഇവരുടെ ഡി.എൻ.എയുമായി സാമ്യമുള്ള ജനസമൂഹം. എ.എ.എസ്.ഐ വംശാവലിയെ ഇന്ത്യൻ ഉപഭൂഖണ്ഡത്തിലെത്തിയ ആദ്യ ത്തെ കുടിയേറ്റക്കാരുടെ വംശപരമ്പരയെന്നും പറയാം. എ.എ.എസ്.ഐ എ ന്ന വിഭാഗവും പിന്നീട് ഇറാനിയൻ ഭാഗത്തുനിന്നും വന്ന ഗോത്രജനതയും കൂ ടിച്ചേർന്നതിൽ നിന്നുമുണ്ടായ ജനവിഭാഗമാണ് സിന്ധുനദീതട സംസ്ക്കാര ത്തിന് തുടക്കമിട്ടത്. സിന്ധു നദീതട സംസ്കാരത്തിന്റെ തകർച്ചക്കുശേഷം

അവിടെയുണ്ടായിരുന്ന ജനസമൂഹം, അവരുടെ തെക്ക് കിഴക്കോട്ടുള്ള യാത്ര ക്കിടയിൽ എണ്ണത്തിൽ കൂടുതലുള്ള തെക്ക്/തെക്കുകിഴക്കൻ ഏഷ്യൻ വേട്ട ക്കാരുടെ വംശപരമ്പരയിൽ പെട്ട AASI വിഭാഗവുമായി വീണ്ടും കൂടിച്ചേർന്ന് Ancestral South Indian Population-ASI (പൂർവ്വിക ദക്ഷിണേൻഡ്യൻ ജനത ക്ക്) ജന്മം നൽകി. പണിയ അല്ലെങ്കിൽ ഇരുളപോലെയുള്ള ചില ദക്ഷിണേ ന്ത്യൻ ഗോത്രവിഭാഗങ്ങൾ ASI വംശപരമ്പരയുമായി അടുപ്പമുള്ള ജനിതകഘ ടനയുള്ളവരായി കണക്കാക്കുന്നു. കൂടാതെ എല്ലാ ദക്ഷിണേഷ്യൻ വംശീയ വി ഭാഗങ്ങളിലും വ്യത്യസ്ത അളവുകളിൽ ഇവരുടെ ഡി.എൻ.എ കാണപ്പെടുന്നു. സിന്ധു നദീതട സംസ്കാരത്തിന്റെ തകർച്ചക്കുശേഷം മദ്ധ്യേഷ്യയിൽ നിന്നും കുടിയേറി വന്ന സ്റ്റെപ്പി വംശജരും സിന്ധുനദീതട സംസ്ക്കാരത്തിലെ പ്രദേ ശങ്ങളിൽ താമസിച്ചിരുന്ന ആളുകളുമായുള്ള കൂടിച്ചേരലിൽ Ancestral North Indian Population-ANI അഥവാ പൂർവ്വിക ഉത്തരേന്ത്യൻ ജനതക്ക് ജന്മം നൽ കി. ഈ മിശ്രണത്തിൽ കുടിയേറ്റക്കാരായ സ്റ്റെപ്പികളിലെപുരുഷന്മാരും സി ന്ധുനദീതട സംസ്ക്കാരത്തിലെ സ്ത്രീകളുമായിരുന്നു കൂടുതലായി കാണപ്പെ ട്ടത്.

മോഹൻജോദാരോ സൈറ്റ്

പിന്നീട് പലപ്പോഴായി നടന്ന ASI, ANI എന്നീ വിഭാഗങ്ങളുടെ കൂടിച്ചേരലി ൽ നിന്നും ഇന്നത്തെ ഇന്ത്യൻ സമൂഹമുണ്ടായി. ഇതിൽ എ.എസ്.ഐ-യുടെ അനുപാതം കൂടുതൽ ദക്ഷിണേന്ത്യക്കാരിലും എ.എൻ.എ-ന്നുടേത് വടക്കേ ഇ

ന്ത്യക്കാരിലും കാണപ്പെടുന്നു. അതിൽ തന്നെ വടക്കേ ഇന്ത്യൻ സമൂഹത്തിലെ ജാതി ശ്രേണിയിൽ 'ഉയർന്നവരെന്ന്' പറയപ്പെടുന്നവരിൽ മറ്റുള്ളവരെക്കാൾ എ.എൻ.എയുടെ തോത് കൂടുതലുള്ളതായും കണ്ടെത്തി. ഉത്തരേന്ത്യയിലെ ബ്രാഹ്മണ, ഭൂമിഹാർ ജാതികളിലാണ് ഇതേറ്റവും കൂടുതലുള്ളത്. ഈ വിഭാഗ ങ്ങളിൽ ജാതി ശക്തമായി പ്രവർത്തിച്ചിരുന്നതിനാൽ ജാതിക്കു പുറത്തുള്ള വി വാഹം വിരളമായിരുന്നതിനാലായിരിക്കാം അങ്ങനെ സംഭവിച്ചിട്ടുണ്ടാകുക. മു മ്പു സൂചിപ്പിച്ചതുപോലെ ചില ഗോത്ര വിഭാഗങ്ങളിലൊഴിച്ച് ഭൂരിപക്ഷം ഇന്ത്യ ക്കാരിലും ഈ രണ്ടുതരം ഡി.എൻ.എ കാണാം. ഇതിനു പുറമെ ഇൻഡ്യയുടെ വടക്ക് കിഴക്കേ ഭാഗങ്ങളിലുള്ള ഓസ്ട്രോ-ഏഷ്യാറ്റിക്, ബർമീസ് ഭാഷകൾ സം സാരിക്കുന്ന ആളുകളുടെ കുടിയേറ്റവും മിശ്രണവും നടന്നു. ഓസ്ട്രോഏ ഷ്യാ റ്റിക് സംസാരിക്കുന്ന മുണ്ട ഗോത്രവർഗ്ഗക്കാരെ മറ്റ് ദക്ഷിണേഷ്യക്കാരിൽ നിന്ന് വ്യത്യസ്തമായി ASI, AASI അല്ലെങ്കിൽ ANI വംശജരുടെ മിശ്രിത മാതൃകയാ ക്കാൻ കഴിയില്ലെന്ന് 2019-ൽ കണ്ടെത്തി. അതുപ്രകാരം മുണ്ടകളുടെ വംശാവ ലി 3000 വർഷങ്ങൾക്കും മുമ്പ് തെക്ക് കിഴക്കൻ ഏഷ്യയിൽ നിന്നുള്ള ഒരു സ്വ തന്ത്ര വംശപരമ്പരയിൽ നിന്നുള്ളതാണ്. ഡേവിഡ് റെയ്ക്കിന്റെ അഭിപ്രായത്തി ൽ 4,200 വർഷങ്ങൾക്ക് മുമ്പ്, ഇന്ത്യയിൽ കലർപ്പില്ലാത്ത ഗ്രൂപ്പുകൾ ഉണ്ടായി രുന്നു. 1,900 മുതൽ 4,200 വർഷങ്ങൾക്കിടയിൽ അതായത് ബി.സി.ഇ 2200 മുതൽ സി.ഇ 100വരെ, ആഴത്തിലുള്ളതും വ്യാപകവുമായ കൂടിച്ചേരൽ സംഭ വിച്ചു. ഇത് ഇന്ത്യയിലെ എല്ലാ ഇന്തോ-യൂറോപ്യൻ, ദ്രാവിഡവിഭാഗങ്ങളേയും ബാധിക്കുന്നു. ഈ സമയത്ത് ഗണ്യമായ കുടിയേറ്റം നടന്നതായി അവരുടെ പഠനത്തിൽ കാണിക്കുന്നില്ലെന്ന് റെയ്ക്ക് ചൂണ്ടിക്കാട്ടി. അതായത് ഇന്ത്യയിൽ ജാതി വ്യവസ്ഥ ശക്തമാകുന്നതിന് മുമ്പ് തന്നെ ജനസമൂഹത്തിന്റെ കൂടിച്ചേ രൽ നടന്നിട്ടുണ്ടായിരുന്നു. ഇതിൽ നിന്നും ജാതി, മതം, വർണ്ണം എന്നതിനപ്പു റം എല്ലാ ഇന്ത്യക്കാരും സഹോദരീ സഹോദരന്മാരാണെന്ന് പറയുക മാത്രമല്ല അത് ജനിതകപരമായും ശരിയാണെന്ന് തെളിയിക്കുന്നു."

"സിന്ധൂനദീതട സംസ്ക്കാരത്തേയും അവിടെ ഉണ്ടായിരുന്ന ഭാഷയേയും വിശദീകരിക്കാമോ മുത്തശ്ശീ?"

"ഏകദേശം 9000 വർഷങ്ങൾക്ക് മുമ്പ് ഇന്നത്തെ ഇറാനിൽ നിന്നും കുടി യേറിവന്ന ഗോത്രജനതയും ആഫ്രിക്കയിൽ നിന്നും അതിനും മുന്നേ ഇന്ത്യൻ ഉപഭൂഖണ്ഡത്തിന്റെ വടക്ക് പടിഞ്ഞാറ് ഭാഗത്തെത്തി താമസിച്ചിരുന്ന മനുഷ്യ രും തമ്മിൽ കൂടിച്ചേർന്നാണ് ഹാരപ്പൻനാഗരികത ഉണ്ടായത്. ഏകദേശം 5300 വർഷങ്ങൾക്ക് മുന്നേ തുടങ്ങി 3900 വർഷങ്ങൾക്ക് മുമ്പ് അവസാനിച്ച ഹാരപ്പ ൻ നാഗരികത ലോകചരിത്രത്തിലെ ആദിമ നാഗരികതയായ ഈജിപ്ത്യൻ, മെ സ്സോപൊട്ടാമിയ എന്നിവയുടെ സമകാലികവും എന്നാൽ അതിനേക്കാൾ

കൂടുതൽ വിസ്തൃതവുമായിരുന്നു. ഇതിന്റെ സുവർണ്ണകാലത്ത് മുഴുവൻ പ്ര ദേശത്തുമായി ഏകദേശം അമ്പതുലക്ഷം ജനങ്ങൾ താമസിച്ചിരുന്നതായി ക ണക്കാക്കുന്നു.

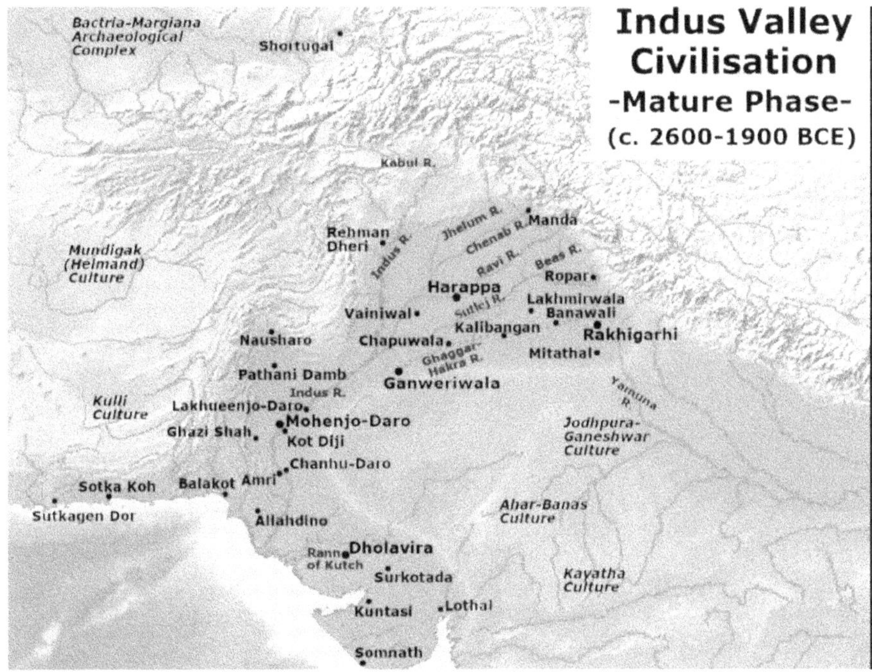

സിന്ധുനദീതട സംസ്ക്കാരത്തിലെ സൈറ്റുകളിൽ നിന്നും കണ്ടെത്തിയ സീ ലുകളിൽ, ലോഗോപോലുള്ള ചിഹ്നലിപികൾ കണ്ടെത്തിയിട്ടുണ്ട്. അതായത് ഇ ന്ന് സോഷ്യൽ മീഡിയയിൽ ഉപയോഗിക്കുന്ന ഇമോജികൾ പോലെയോ കമ്പ നികളുടെ ലോഗോപോലെയോ ആയ ചിത്ര ലിപികൾ. മുദ്രകൾ അഥവാ സീലു കൾ ഭൂരിഭാഗവും ഒരുതരം മൃദുവായ കല്ലുകളാൽ നിർമ്മിതമാണ്. സീലുകളി ൽ ചിലത് ടെറാക്കോട്ട, സ്വർണ്ണം, വെണ്ണക്കല്ല്, ആനക്കൊമ്പ് മുതലായവ കൊ ണ്ടും നിർമ്മിച്ചിട്ടുണ്ട്. ഈ സീലുകൾ തീപ്പെട്ടിയോളം വലിപ്പമുള്ളവയാണ്. ഹാ രപ്പൻ നാഗരികതയിൽ സാധാരണ ഉപകരണങ്ങളിൽ ഭൂരിഭാഗവും കല്ലും ലോ ഹവും ഷെല്ലും കൊണ്ടാണ് നിർമ്മിച്ചിരുന്നത്. ചില ആഭരണങ്ങൾ, പാത്രങ്ങൾ, ഉപകരണങ്ങൾ, ആയുധങ്ങൾ എന്നിവ ചെമ്പും വെങ്കലവും കൊണ്ടു നിർമ്മിച്ച തായും കണ്ടെത്തിയിട്ടുണ്ട്. വ്യാപാരമായിരുന്നു ഇവരുടെ പ്രധാനതൊഴിൽ. അ തിനാൽ വിവിധ തരം മുദ്രകൾ വാണിജ്യ ആവശ്യങ്ങൾക്കായും ഉപയോഗിച്ചി

രിക്കാം. ചില മുദ്രകളിൽ അഥവാ സീലുകളിൽ ഒറ്റക്കൊമ്പുള്ള മൃഗത്തെ മുദ്ര ണം ചെയ്തതായി കാണാം. കൂടാതെ മുദ്രയുടെ മുകളിൽ എട്ട് ചിഹ്നങ്ങളുടെ നീണ്ട ലിഖിതവുമുണ്ട്. ചില മുദ്രകൾ ആഭരണങ്ങളായും ഉപയോഗിച്ചിരി ക്കാം. ചിലതിൽ ഗണിതശാസ്ത്രപരമായ ചിത്രങ്ങൾ കാണാം. വിദ്യാഭ്യാസ ആവശ്യ ത്തിന് ഉപയോഗിച്ചിരുന്നവയാകാം ഇവയെന്ന് കരുതപ്പെടുന്നു. കൂടുതൽ മു ദ്രകളിലും ഇരുവശത്തും എഴുത്തുണ്ട്. വലത്തുനിന്നും ഇടത്തോട്ട് എഴുതുന്ന ഖരോസ്തി ശൈലിയിലാണ് ഇതിലെ എഴുത്തുകൾ."

പുരാതന മനുഷ്യരുടെ ജനസംഖ്യാ ജനിതകശാസ്ത്ര പഠനത്തിന്
നേതൃത്വം നൽകിയ ഹാർവാഡ് യൂണിവേഴ്സിറ്റിയിലെ
ജനിതകശാസ്ത്രജ്ഞനായ പ്രൊ: ഡേവിഡ് റെയ്ക്.

"ഈ നഗര സംസ്ക്കാരത്തെ ഒന്നു കൂടി വിശദീകരിക്കാമോ"
"ഈ നാഗരികതയെപ്പറ്റി ഒന്നുകൂടി വിശദമാക്കാം. ഹാരാപ്പയിലെ നഗരാസൂ ത്രണം വളരെ മികച്ചതായിരുന്നു. കെട്ടിടങ്ങൾ നിർമ്മിക്കുന്നതിനുമുമ്പു തന്നെ റോഡുകളും വെള്ളമൊഴുകാനുള്ള ഓടകളും നിർമ്മിച്ചിരുന്നു. വളരെ ദൂരങ്ങളി ൽ വ്യാപിച്ചുകിടക്കുന്ന പല നഗരങ്ങളുടേയും നിർമ്മാണം സമാന രീതിയിലു ള്ളതാണ്. ചുട്ടെടുത്ത ഇഷ്ടിക ഉപയോഗിച്ച് ബഹുനില കെട്ടിടങ്ങൾ മാത്രമല്ല റോഡുകളും ഡ്രയിനേജുകയും നിർമ്മിച്ചിരുന്നുവെന്നതും ആശ്ചര്യകരമാണ്.

90 ഡിഗ്രിയിൽ തെരുവുകളെ പരസ്പരം ബന്ധിപ്പിച്ചിരുന്ന റോഡുകളുണ്ടായി രുന്നു. നഗരസംരക്ഷണത്തിന് നിർമ്മിച്ചിരുന്ന കോട്ടകളുടെ ഉൾഭാഗത്ത് സാ ധാരണ കട്ടകളും പുറംഭാഗങ്ങളിൽ ചുടുകട്ടയും പാകിയതായി കാണാം. എല്ലാ ഇഷ്ടികകളും നിർമ്മിച്ചിരിക്കുന്നത് ഒരേ അളവിലാണ് എന്നതാണ് വേറൊരു പ്രത്യേകത. 5000 വർഷത്തിനിപ്പുറം ജീവിക്കുന്ന, വർത്തമാന ജനതയിൽ അ സൂയ ജനിപ്പിക്കുന്ന രീതിയിലുള്ള അത്ഭുതകരമായ നഗരാസൂത്രണമാണിത്. എല്ലാ വീടുകളിലും കക്കൂസും കുളിമുറിയുമുണ്ടായിരുന്നു. തീപ്പെട്ടിയുടെ വലി പ്പത്തിലുള്ള സീലുകളിൽ ചിത്രങ്ങൾ പതിക്കാനും, അക്ഷരങ്ങളെഴുതി ഒരേ അ ളവിൽ നിർമ്മിക്കാനുമുള്ള സാങ്കേതിക പരിജ്ഞാനമുള്ളവരായിരുന്നു അവർ. ആയിരക്കണക്കിന് വർഷങ്ങൾക്കുശേഷവും അതിന്റെ തിളക്കം ഇന്നും നില നിൽക്കുന്നു. അവർ ഉപയോഗിച്ചിരുന്ന അളവ് പാത്രങ്ങളും സമാന നിലവാരം പുലർത്തുന്നവയാണ്. വളരെ ദൂരദേശങ്ങളായ ഇന്നത്തെ ഇറാക്ക്, കുവൈറ്റ്, തുർക്കി,സിറിയ എന്നീ രാജ്യങ്ങൾ ഉൾപ്പെടുന്ന മെസ്സപ്പൊട്ടാമിയ, ഈജിപ്ത് എ ന്നിവയുമായി വ്യാപാരബന്ധങ്ങൾ ഇവർക്കുണ്ടായിരുന്നു. സിന്ധു നദീതട സം സ്ക്കാരത്തിലെ ജനങ്ങൾ സാംസ്ക്കാരികമായി ഉയർന്ന നിലവാരം പുലർത്തി യവരും സമാധാനപ്രിയരുമായിരുന്നു. യുദ്ധത്തിന് ഉപയോഗിക്കുന്ന ഉപകരണ ങ്ങളൊന്നും ഇവിടെ നിന്നും കാര്യമായി കണ്ടെത്താൻ കഴിഞ്ഞിട്ടില്ല. നൃത്തം ചെയ്യുന്ന സ്ത്രീയുടെ പ്രതിമ കണ്ടെത്തിയിട്ടുണ്ട്. മതപരമായതും ആരാധന ക്കുവേണ്ടിയുള്ളതുമായ നിർമ്മിതികളൊന്നും ഇവിടെനിന്നും കണ്ടെത്തിയിട്ടി ല്ല. ചില സീലുകളിൽ ആൽമരത്തിന് കീഴെ ചമ്രം പടിഞ്ഞിരിക്കുന്ന ആൾരൂപം കാണാൻ കഴിഞ്ഞിട്ടുണ്ട്. വേറൊരു സീലിൽ കണ്ടെത്തിയ കാളയുടെ കൊമ്പു കൾ തലയിലേറ്റിയ മനുഷ്യരൂപത്തെ പശുപതി ശിവന്റെ ആദിരൂപമാണെന്നും അതല്ല ഏതെങ്കിലും ഗോത്രത്തലവന്റെ രൂപമായിരിക്കാമെന്നും അഭിപ്രായങ്ങ ളുണ്ട്. മണ്ണു കൊണ്ടുണ്ടാക്കിയ വ്യത്യസ്ത രൂപത്തിലുള്ള സ്ത്രീരൂപങ്ങൾ അ മ്മ ദൈവങ്ങമാണെന്ന് ചിലർ അഭിപ്രായപ്പെടുമ്പോൾ അങ്ങനെയല്ലെന്നാണ് പ ല ചരിത്രകാരന്മാരുടേയും അഭിപ്രായം. കാരണം ഈ സ്ത്രീരൂപങ്ങളെല്ലാം വ്യ ത്യസ്ത ആകൃതികളിലും വലിപ്പത്തിലുമാണ് കണ്ടെത്തിയിട്ടുള്ളത്. മാത്രമല്ല ഇ തിലധികവും അശ്രദ്ധമായാണ് നിർമ്മിച്ചിട്ടുള്ളത്. മാലിന്യങ്ങൾക്കൊപ്പം കൂട്ട മായി ഉപേക്ഷിച്ച നിലയിലാണ് ഇവയെല്ലാം കണ്ടെത്തിയത്. അതിനാൽ അത് കുട്ടികളുടെ കളിപ്പാട്ടങ്ങളായിരിക്കാമെന്നും അനുമാനിക്കുന്നു. എന്നാൽ ഇവ ർ മരണത്തിനു ശേഷമുള്ള ജീവിതത്തെ പറ്റി ആശങ്കയുള്ളവരായിരിക്കണം. ഇ വിടങ്ങളിൽ നിന്നും കണ്ടെത്തിയ അസ്ഥികൂടങ്ങളിൽ ചിലതിനൊപ്പം ഭക്ഷ്യവ സ്തുക്കളുടെ അവശിഷ്ടങ്ങളും മൺകുടങ്ങൾ, താലങ്ങൾ, ചെമ്പുകൊണ്ടുള്ള കണ്ണാടികൾ എന്നിവയും കണ്ടെത്തിയിരുന്നു. എന്നാൽ മെസ്സപ്പൊട്ടാമിയയിലെ

പോലെ വില കൂടിയ വസ്തുക്കൾ ശവശരീരത്തിനോടൊപ്പം അടക്കം ചെയ്ത തായി ഇവിടെ കണ്ടെത്താൻ കഴിഞ്ഞിട്ടില്ല."

"വ്യാപാരമായിരുന്നല്ലോ ഇവരുടെ പ്രധാന വരുമാനമാർഗ്ഗം. മറ്റ് തൊഴിലുക ൾ എന്തൊക്കെയായിരുന്നു?"

"ഇവരുടെ പ്രധാന ഉപജീവനമാർഗ്ഗം കച്ചവടത്തിനോടൊപ്പം കാലി വളർത്ത ൽ, കൃഷി, മൺപാത്ര നിർമ്മാണം, ശില്പങ്ങൾ, മരളുരുപ്പടികളുടെ കയറ്റുമതി, ഇ ഷ്ടിക നിർമ്മാണം എന്നിവയാണ്. വളരെ വിദഗ്ധമായി നിർമ്മിച്ച കല്ലുമാലക ൾ ഇവിടെ നിന്നും കണ്ടെത്തിയിട്ടുണ്ട്. ചെമ്പ്, ഓട്, കല്ല് എന്നിവ കൊണ്ടുനിർ മ്മിച്ച പണിയായുധങ്ങൾ ഉണ്ടായിരുന്നു. സ്വർണ്ണവും വെള്ളിയും ഇവർ ഉപ യോഗിച്ചിരുന്നു. പ്രധാന വ്യാപാര സാധനങ്ങൾ കല്ല്, ലോഹം, ശംഖ്, ധാന്യങ്ങ ൾ എന്നിവയാണ്."

"എല്ലാവരും നഗരത്തിൽ ജീവിക്കുമ്പോൾ അക്കാലത്ത് ഗ്രാമീണ ജനത ഉ ണ്ടായിട്ടുണ്ടാവില്ലേ?"

"തീർച്ചയായും ഉണ്ടായിരിക്കണം. നഗരങ്ങളിൽ പ്രധാനമായും വ്യാപാരവും വ്യവസായവുമായിരിക്കുമല്ലോ ജനങ്ങളുടെ ഉപജീവനമാർഗ്ഗം. ധാന്യങ്ങളും മ റ്റും ഉൽപാദിപ്പിക്കുന്നത് ഗ്രാമങ്ങളിലാണല്ലോ. അതുകൊണ്ടുതന്നെ നഗരത്തി ന് പുറത്ത് ഗ്രാമജീവിതം നയിച്ചിരുന്ന ജനവിഭാഗവും ഉണ്ടായിരിക്കും".

"ഇത്രയും വലിയ പ്രദേശത്ത് ഒരേ രീതിയിലുള്ള തൂക്കങ്ങളും അളവുകളും നഗരാസൂത്രണവും ഉണ്ടാകുമ്പോൾ ഭരണകർത്താക്കൾ ഉണ്ടാവില്ലേ മുത്തശ്ശീ?"

"ശരിയാണ്. എന്നാൽ ഭരണത്തെപ്പറ്റിയുള്ള വ്യക്തമായ വിവരങ്ങൾ ലഭ്യമല്ല. സീലുകളിലെ എഴുത്തുകളുടെ അർത്ഥം മനസ്സിലാകുന്നതോടെ ഇത്തരം ചോ ദ്യങ്ങൾക്കുള്ള ഉത്തരമാകും. മെസ്സപ്പൊട്ടാമിയയിലെ പോലെ വലിയ കൊട്ടാര ങ്ങൾ കണ്ടെത്തിയിട്ടില്ലെങ്കിലും വലിപ്പ ചെറുപ്പമുള്ള വാസസ്ഥലങ്ങളിൽ നി ന്നും വ്യത്യസ്ത ജീവിത നിലവാരമുള്ളവർ ഉണ്ടായിരിക്കാമെന്ന് അനുമാനിക്കാം. ഭരണകർത്താക്കൾ ഉണ്ടെങ്കിൽ തന്നെ അവർ സാധാരണ ജനങ്ങളിൽ നിന്നും കൂടുതൽ അകന്ന് നിൽക്കുന്നവരായിരിക്കില്ല. ഏകദേശം രണ്ടായിരം വർഷക്കാ ലം നീണ്ടുനിന്ന ഒരു നഗരസംസ്ക്കാരമായിരുന്നു ഇതെന്ന് കൂടി ഓർക്കണം."

"സമാധാനപരമായി ജീവിച്ചിരുന്ന ജനതയുള്ള ഈ നഗരങ്ങൾ ഇല്ലാതായത് എങ്ങനെയാണ് മുത്തശ്ശീ?."

"ഇതിൽ പല അഭിപ്രായങ്ങളുണ്ട്. ബി.സി.ഇ 2600 മുതൽ ബി.സി.ഇ 1900- വരെ ഏകദേശം 700 വർഷക്കാലമാണ് ഇതിന്റെ സുവർണ്ണകാലമെന്നറിയപ്പെ ടുന്നത്. പിന്നീട് അതിന്റെ വളർച്ച കുറഞ്ഞുവന്നുവെന്ന് വേണം കരുതാൻ. കാ ലാവസ്ഥയിൽ വന്ന മാറ്റമാണ് പ്രധാന ഒരു കാരണമായി പറയുന്നത്. ഇത്രയും വലിയ പ്രദേശത്തെ നിർമ്മിതികൾ പ്രധാനമായും ചുടുകട്ടകൾ ഉപയോഗിച്ചാ

യിരുന്നുവല്ലോ. അത് അക്കാലത്തെ വലിയൊരു വ്യവസായം കൂടിയായിരിക്ക
ണം. ചുടുകട്ടകൾക്കുവേണ്ടി തീയുണ്ടാകാൻ വലിയ തോതിൽ മരങ്ങൾ നശിപ്പി
ക്കപ്പെട്ടിട്ടുണ്ടാകാം. അതിന്റെ ഫലമായുണ്ടായ കാലാവസ്ഥയിലെ വ്യതിയാനം
പൊതുവെ വരൾച്ചക്ക് കാരണമായിരിക്കാം. ഇതേകാലത്ത് ഉണ്ടായിരുന്ന മെസ്സെ
പ്പൊട്ടാമിയ, ഈജിപ്ത് തുടങ്ങിയ സംസ്ക്കാരങ്ങളുമായും മറ്റും വ്യാപാരത്തി
ലും ഇവർ ഏർപ്പെട്ടിരുന്നുവല്ലോ. പൊതുവെയുണ്ടായ വ്യാപാര പ്രശ്നങ്ങളും ഒ
രു കാരണമായിരിക്കാം. ആ നദീതടസംസ്കാരങ്ങളും പിന്നീട് ഇല്ലാതായതായി
കാണാം."

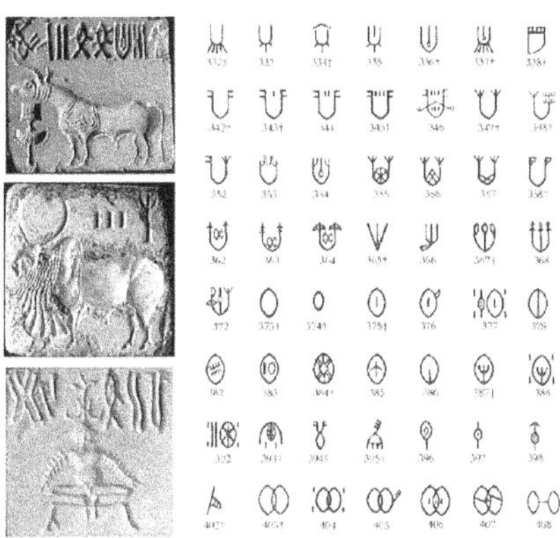

ധോലവീരയിൽ കണ്ടെത്തിയ സിന്ധു ലിപി ചിഹ്നങ്ങൾ

"ഇതാണോ മുത്തശ്ശീ ഈ മേഖലയിലെ ആദ്യ നഗരസംസ്ക്കാരം?."

"ഇതുവരെ കിട്ടിയ തെളിവനുസരിച്ച് സിന്ധുനദീതട സംസ്ക്കാരം തന്നെ
യാണ് ഈ മേഖലയിലെ ആദ്യ നഗരകേന്ദ്രീകൃത സംസ്ക്കാരമെന്ന് പറയാം.
എന്നാൽ ഏകദേശം 9000 വർഷങ്ങൾക്കും മുമ്പ് ഇന്നത്തെ പാക്കിസ്ഥാനിലു
ള്ള ബലൂചിസ്ഥാനിലെ മെഹർഗെഡിൽ ഗോതമ്പ്, ബാർലി എന്നിവ കൃഷി ചെ
യ്ത്, ആടുകളേയും ചെമ്മരിയാടുകളേയും വളർത്തി ജീവിച്ചിരുന്ന ഗ്രാമജീവി
തത്തിന്റെ അവശിഷ്ടങ്ങൾ കണ്ടെത്തിയിട്ടുണ്ട്. സാധാരണ മൺകട്ടകൾ ഉപ
യോഗിച്ചായിരുന്നു ഇവർ വീടുകൾ നിർമ്മിച്ചിരുന്നത്. ഇത്തരം മൺകട്ടകൾ ന
മ്മുടെ നാട്ടിലും അടുത്ത കാലംവരെ വ്യാപകമായി ഉപയോഗിച്ചിരുന്നു."

"അങ്ങനെയെങ്കിൽ ഇവരായിരിക്കില്ലേ മുത്തശ്ശീ പിന്നീട് ഹാരപ്പൻ നാഗരിക
ത ഉണ്ടാക്കിയത്?."

"അങ്ങനെ കരുതാമെങ്കിലും ജനിതകശാസ്ത്രപരമായി അതിന് തെളിവില്ല. സിന്ധുനദീതട സംസ്ക്കാരമുണ്ടാക്കിയ ജനത നമ്മൾ മുമ്പു പറഞ്ഞതുപോലെ 70,000 വർഷത്തിനും 16,000 വർഷങ്ങൾക്കുമിടയിൽ പല ഘട്ടങ്ങളിലായി ആ ഫ്രിക്കയിൽ നിന്നും നേരിട്ടെത്തിയവരുടെ പിൻതലമുറയും ഏകദേശം 9000 മു തൽ 5000വർഷത്തിനിടയിൽ ഇന്നത്തെ ഇറാനിലെ സൈഗ്രോസ് മലനിരകളി ൽ നിന്നും വന്ന ജനതയയും കൂടിച്ചേർന്നവരുണ്ടാക്കിയ സംസ്ക്കാരമാണ് എന്ന താണ് നിലവിലെ തെളിവുകൾ. അതായത് 'ആര്യന്മാർ' ഇന്ത്യയിൽ വരുന്നതി ന് മുമ്പ് തന്നെ ഇന്ത്യക്കാർ ഉയർന്ന നിലവാരമുള്ള സംസ്കാരത്തിന്റെ ഉടമക ളായിരുന്നുവെന്ന് ഇതിൽ നിന്നും മനസ്സിലായിക്കാണുമല്ലോ".

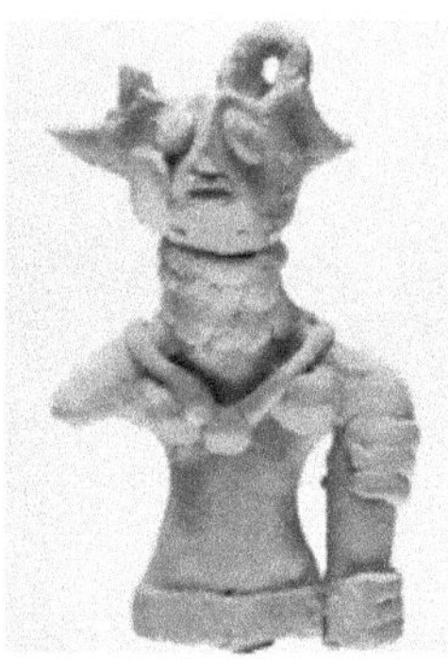

ഹാരപ്പയിൽ നിന്നുള്ള കളിപ്പാട്ട മോഡലുകൾ

മോഹൻജോ-ദാരോയിലെ, മൃദുവായ കല്ലിൽ കൊത്തിയ പ്രതിമയും ഒരു സീലിൽ കണ്ടെത്തിയ മൃഗങ്ങളാൽ ചുറ്റപ്പെട്ട, തലയിൽ മൃഗത്തിന്റെ കൊമ്പുള്ള, മനുഷ്യരൂപവും

7

ആര്യന്മാരും ദാസന്മാരും

"ഈ ആര്യന്മാരുടെ കുടിയേറ്റം, വേദിക് കാലഘട്ടമെന്നൊക്കെ പറഞ്ഞാലെ ന്താണ് മുത്തശ്ശി?"

"ബി.സി.ഇ 1900-ലെ സിന്ധുനദീതടസംസ്കാരത്തിന്റെ തകർച്ചക്കുശേഷം, ബി.സി.ഇ 1500-ഓടെ ഒരു കൂട്ടം ഇടയന്മാരായ ഗോത്രജനത മദ്ധ്യേഷ്യയിൽ നിന്നും ഇന്ത്യയിലെത്തി. അഫ്ഘാനിസ്ഥാനിലൂടെ ഇന്ത്യൻ ഉപഭൂഖണ്ഡത്തി ലെ വടക്ക്-പടിഞ്ഞാറൻ ഇന്ത്യയിലാണ് അവർ ആദ്യമെത്തിയത്. പല ഘട്ടങ്ങ ളായാണ് ഇവരുടേയും കുടിയേറ്റം നടന്നത്. കാലിമേയ്ക്കലായിരുന്നു പ്രധാന തൊഴിലെങ്കിലും കുതിരകളും കുതിരകളെ കെട്ടിയ തേരും ഇവരുടെ സഹ യാ ത്രികരായിരുന്നു. ഈ ഇടയ വിഭാഗത്തിന്റെ കുടിയേറ്റമാണ് ആര്യന്മാരുടെ കു ടിയേറ്റമെന്ന് അറിയപ്പെട്ടത്. തൊലി വെളുപ്പുള്ള ഇവർ ഇവിടെയുണ്ടായിരുന്ന മറ്റു ജനവിഭാഗങ്ങളേക്കാൾ ശ്രേഷ്ഠരും വ്യത്യസ്തരുമാണെന്ന അർത്ഥത്തിൽ സ്വയം ആര്യന്മാരെന്ന് അഭിസംബോധന ചെയ്തു. എന്നാൽ ഈ വിഭാഗത്തേ ക്കാൾ ഉയർന്നതും മഹത്തരവുമായ സിന്ധുനദീതട സംസ്ക്കാരം അതിനുമു മ്പുതന്നെ ഇന്ത്യയിൽ ഉണ്ടായിരുന്നുവെന്ന് കണ്ടെത്തിയതോടെ ആര്യന്മാർ എ ന്ന വാക്ക് അർത്ഥശൂന്യമായി.

വേദങ്ങൾ എഴുതിയെന്ന് കരുതപ്പെടുന്ന കാലഘട്ടത്തെയാണ് വേദകാലമെ ന്നു വിളിക്കുന്നത്. ഇതിനെ പ്രധാനമായും രണ്ട് ഭാഗമായി തിരിക്കാം. ബി.സി. ഇ 1500 മുതൽ 1100-വരെയുള്ള ആദ്യ പകുതിയും ശേഷം ബി.സി.ഇ 500 വ രെയുള്ള രണ്ടാം പകുതിയും. ഈ കാലയളവിൽ രചിക്കപ്പെട്ട ഋഗ്വേദം, യജുർ വേദം, സാമവേദം, അഥർവവേദം എന്ന നാലു വേദങ്ങളും ബ്രാഹ്മണ പ്രത്യയ ശാസ്ത്രത്തിന്റെ അടിസ്ഥാന ആരാധനാക്രമങ്ങൾ ഉൾക്കൊള്ളുന്നവയാണ്."

"വേദകാലത്തെ മനുഷ്യരുടെ ജീവിതത്തേപറ്റി എങ്ങനെയാണറിയുന്നത്?, ഏത് രീതിയിലായിരുന്നു അവരുടെ സാമൂഹ്യ ക്രമം?"

"ആദ്യ വേദകാലഘട്ടത്തെപ്പറ്റിയുള്ള സൂചനകൾ ലഭിക്കുന്നത് പ്രാകൃത സം സ്കൃതത്തിൽ രചിക്കപ്പെട്ട ഋഗ്വേദത്തിൽ നിന്നുമാണ്. കൃഷിക്ക് പ്രാധാന്യം കൊടുക്കാതിരുന്ന നാടോടികളായ ഇവർ പല ഗോത്രങ്ങളായാണ് അറിയപ്പെട്ടി രുന്നത്. ഇവരുടെ അടിസ്ഥാന സാമൂഹ്യഘടകം കുലമായിരുന്നു. പല കുല ങ്ങൾ ചേർന്ന് ഗ്രാമിക അല്ലെങ്കിൽ ഗ്രാമവും. പല ഗ്രാമങ്ങൾ ചേർന്നതാണ് ജന അല്ലെങ്കിൽ ഗോത്രം. ഇത്തരത്തിലായിരുന്നു ഇവരുടെ സാമൂഹ്യ ഘടന. ഗോ ത്രത്തിന്റെ തലവനെ ഗോസംരക്ഷകൻ എന്ന അർത്ഥത്തിൽ ഗോപതിയെന്നാ ണ് വിളിച്ചിരുന്നത്. ഗോത്രത്തലവനെ അല്ലെങ്കിൽ രാജാവിനെ ഭരണത്തിൽ സ ഹായിക്കാൻ സഭകളും സമിതികളുമുണ്ടായിരുന്നു. സഭയെന്നാൽ തിരഞ്ഞെടു ക്കപ്പെട്ട നേതാക്കളുടെ കൂട്ടവും സമിതിയെന്നാൽ ഗോത്രജനത മുഴുവൻ ഉൾ ക്കൊള്ളുന്നവരുടെ കൂട്ടവും. പ്രധാന തീരുമാനങ്ങളിൽ ഇവ രണ്ടിന്റേയും അ നുമതി ആവശ്യമായിരുന്നു. വെങ്കലവും ഇരുമ്പും ഇവർക്കന്യമായിരുന്നു. ക ല്ലുകൊണ്ടുള്ള ആയുധങ്ങളായിരുന്നു കൂടുതൽ ഉപയോഗിച്ചിരുന്നത്. നാണയ ങ്ങൾക്കു പകരം കന്നുകാലികളെവെച്ചുള്ള ബാർട്ടർ രീതിയിലാണ് കൊടുക്കൽ വാങ്ങൽ. ഗോസംരക്ഷണത്തിന്റെ പ്രതിഫലമായി രാജാവിനു നൽകുന്ന നികു തിയെ ബാലിയെന്ന് വിളിക്കുന്നു. ഇതിൽ ഒരു ഭാഗം, ജനങ്ങൾക്കും ദൈവത്തി നും ഇടനിലക്കാരായി പ്രവർത്തിച്ചിരുന്ന പുരോഹിതന്മാർക്കും നൽകിയിരു ന്നു. ഈ ആദ്യ കാലഘട്ടത്തിൽ ഇവരുടെ ഇടയിൽ ശൈശവ വിവാഹമോ സ തി സമ്പ്രദായമോ ഉണ്ടായിരുന്നില്ല. സ്ത്രീകൾക്ക് ഭർത്താക്കന്മാരെ തിരഞ്ഞെ ടുക്കാനുള്ള സ്വാത്രന്ത്ര്യമുണ്ടായിരുന്നു. ഇന്ദ്രൻ, അഗ്നി, വരുണൻ, യമൻ എ ന്നീ പ്രകൃതി ശക്തികളായ ദേവന്മാരേയാണ് ഇവർ ആരാധിച്ചിരുന്നത്. ഋഗ്വേദ മെന്നാൽ ഈ ദേവന്മാരെ പ്രീതിപ്പെടുത്താനുള്ള ശ്ലോകങ്ങളാണ്. ഋഗ്വേദത്തി ൽ ആര്യന്മാരെന്ന് വിളിച്ചിരുന്ന വിവിധ ഗോത്രങ്ങൾ തമ്മിലുള്ള സൈനിക സം ഘട്ടനങ്ങളുടെ വിവരണങ്ങളുമുണ്ട്. ദേവപ്രീതിക്കായി ഇവർ യാഗങ്ങൾ നട ത്തിയിരുന്നു. പ്രോട്ടോ-ഇന്തോയൂറോപ്യൻ, ഇന്തോ-ഇറാനിയൻ മതങ്ങളുമായി അടുത്ത ബന്ധമുള്ളതായിരുന്നു ഇവരുടെ മതവിശ്വാസങ്ങൾ. ആര്യരും ദാസ ന്മാരും ദസ്യുമാരും തമ്മിലുള്ള സംഘർഷങ്ങളുടെ വിവരണങ്ങളും ഋഗ്വേദത്തി ൽ കാണാം. ആ കാലത്ത് ദാസന്മാർ അല്ലെങ്കിൽ ദസ്യുംമാർ ഇവരുടെ എതിരാ ളികളായിരുന്നു. ഇവരെ ചിലയിടങ്ങളിൽ അസുരന്മാരായും ചിത്രീകരിക്കുന്നു ണ്ട്. ദാസന്മാർ അല്ലെങ്കിൽ അസുരന്മാർ എന്നത് ആര്യന്മാരുടെ ആഗമനത്തി ന് മുമ്പ് ദക്ഷിണേഷ്യയിൽ ജീവിച്ചിരുന്ന തദ്ദേശവാസികളാകാമെന്ന് പ്രശസ്ത ഭാഷാപണ്ഡിതനായ മാക്സ് മുള്ളർ അഭിപ്രായപ്പെടുന്നു. എന്നാൽ ജർമ്മൻ-അമേരിക്കൻ ഭാഷാപണ്ഡിതനായ മൈക്കൽ വിറ്റ്സെൽ, 1995-ൽ എഴുതിയ ഇ ന്തോ-ഇറാനിയൻ ഗ്രന്ഥങ്ങളെക്കുറിച്ചുള്ള തന്റെ അവലോകനത്തിൽ, വേദ

സാഹിത്യത്തിലെ ദാസ ഒരു വടക്കൻ ഇറാനിയൻ ഗോത്രത്തെ പ്രതിനിധീകരി ക്കുന്നതാണെന്നും അവർ വൈദിക ആര്യന്മാരുടെ ശത്രുക്കളാണെന്നും അഭി പ്രായപ്പെടുന്നു. ദാസ്-യു എന്നാൽ "ശത്രു, വിദേശി" എന്നാണർത്ഥം. പിടിക്ക പ്പെട്ടാൽ ഈ ശത്രുക്കൾ പ്രത്യക്ഷത്തിൽ അടിമകളാകുമായിരുന്നുവെന്നും അ ദ്ദേഹം കുറിക്കുന്നു. എന്തുതന്നെയായാലും യാഗങ്ങൾ അനുഷ്ഠിക്കാത്തവരും ദേവന്മാരുടെ കൽപ്പനകൾ അനുസരിക്കാത്തവരുമായ ശത്രുവിഭാഗമായാണ് ഇ വരെ വൈദിക ഗോത്രക്കാർ കണ്ടിരുന്നത്."

"എപ്പോഴാണിവർ ഗംഗ-യമുന സമതല പ്രദേശങ്ങളിൽ ആധിപത്യം സ്ഥാപിച്ചത്?"

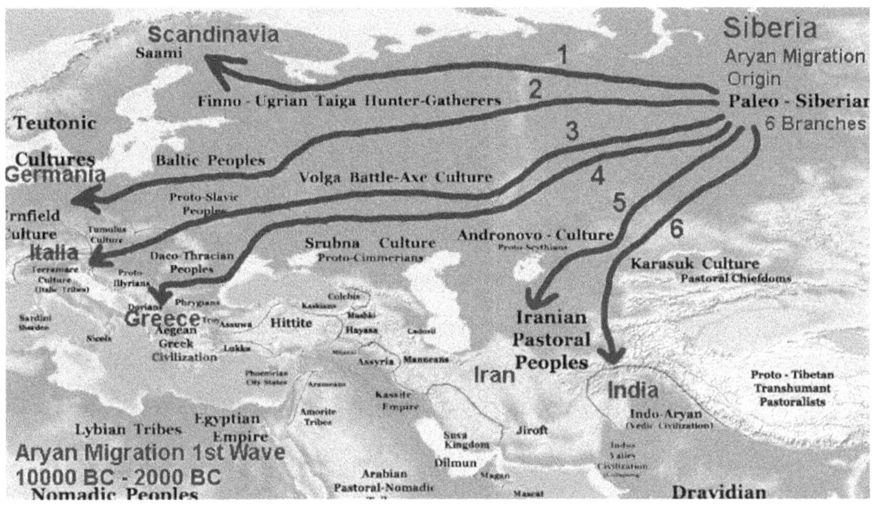

സ്റ്റെപ്പ് മേഖലയിൽ നിന്നുള്ള കുടിയേറ്റം

"പറയാം, ബി.സി.ഇ 1000-മാണ്ടോടുകൂടി ഇരുമ്പ്, മഴു, കലപ്പ എന്നിവയു ടെ ഉപയോഗം വ്യാപകമാവുകയും കാടുകൾ അനായാസം വെട്ടിത്തെളിക്കുക യും ചെയ്തു. ഇത് വൈദിക ആര്യന്മാർക്ക് ഗംഗ-യമുന നദികളുടെ പടിഞ്ഞാറ ൻ പ്രദേശത്തേക്ക് തങ്ങളുടെ വാസസ്ഥലങ്ങൾ വ്യാപിപ്പിക്കാൻ സഹായകരമാ യി. ഈ കാലമായപ്പോഴേക്കും കൃഷി വ്യാപകമായി. ഭൂമിക്ക് പ്രാധാന്യം വർദ്ധി ച്ചു. പഴയ ഗോത്രങ്ങളിൽ പലതും കൂടിച്ചേർന്ന് വലിയ രാഷ്ട്രീയ യൂണിറ്റുകൾ അഥവാ ജനപദങ്ങൾ ഉണ്ടായി."

"സമിതികളും സഭകളും ഉണ്ടായിരുന്ന ജനാധിപത്യ ക്രമത്തിൽ നിന്നും എ ങ്ങനെയാണിവർ പിന്തിരിപ്പനായ ചാതുർവർണ്യത്തിലെത്തിയത്?"

"കുരുരാജ്യത്തിന്റെ ആവിർഭാവത്തോടെയാണ് വൈദികമതം കൂടുതൽ വികസിച്ചത്. അതിന്റെ മതപരമായ സാഹിത്യം ചിട്ടപ്പെടുത്തുകയും ബ്രാഹ്മണ ആചാരം വികസിപ്പിക്കുകയും ചെയ്തു. ഈ കാലഘട്ടത്തിലാണ് ചാതുർവർണ്ണ സമ്പ്രദായം ഉയർന്നുവന്നത്. എന്നാൽ ഈ കാലത്ത് തൊട്ടുകൂടായ്മ ഉണ്ടായിരുന്നില്ല. വിദ്യാഭ്യാസം ഉയർന്ന വർണ്ണത്തിൽ പെട്ട ആൺകുട്ടികൾക്ക് മാത്രമായി. ബാല വിവാഹവും സതിയും നിലവിൽ വന്നു. മറ്റു മൂന്ന് വേദങ്ങളും ആദ്യ കാല ഉപനിഷത്തുകളും എഴുതപ്പെട്ടു. ക്ലാസ്സിക്കൽ സംസ്കൃതത്തിന്റെ തുടക്കവും ഈ കാലത്താണ്. ഭരണ രംഗത്ത് സമിതികൾ അപ്രസക്തമാകുകയും സഭകൾക്ക് കൂടുതൽ പ്രാധാന്യം കൈവരികയും ചെയ്തു. ഈ കാലഘട്ടമായപ്പോഴേക്കും ആദ്യകാലത്തെ ഇന്ദ്രൻ, അഗ്നി, വരുണൻ മുതലായ ദൈവങ്ങൾക്ക് പ്രാധാന്യമില്ലാതാകുകയും പ്രജാപതി, വിഷ്ണു, രുദ്ര തുടങ്ങിയ ദൈവസങ്കൽപ്പങ്ങൾ ഉയർന്നുവരികയും ചെയ്തു. ഇതേകാലത്താണ് വേദങ്ങളെ തള്ളിപ്പറഞ്ഞ ചാർവാകം, ആജീവികം, ബുദ്ധമതം, ജൈനമതം തുടങ്ങിയ പ്രസ്ഥാനങ്ങളും ഉയർന്നു വന്നത്. ബി.സി.ഇ 500-മാണ്ട് ആയപ്പോഴേക്കും മഹാ ജനപദങ്ങൾ രൂപപ്പെടുകയും വേദിക് ബ്രാഹ്മണരുടെ ശക്തി ക്ഷയിക്കുകയും ചെയ്തു. വേദങ്ങളുടെ ഒരു പ്രധാന പ്രത്യേകത അത് വാമൊഴിയായി പല തലമുറകളിൽ കൂടി കൈമാറി വന്നു എന്നതാണ്. ഒരോ വേദത്തിന്റേയും പേരിൽ വടക്കേ ഇന്ത്യയിൽ ദ്വിവേദി, ത്രിവേദി, ചതുർവേദി തുടങ്ങിയ ബ്രാഹ്മണരുടേതായ ജാതിവിഭാഗങ്ങൾ ഇപ്പോഴും നിലവിലുണ്ട്. വാമൊഴിയായി നൂറ്റാണ്ടുകളോളം ചൊല്ലി പലരിലൂടെയും കൈമാറി വന്നതുകൊണ്ടായിരിക്കണം വേദങ്ങളിലെ വരികൾക്ക് ഘടനാപരമായ സൗന്ദര്യം കൈവന്നത്.''

"ഈ ചാർവാകം, ആജീവികം എന്നിവ എന്താണെന്ന് വിവരിക്കുമോ മുത്ത ശ്രീ?"

"ജൈനമതത്തിന്റേയും ബുദ്ധമതത്തിന്റേയും ആജീവികം, ചാർവാകം തുടങ്ങിയ ചിന്താധാരകളുടേയും ഉത്ഭവം വൈദിക മതത്തെ എതിർത്തുകൊണ്ടായിരുന്നു. ജൈന, ബുദ്ധമതങ്ങൾ ബ്രാഹ്മണ മേൽക്കോയ്മയെ പൂർണ്ണമായും നിരാകരിക്കുകയും ക്ഷത്രിയരെ സമൂഹത്തിന്റെ ഉയർന്ന ശ്രേണിയിൽ പ്രതിഷ്ഠിക്കുകയും ചെയ്തു. സന്യാസം, മോക്ഷം, ധ്യാനം, തുടങ്ങിയ ആത്മീയമായ അന്വേഷണത്തിലായിരുന്നു ഇവരെങ്കിൽ ചാർവാകന്മാരും ആജീവികരും യുക്തിചിന്തകരായ നാസ്തികരായിരുന്നു. ലോകായത എന്നറിയപ്പെടുന്ന ചാർവാക ചിന്ത ഇന്ത്യൻ മാനവിക ഭൗതികവാദത്തിന്റെ ഒരു പുരാതന പഠന ശാഖയാണ്. ലോകായത എന്നാൽ ജനപ്രീതിയെന്നാണ് അർത്ഥം. വിജ്ഞാനത്തിന്റെ ശരിയായ സ്രോതസ്സുകളായി ചാർവാകർ കണ്ടിരുന്നത് നേരിട്ടുള്ള അറിവും, അനുഭവങ്ങളും, അതിൽ നിന്നുള്ള അനുമാനങ്ങളുമാണ്. ദാർശനികപരമായി യു

ക്തിവാദം സ്വീകരിക്കുകയും ആചാരാനുഷ്ഠാനങ്ങളേയും അമാനുഷികതയേ
യും നിരാകരിക്കുകയും ചെയ്തിരുന്ന ഒരു ജനകീയ വിശ്വാസരീതിയായിരുന്നു
ഇത്. തത്ത്വചിന്തകനായ ബൃഹസ്പതിയാണ് ചാർവാക അല്ലെങ്കിൽ ലോകായ
ത തത്ത്വചിന്തയുടെ സ്ഥാപകനായി അറിയപ്പെടുന്നത്. ബുദ്ധന്റേയും മഹാ
വീരന്റേയും സമകാലികനായിരുന്ന അജിതകേശകംബാലിയെയാണ് ഇന്ത്യൻ
ഭൗതികവാദത്തിന്റെ അറിയപ്പെടുന്ന ആദ്യത്തെ വാക്താവായും ചാർവാക പാഠ
ശാലയുടെ മുൻഗാമിയായും കണക്കാക്കുന്നത്.

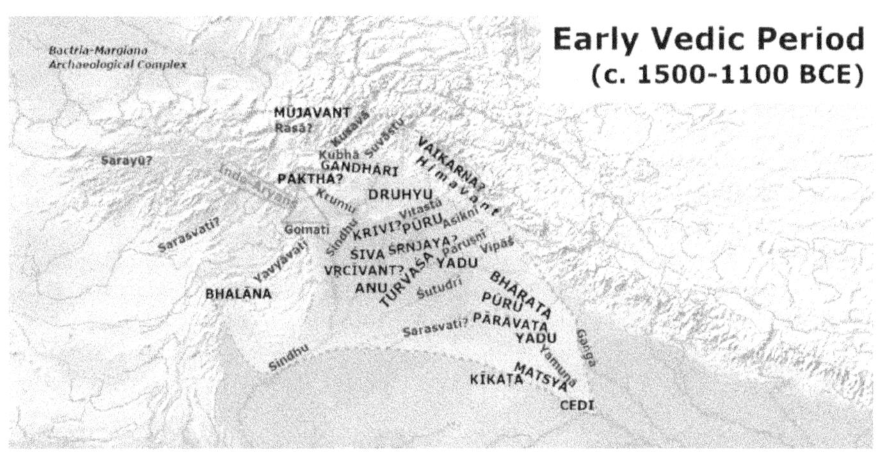

ബി.സി.ഇ അഞ്ചാംനൂറ്റാണ്ടിൽ ഗൗതമബുദ്ധൻ ബുദ്ധമതം സ്ഥാപിക്കുക
യും പാർശ്വനാഥൻ ജൈനമതം പുനഃസംഘടിപ്പിക്കുകയും ചെയ്തപ്പോൾ,
ചാർവാക ദർശനം സജീവമാകുകയും ഇരുമതങ്ങളും ഇതിനെ എതിർക്കുകയും
ചെയ്തു. ചാർവാകത്തിന്റെ പ്രാഥമിക സാഹിത്യമായ ബർഹസ്പത്യ സൂത്ര
ങ്ങളിൽ ഭൂരിഭാഗവും നഷ്ടപ്പെട്ടു. അതിനെപ്പറ്റിയുള്ള വിവരങ്ങൾ ശാസ്ത്രങ്ങ
ൾ, സൂത്രങ്ങൾ, ഇന്ത്യൻ ഇതിഹാസകാവ്യങ്ങൾ, ഗൗതമബുദ്ധന്റെ സംഭാഷണ
ങ്ങളിൽ, ജൈനസാഹിത്യങ്ങൾ മുതലായവയിൽ നിന്നുമാണ് ഇപ്പോൾ അറിയാ
ൻ കഴിയുന്നത്."

"ചാർവാക ദർശനത്തെ പറ്റി കൂടുതൽ വിവരിക്കാമോ മുത്തശ്ശി."

"ചാർവാക തത്ത്വചിന്തയനുസരിച്ച് ദൈവമോ, പുനർജന്മമോ, കർമ്മമോ, പു
ണ്യത്തിന്റെ ഫലങ്ങളോ, പാപമോയില്ല. സർവസിദ്ധാന്തസംഗ്രഹ പ്രകാരം ചാർ
വാകന്മാർ പറയുന്നത്, ഇതല്ലാതെ മറ്റൊരുലോകമില്ല. സ്വർഗ്ഗവും നരകവുമില്ല;
ശിവന്റെ മണ്ഡലവും അതുപോലെയുള്ള പ്രദേശങ്ങളും മണ്ടത്തരങ്ങൾ കെട്ടി

ച്ചമച്ചതാണ്. തപസ്സിനേയും ഉപവാസത്തേയും ഇവർ തള്ളിപ്പറയുന്നു. മരണാ
നന്തര ജീവിതം, പുനർജന്മം, ചാക്രിക ജീവിതം, കർമ്മഫലം, മതപരമായ ആ
ചാരങ്ങൾ എന്നിങ്ങനെയുള്ള ഹിന്ദുക്കൾ, ബുദ്ധമതക്കാർ, ജൈനർ, ആജീവക
ർ എന്നിവരുടെ അടിസ്ഥാന മത സങ്കൽപ്പങ്ങളിൽ പലതും ചാർവാകർ നിരസി
ച്ചു. വേദങ്ങളേയും ബുദ്ധമത ഗ്രന്ഥങ്ങളേയും അവർ വിമർശിച്ചു. പുരോഹിത
ന്മാരുടെ ഉപജീവന മാർഗ്ഗം എന്ന പ്രയോജനം മാത്രമേ വേദങ്ങൾക്കുള്ളുവെ
ന്നും അ വ പരസ്പരം പൊരുത്തമില്ലാത്ത അമിതപ്രശംസയുള്ള കാവ്യം മാത്ര
മാണെന്നും ചാർവാകർ പ്രഖ്യാപിച്ചു. വേദങ്ങൾ മനുഷ്യൻ കണ്ടു പിടിച്ചതാ
ണെന്നും അതിന് ദൈവികഅധികാരമില്ലെന്നും അവർവിശ്വസിച്ചിരുന്നു. ജൈ
ന പണ്ഡിതനായ ഹരിഭദ്രൻ തന്റെ ഗ്രന്ഥമായ സദ്ദർശനസമുച്ചയത്തിന്റെ അ
വസാന ഭാഗത്തിൽ ബുദ്ധമതം, ന്യായ-വൈശേഷികം, സാംഖ്യം, ജൈനമതം
എന്നിവക്കൊ പ്പം ഇന്ത്യൻ പാരമ്പര്യങ്ങളിലെ ആറ് ദർശനങ്ങളുടെ പട്ടികയിൽ
ചാർവാകവും ഉൾപ്പെടുത്തിയിട്ടുണ്ട്. ഇന്ദ്രിയങ്ങൾക്ക് അതീതമായി ഒന്നുമില്ലെ
ന്നും ബോധം ഉ യർന്നുവരുന്ന സ്വത്താണെന്നും കാണാൻ കഴിയാത്തത് അന്വേ
ഷിക്കുന്നതു വിഡ്ഢിത്തമാണെന്നും ചാർവാകന്മാർ വാദിക്കുന്നുവെന്നും ഹരിഭ
ദ്രൻ രേഖപ്പെടുത്തുന്നു."

"ദൈവ നിഷേധികളായതുകൊണ്ട് തന്നെ ഭാരതീയ പുരാണ കഥകളിലൊ
ന്നും ചാർവാകന്മാർ ഉണ്ടാവില്ല അല്ലേ, മുത്തശ്ശി?"

"ഇതിഹാസമായ മഹാഭാരതത്തിൽ ഒരു സന്ദർഭത്തിൽ ചാർവാകനെ വിവ
രിക്കുന്നുണ്ട്. ഒരു ബ്രാഹ്മണനെപ്പോലെ വസ്ത്രം ധരിച്ച് എല്ലാ ബ്രാഹ്മണരുടെ
യും വക്താവായി സ്വയം വെളിപ്പെടുത്തുന്ന ഒരു രാക്ഷസന്റെ പേര് ചാർവാകൻ
എന്നാണ്. ചാർവാകൻ യുധിഷ്ഠിരനെ തന്റെ ബന്ധുക്കളേയും മേലുദ്യോഗ
സ്ഥരേയും ആചാര്യനേയും കൊന്നതിന് വിമർശിക്കുന്നു. കൂടാതെ എല്ലാ ബ്രാ
ഹ്മണരും തന്നെ ശപിക്കുകയാണെന്നും യുധിഷ്ഠിരനോട് പറയുന്നു. യുധിഷ്ഠി
രൻ ഇതിൽ ലജ്ജിക്കുന്നു, പക്ഷേ ബ്രാഹ്മണനായ വൈശമ്പായനൻ അദ്ദേഹ
ത്തെ ആശ്വസിപ്പിക്കുന്നു. ക്രോധംപൂണ്ട ബ്രാഹ്മണർ അവരുടെ മന്ത്രങ്ങളുടെ
ശക്തിയാൽ ചാർവാകനെ നശിപ്പിക്കുന്നു. ഇതുപോലെ രാമായണത്തിലും ചാർ
വാകന്മാരെ പറ്റി സൂചനയുണ്ട്. യഥാർത്ഥ ചാർവാക തത്വചിന്തയെപ്പറ്റി നമ്മൾ
അറിയുന്നത് അവരുടെ വിമർശകരിൽ കൂടിയാണ്. എന്നിരുന്നാലും പൗരാണി
ക ഭാരതത്തിലെ തത്വചിന്തയിൽ വളരെയധികം സ്വാധീനം ചെലുത്തിയ ചിന്താ
ശാഖയായിരുന്നു ചാർവാക ദർശനം എന്ന് നിസ്സംശയം പറയാം."

"മുമ്പ് പറഞ്ഞ ആജീവകന്മാർ ആരായിരുന്നു മുത്തശ്ശി?"

"പൗരാണിക ഇന്ത്യയിൽ മക്ഖലിപുത്ര ഗോശാലൻ എന്ന സന്ന്യാസി തുട
ങ്ങിയ മതമാണ് ആജീവക മതം. ബി.സി.ഇ. ആറാം നൂറ്റാണ്ടിൽ ജീവിച്ചിരുന്ന

ഗോശാലൻ ജൈനശ്രേഷ്ഠനായ മഹാവീരന്റെ സമകാലീനനായിരുന്നു. ഇദ്ദേഹ
ത്തിന്റെ അനുയായികൾ ആജീവകന്മാർ എന്നറിയപ്പെട്ടു. അനേക ലക്ഷം ജന്മ
ങ്ങൾക്കു ശേഷം ആത്മാവ് സ്വയം മോക്ഷപ്രാപ്തി നേടുമെന്നും മനുഷ്യരുടെ
ഭാഗധേയം നിയന്ത്രിക്കുന്നത് സ്വപ്രയത്നവും കർമ്മങ്ങളുമല്ല വിധിയാണെന്നും
അവർ വിശ്വസിച്ചുപോന്നു. ദീർഘകാലം തപസ്സനുഷ്ഠിക്കുകയെന്നത് അവരു
ടെ പതിവായിരുന്നു. ഇക്കൂട്ടരേപ്പറ്റി സംഘം കവിതകളിലും പരാമർശമുണ്ട്.
ആജീവക മതം ഗോശാലന് മുമ്പും ഉണ്ടായിരുന്നുവെന്നും അദ്ദേഹം ആജീവ
കരുടെ നേതാക്കളിൽ പ്രധാനപ്പെട്ട ഒരാളായിരുന്നുവെന്നും ഒരു നിരീക്ഷണമു
ണ്ട്.

ഗോശാലന്റെ ജീവിതത്തെക്കുറിച്ചുള്ള അറിവുകൾക്കും ആശ്രയിക്കാനുള്ള ത്
ജൈന-ബുദ്ധ ലിഖിതങ്ങളിലുള്ള പരാമർശങ്ങളാണ്. അവയനുസരിച്ച്, ഒരു
തെരുക്കൂത്തുകാരന്റെ മകനായ ഗോശാലന്റെജനനം ഏതോ കാലിത്തൊഴുത്തി
ലായിരുന്നു. 'ഗോശാലൻ' എന്ന പേരുതന്നെ ഈ ജനന പശ്ചാത്തലത്തെ ആ
ശ്രയിച്ചുള്ളതാണ്. ജൈനരുടെ ഭഗവതിസൂത്രത്തിൽ ഗോശാലന്റെ ജീവിതകഥ
വിവരിക്കുന്നുണ്ട്. തുടക്കത്തിൽ ഗോശാലന്റേയും മഹാവീരന്റേയും തത്ത്വാന്വേ
ഷണം ഒരുമിച്ചായിരുന്നു എന്നതിനു സൂചനകളുണ്ട്. ജൈനലിഖിതങ്ങളിലെ
ഗോശാലൻ ഒരു കോമാളിയും ആഭിചാരിയുമാണ്. മഹാവീരനുമായുള്ള വാഗ്വാ
ദത്തെ തുടർന്ന് അദ്ദേഹത്തെ ഗോശാലൻ ശപിച്ചെന്നും ആ ശാപം തിരിഞ്ഞ്
ഗോശാലനു തന്നെ ഫലിച്ചാണ് ഗോശാലൻ മരിച്ചതെന്നുമാണ് ജൈനഭാഷ്യം.
ഏതോ അടികലശലിൽ നിന്നു രക്ഷപെട്ട് ഓടുന്നതിനിടെ ഉടുവസ്ത്രം നഷ്ട
പ്പെട്ടതിനെ തുടർന്നാണ് ഗോശാലൻ നഗ്നസന്യാസിയാകാൻ തീരുമാനിച്ചതെ
ന്നും മറ്റുമുള്ള കഥകൾ ബുദ്ധമതരേഖകളിലും കാണാം.എന്നാൽ ഗോശാലനെ
ക്കുറിച്ച് ബുദ്ധ-ജൈനലിഖിതങ്ങളിലുള്ള പരാമർശങ്ങൾ വിശ്വസനീയമല്ല. ത
ന്റെ കാലത്തെ ചിന്താവ്യവസ്ഥകളെ വിമർശിച്ച ബുദ്ധന്റെ വിമർശനങ്ങളിൽ ഏ
റ്റവും നിശിതമായത് ഗോശാലനെലക്ഷ്യമാക്കിയായിരുന്നു. ബുദ്ധനിൽ നിന്നും
മഹാവീരനിൽ നിന്നും ഭിന്നനായി, സമൂഹത്തിലെ താഴേക്കിടയിൽ നിന്നുള്ളവ
നായിരുന്നു അദ്ദേഹം. അതിനാൽ ഈ വിമർശനത്തിൽ വർഗ്ഗപരമായ മുൻവി
ധികളും ഉണ്ടായിരിക്കാം. ഇതര ധാർമ്മികതകൾക്ക് ആജീവികമതം ഉയർത്തി
യ വെല്ലുവിളിയുടെ തീവ്രത സൂചിപ്പിക്കുന്നതാകാം ഇതെന്നും ചൂണ്ടിക്കാണി
ക്കപ്പെടുന്നു."

"ബുദ്ധ ജൈന മതങ്ങൾ ആജീവക മതത്തെ എതിർക്കാൻ എന്താണ് കാര
ണം മുത്തശ്ശി?"

"ഇതിന് പ്രധാന കാരണം ഇവരുടെ കർമ്മഫല സിദ്ധാന്തത്തെ ഇവർ എതിർ
ത്തിരുന്നുവെന്നതായിരിക്കാം. കർമ്മഫലത്തിന് പകരം വിധിയിലായിരുന്നു ഇ

വർ വിശ്വസിച്ചിരുന്നത്. ബ്രാഹ്മണ മതത്തോടൊപ്പം ഇവർ ജൈന, ബുദ്ധമതങ്ങ ൾക്കും ഭീഷിണി സൃഷ്ടിച്ചിരിക്കാം.

ജീവാത്മാക്കളുടെ മുക്തി വിധിയുടെ വഴിയിലൂടെയാണെന്നും കർമ്മങ്ങൾ നിഷ്പ്രയോജനമാണെന്നും വാദിച്ച ഗോശാലൻ മനുഷ്യന്റെ ഇച്ഛാസ്വാതന്ത്ര്യ ത്തിൽ വിശ്വസിച്ചില്ല. പാപപുണ്യങ്ങൾ അലംഘനീയമായ പ്രപഞ്ച തത്വത്തെ പിന്തുടരുന്നു എന്നു കരുതിയ അദ്ദേഹം വ്യക്തികൾക്ക് അവരുടെ ഭാഗധേയ ങ്ങളുടെ കാര്യത്തിലുള്ള ഉത്തരവാദിത്തം അംഗീകരിച്ചില്ല. സ്വതന്ത്രമാക്കപ്പെട്ട നൂൽപ്പന്ത് അഴിഞ്ഞുതീരുവോളം ഉരുണ്ടുപോകുന്നതുപോലെ ആത്മാക്കളുടെ മുക്തിമാർഗ്ഗം വിധിയെ പിന്തുടരുന്നെന്ന് ഗോശാലൻ പഠിപ്പിച്ചു. എല്ലാ ജീവികൾ ക്കും ഈ വികാസത്തിനു വേണ്ടത് ഒരേ കാലദൈർഘ്യമാണെന്നു അദ്ദേഹം ക രുതി. ചിന്തയിലൊതുങ്ങാത്ത ആ ദൈർഘ്യത്തെ വിചിത്രമായ വഴിയിൽ ഗോ ശാലൻ നിർവ്വചിച്ചു. 117,649 ഗംഗാനദികൾ ചേർന്ന ഒരു നദിയിൽ നിന്ന് നൂറു വർഷത്തിലൊരിക്കൽ ഒരു മണൽത്തരി എന്ന കണക്കിൽ നീക്കം ചെയ്താൽ, നദിയിലെ മുഴുവൻ മണലും നീക്കാൻ വേണ്ട സമയം ഒരു സരസ്ക്കാലമാണ്; ആവിധമുള്ള മൂന്നുലക്ഷം സരസ്കാലങ്ങൾ ചേരുമ്പോൾ ഒരു മഹാകല്പമാകു ന്നു; ഒരു ജീവിയുടെ മുക്തിമാർഗ്ഗത്തിന്റെ കാലദൈർഘ്യമാകട്ടെ 84 ലക്ഷം മാ ഹാകല്പങ്ങളും.

ഭൂതകാലം വർത്തമാനകാലത്തെ സ്വാധീനിക്കുമെന്ന് ആജീവകന്മാർ കരു തിയില്ല. ഭൂതം മൃതവും എന്നേക്കുമായി ഇല്ലാതായതുമാണെന്നായിരുന്നു അ തിന് അവർ പറഞ്ഞ ന്യായം. മനുഷ്യരുടെ അതി നിസ്സാര കർമ്മങ്ങൾ പോലും വിധിയാൽ നിശ്ചിതമാണെന്നും അതിനെ മാറ്റനോ സ്വാധീനിക്കാനോ ആർ ക്കും സാദ്ധ്യമല്ലെന്നും അവർ വിശ്വസിച്ചു. എങ്കിലും സന്ന്യാസ ജീവിതം പിന്തു ടരുന്നവരും തപോവൃത്തി അനുഷ്ഠിക്കുന്നവരും ആജീവകന്മാർക്കിടയിൽ ഉ ണ്ടായിരുന്നു. സന്ന്യാസികളാകുന്നവർ അതാണ് അവർക്കുവിധിച്ച വഴി എന്നു വിശ്വസിച്ചു. ആജീവകന്മാരുടെ തപശ്ചര്യകൾ അതികഠിനമായിരുന്നു. സന്ന്യാ സത്തിലേക്കുള്ള പ്രവേശനച്ചടങ്ങിൽതന്നെ കടുത്ത സ്വയംപീഡനം ഏല്പി ച്ചിരുന്നു. നവ സന്ന്യാസിയുടെ തലമുടി ഒന്നൊന്നായി പിഴുതെടുക്കുന്നതും അ തിന്റെ ഭാഗമായിരുന്നു. ഒന്നിനും അടിസ്ഥാനകാരണമില്ലെന്ന് വിശ്വസിക്കുന്ന വരാണ് ആജീവികൻമാർ. എല്ലാ വസ്തുക്കളും ജീവികളും സൃഷ്ടിക്കപ്പെട്ടിരി ക്കുന്നത് യാതൊരു കാരണവും കൂടാതെയാണെന്ന് അവർ സിദ്ധാന്തിക്കുന്നു. നേട്ടം, നഷ്ടം, സുഖം, ദുഃഖം, ജീവിതം, മരണം എന്നിങ്ങനെ ആറ് അനിവാര്യ തകളുണ്ടെന്നാണ് അവരുടെ വിശ്വാസം. എല്ലാ പ്രവർത്തനങ്ങളും നിർണ്ണയി ക്കുന്നതും നിയന്ത്രിക്കുന്നതും വിധിയാണ്; മനുഷ്യ പ്രയതത്തിന് അതിൽ പ ങ്കില്ലെന്നാണവരുടെ മതം. കർമസിദ്ധാന്തത്തിനെതിരാണവർ. ഭൂമി, ജലം, അ

ഗ്നി, വായു, ജീവൻ എന്നിങ്ങനെ പഞ്ചഭൂതങ്ങൾ ഉണ്ടെന്ന സിദ്ധാന്തം അവർ ക്കുണ്ട്. എല്ലാ ചേതനാചേതന വസ്തുക്കളും നിർമ്മിതമായിരിക്കുന്നത് അവ കൊണ്ടാണെന്ന് ഇക്കൂട്ടർ പ്രഖ്യാപിക്കുന്നു.

ആജീവകമതം ഭാരതത്തിൽ ഒരു സഹസ്രാബ്ധത്തിലേറെക്കാലം സജീവമാ യിരുന്നു. നൂറ്റാണ്ടുകളോളം അത് ബുദ്ധ ജൈന ധർമ്മങ്ങളെ പോല, വ്യവസ്ഥാ പിതവും ബഹുമാനിതവുമായ ഒരു മതപ്രസ്ഥാനമായിരുന്നു. രാജാക്കന്മാർ ഗോ ശാലനും മറ്റ് അജീവക സന്യാസികൾക്കും സമ്മാനങ്ങൾ കൊടുത്തയക്കുകയും ഭൂസ്വത്ത് ദാനം ചെയ്യുകയും ചെയ്തിരുന്നു. അശോക ചക്രവർത്തിയുടെ മാ താവ് ധർമ്മദേവി അജീവകമത വിശ്വാസിയായിരുന്നുവത്രെ. ക്രമേണ ക്ഷയിച്ച് ഇല്ലാതായ അജീവകമതം തീർത്തും അസ്തമിച്ചത് പതിനാലാം നൂറ്റാണ്ടിലായി രുന്നു.

ആജീവികന്മാർ ഭാവിഫലം പ്രവചിച്ചും ഹസ്തരേഖ നോക്കിയും ജീവിത വ്യ ത്തി കഴിച്ചു വന്നു. നാടോടി ക്കവികളായിരുന്നു ഇവരിൽ ഭൂരിഭാഗവും. ഗോശാ ലൻ തുടക്കമിട്ട ഈ പ്രസ്ഥാനം കാലക്രമത്തിൽ അസ്തമിച്ചു. ഗോശാലന്റെ ശി ഷ്യന്മാരിൽ പ്രമുഖന്മാരായ പൂർണകശ്യപനും പകുധകച്ചരായനനും അധഃപ തനത്തിൽ നിന്നും ആജീവികൻമാരെ രക്ഷിക്കാൻ ശ്രമിച്ചു.

ബുദ്ധ-ജൈന മതവിഭാഗങ്ങളുടെ മുന്നേറ്റത്തോടെ ആജീവിക സമൂഹം ക്ഷ യോൻമുഖമായി. ബുദ്ധമതാനുയായിരുന്ന കോവലന്റെ പതി കണ്ണകി ആജീവി ക മാതാനുയായി ആയിരുന്നുവത്രെ. ആജീവിക തത്വശാസ്ത്രം, ബി.സി.ഇ നാ ലാം നൂറ്റാണ്ടിൽ മൗര്യചക്രവർത്തിയായ ബിന്ദുസാരന്റെ ഭരണകാലത്ത് അ തിന്റെ ജനപ്രീതിയുടെ പാരമ്യത്തിലെത്തി. ഈ ചിന്താധാര പിന്നീട് 13,14 നൂ റ്റാണ്ടുകളിൽ ക്ഷയിച്ചുവെങ്കിലും ദക്ഷിണേന്ത്യൻ സംസ്ഥാനങ്ങളായ കർണാട കയിലും തമിഴ്നാട്ടിലും ഏകദേശം 2,000 വർഷത്തോളം നിലനിന്നു. ചാർവാക ദർശനത്തോടൊപ്പം ആജീവിക തത്ത്വചിന്തയും പുരാതന ഇന്ത്യൻ സമൂഹത്തി ലെ സാമാന്യ ജനവിഭാഗങ്ങളെ ഏറെ ആകർഷിച്ചിരുന്നു."

"മുത്തശ്ശി, ശാസ്ത്രത്തിന്റെ വളർച്ചയാണല്ലോ മനുഷ്യസമൂഹം പുരോഗതി കൈവരിക്കാൻ കാരണമായത്. അങ്ങനെയെങ്കിൽ പുരാതന ഇന്ത്യയിലെ ശാ സ്ത്രകാരന്മാരേ പറ്റി പറയാമോ?".

"പറയാം, മനുഷ്യസംസ്ക്കാരത്തിന്റെ വളർച്ച പരിശോധിക്കുമ്പോൾ ഇന്ന ത്തെ പാകിസ്ഥാനിലുള്ള മെഹർഗഡ് പോലെയുള്ള നിരവധി സ്ഥലങ്ങൾ ബി. സി.ഇ 7000 മുതൽ പ്രത്യക്ഷപ്പെട്ടതായി കാണാം. ഇത് പിൽക്കാല ചെമ്പ് യുഗ സംസ്കാരങ്ങളുടെ അടിത്തറയായി. ഈ സ്ഥലങ്ങളിലെ നിവാസികൾ കി ഴക്ക്, മദ്ധ്യേഷ്യ എന്നിവയുമായി വ്യാപാര ബന്ധം പുലർത്തിയിരുന്നു. ഏകദേശം ബി.സി.ഇ 4500 ഓടെ സിന്ധു നദീതടസംസ്കാരം ഉയർന്നു വന്നു. അതിനേ

പറ്റി നമ്മൾ മുമ്പ് പറഞ്ഞതാണല്ലോ. ബി.സി.ഇ 1900നുശേഷം ഈ സംസ്ക്കാരത്തിന് തകർച്ച സംഭവിച്ചുവെങ്കിലും അവർ നേടിയ ബൗദ്ധിക സമ്പത്ത് പിന്നീടും തുടർന്നിട്ടുണ്ടാകണം. ആ വിജ്ഞാനത്തിന്റെ പാതയിൽ നിന്നും പല ശാസ്ത്രകാരന്മാരും വിദ്വാന്മാരും ഉയർന്നു വന്നു. അതിൽ ചില പേരുകൾ പറയാം. ആദ്യമായി ബി.സി.ഇ ആറാംനൂറ്റാണ്ടിലോ ഏഴാംനൂറ്റാണ്ടിലോ ജീവിച്ചിരുന്ന ഒരു തിമിര ശസ്ത്രക്രിയാ വിദഗ്ധനായിരുന്ന സുശ്രുതനെ പറ്റിയാണ് . പ്ലാസ്റ്റിക് സർജറിയുടെ പിതാവായും ഇദ്ദേഹം അറിയപ്പെടുന്നു. ആദ്യത്തെ മെഡിക്കൽ പാഠപുസ്തകമായ സുശ്രുത സംഹിതയുടെ കർത്താവായിരുന്നു ഇദ്ദേഹം. അനസ്തേഷ്യയുടെ ഉപയോഗവും കഞ്ചാവ് അനസ്തെറ്റിക് ആയി ഉപയോഗിച്ച ആദ്യത്തെ വ്യക്തിയും ഇദ്ദേഹമാണെന്ന് വിശ്വസിക്കപ്പെടുന്നു. ഇദ്ദേഹത്തിന്റെ പ്ലാസ്റ്റിക് സർജറിയേ പറ്റി കേട്ടതുകൊണ്ടായിരിക്കണം പുരാതന കാലത്ത് പ്ലാസ്റ്റിക് സർജറി ചെയ്താണ് ആനയുടെ തലയുള്ള ഗണപതി ഉണ്ടായതെന്ന അസംഭവ്യവും ശാസ്ത്രവിരുദ്ധവുമായ പ്രചാരണത്തിന് കാരണമായത്.

ബി.സി.ഇ ആറാംനൂറ്റാണ്ടിലോ ഏഴാം നൂറ്റാണ്ടിലോ ജീവിച്ചിരുന്ന, വൈശേഷിക ഫിലോസഫിയുടെ സ്ഥാപകനായി കണക്കാക്കപ്പെടുന്ന തത്ത്വചിന്തകനും ശാസ്ത്രജ്ഞനുമായിരുന്ന വേറൊരു പ്രധാനിയാണ് കണാദൻ. ഇന്നത്തെ ഗുജറാത്ത് ഉൾപ്പെടുന്ന പ്രദേശത്താണ് അദ്ദേഹം ജനിച്ചത്. യഥാർത്ഥ പേര് കാശി എന്നാണ്. എല്ലാ പദാർത്ഥങ്ങളും ആറ്റങ്ങളാൽ നിർമ്മിതമാണെന്നും ഈ ആറ്റങ്ങൾക്ക് വ്യത്യസ്ത സ്വഭാവ സവിശേഷതകളും ഗുണങ്ങളും ഉണ്ടെന്നും അവ രൂപം കൊള്ളുന്ന പദാർത്ഥങ്ങളുടെ ഗുണങ്ങളെ നിർണ്ണയിക്കുന്നുവെന്നും അദ്ദേഹം പറഞ്ഞു. വസ്തുക്കളുടെ പെരുമാറ്റവും പരസ്പരമുള്ള ഇടപെടലുകളും വിവരിക്കുന്ന ഒരു രീതി അദ്ദേഹം വികസിപ്പിച്ചെടുത്തു.

പരമ്പരാഗത ഇന്ത്യൻ ചികിത്സാ സമ്പ്രദായമായ ആയുർവേദത്തിന്റെ പിതാവായി അറിയപ്പെടുന്ന വേറൊരു പ്രമുഖ വ്യക്തിയാണ് ചരകൻ. ബി.സി.ഇ നാലാം നൂറ്റാണ്ടിലോ അഞ്ചാം നൂറ്റാണ്ടിലോ ജീവിച്ചിരുന്ന അദ്ദേഹം ആരോഗ്യത്തേയും രോഗത്തേയും കുറിച്ചുള്ള പ്രവർത്തനത്തിനും ശരീര ഘടന, ശരീര ശാസ്ത്രം എന്നിവയുടെ പഠനത്തിനും ആ കാലഘട്ടത്തിന് യോജിച്ച രീതിയിലുള്ള സംഭാവനകൾ നൽകി.

ബി.സി.ഇ നാലാംനൂറ്റാണ്ടിൽ ജീവിച്ച, ഒരു യുക്തിവാദി, സംസ്കൃത ഭാഷാ ശാസ്ത്രജ്ഞൻ, വ്യാകരണ പണ്ഡിതൻ എന്നിങ്ങനെ അറിയപ്പെടുന്ന ആളാ ണ് പാണിനി. പത്തൊൻപതാംനൂറ്റാണ്ടിൽ യൂറോപ്യൻപണ്ഡിതർ ഇദ്ദേഹത്തി ന്റെ അഷ്ടാധ്യായി എന്ന കൃതി കണ്ടെത്തിതു മുതൽ പാണിനിയെ "ആദ്യത്തെ വിവരണാത്മക ഭാഷാശാസ്ത്രജ്ഞ"നായി കണക്കാക്കുന്നു. അദ്ദേഹത്തിന്റെ

പഴഞ്ചൊല്ല് വ്യാഖ്യാന ഗ്രന്ഥം നിരവധി ഭാഷകളെ ആകർഷിച്ചു. അതിൽ പത ഞ്ജലിയുടെ മഹാഭാഷ്യയാണ് ഏറ്റവും പ്രസിദ്ധമായത്. അദ്ദേഹത്തിന്റെ ആശ യങ്ങൾ ബുദ്ധമതം പോലുള്ള മറ്റ് ഇന്ത്യൻ മതങ്ങളിലെ പണ്ഡിതന്മാരിൽ നി ന്നു ള്ള വ്യാഖ്യാനങ്ങളെ സ്വാധീനിക്കുകയും ആകർഷിക്കുകയും ചെയ്തു.

പതഞ്ജലി ഒരു പുരാതന ഇന്ത്യൻ തത്ത്വചിന്തകനും യോഗിയുമായിരുന്നു. അദ്ദേഹം യോഗയേയും ഭാരതീയ ആത്മീയ പാരമ്പര്യത്തേയും കുറിച്ചുള്ള പ്ര വർത്തനത്തിന് അറിയപ്പെടുന്ന ആളാണ്. ബി.സി.ഇ രണ്ടോ മൂന്നോ നൂറ്റാ ണ്ടിൽ ജീവിച്ചിരുന്ന ഇദ്ദേഹമാണ് യോഗാഭ്യാസത്തെ കുറിച്ചുള്ള ഒരു പ്രധാന ഗ്രന്ഥമായ യോഗസൂത്രങ്ങൾ എഴുതിയത്.

ബി.സി.ഇ രണ്ട് അല്ലെങ്കിൽ മൂന്ന് നൂറ്റാണ്ടുകളിൽ ജീവിച്ചിരുന്ന ഗണിത ശാ സ്ത്രജ്ഞനും ഭാഷാപണ്ഡിതനുമായിരുന്നു പിംഗള. ദ്വയാങ്ക സംഖ്യാ വ്യവസ്ഥ യുടെ പഠനത്തിനും കോഡ് അധിഷ്ഠിത ഭാഷകളുടെ ആശയത്തിനും അദ്ദേ ഹം സംഭാവനകൾ നൽകി. രണ്ട് അക്കങ്ങൾ മാത്രം ഉപയോഗിച്ച് സംഖ്യകളെ പ്രതിനിധീകരിക്കുന്ന സംവിധാനം വികസിപ്പിച്ച ആദ്യത്തെ വ്യക്തിയെന്ന ബ ഹുമതി അദ്ദേഹത്തിനുണ്ട്. 0 ഉം 1 ഉം അക്ഷരമാലയിലെ അക്ഷരങ്ങളേയും മറ്റ് ചിഹ്നങ്ങളേയും പ്രതിനിധീകരിക്കാൻ ഉപയോഗിക്കാവുന്ന ഒരു കോഡ് എ ന്ന ആശയം വികസിപ്പിച്ച ആദ്യത്തെ വ്യക്തി അദ്ദേഹമാണെന്ന് വിശ്വസിക്ക പ്പെടുന്നു.

സി.ഇ 476-ൽ ജനിച്ച, ഗുപ്തസാമ്രാജ്യത്തിന്റെ കാലത്തെ ഗണിത ശാസ്ത്ര, ജ്യോതിശാസ്ത്ര മേഖലയിലെ പ്രമുഖനാണ് ആര്യഭട്ടൻ. ഗണിതശാസ്ത്രത്തി ൽ, ത്രികോണമിതി, കാൽക്കുലസ്, ബീജഗണിതം എന്നിവയെ കുറിച്ചുള്ള പ്ര വർത്തനത്തിന് പ്രശസ്തനാണ്. സൈൻ, കോസൈൻ എന്നിവയുടെ ആശയ ങ്ങൾ കണ്ടെത്തിയതിന്റെ ബഹുമതിയും അദ്ദേഹത്തിനുണ്ട്. കൂടാതെ ജ്യാമിതീ യ ശ്രേണികൾ, ക്വാഡ്രാറ്റിക് സമവാക്യങ്ങൾ, അനിശ്ചിത സമവാക്യങ്ങളുടെ പരിഹാരം എന്നിവയുടെ പഠനത്തിൽ പ്രധാന സംഭാവനകൾ നൽകി. സൗര യൂഥത്തിന്റെ അറിയപ്പെടുന്ന ആദ്യത്തെ ഇന്ത്യൻ ഗണിതശാസ്ത്ര മാതൃക സൃ ഷ്ടിച്ചു. അതിൽ ഭൂമി അതിന്റെ അച്ചുതണ്ടിൽ കറങ്ങുകയും സൂര്യനെ ചുറ്റുക യും ചെയ്യുന്നുവെന്ന് അദ്ദേഹം കൃത്യമായി നിർദേശിച്ചു.

സി.ഇ 499ൽ ജനിച്ച, വിക്രമാദിത്യ സദസ്സിലെ നവരത്നങ്ങളിലൊന്നായി പ രാമർശിക്കപ്പെടുന്ന വരാഹമിഹിരൻ ജ്യോതിശാസ്ത്രജ്ഞനും ഗണിതശാസ്ത്ര ജ്ഞനും ജ്യോതിഷിയുമായിരുന്നു. ത്രികോണമിതിയെ കുറിച്ചുള്ള പ്രവർത്ത നത്തിനും ഗ്രഹചലനത്തേയും ഗ്രഹണത്തേയും കുറിച്ചുള്ള പഠനത്തിനുള്ള സംഭാവനകൾക്കും അദ്ദേഹം പ്രശസ്തനാണ്. ഗുരുത്വാകർഷണത്തെകുറിച്ച് ഒരു ധാരണയുമില്ലാതിരുന്ന കാലത്ത്, ഭൂമിയിലേക്ക് വസ്തുക്കൾ പതിക്കുന്ന

തിന് അടിസ്ഥാനം ചില `ബല`ങ്ങളാണെന്ന് അദ്ദേഹം അഭിപ്രായപ്പെട്ടു. പ്രാചീ ന വിജ്ഞാനശാഖകളിലും ജ്യോതിഷത്തിലും അഗ്രഗണ്യനായിരുന്നെങ്കിലും, പ്രകൃത്യാധീത ശക്തികളിൽ വിശ്വസിച്ച വ്യക്തിയായിരുന്നില്ല വരാഹമിഹിരൻ. ഭാരതീയ ജ്യോതിശാസ്ത്രത്തിന്റെ കുലപതികളിലൊരാളായി അദ്ദേഹം വിശേ ഷിപ്പിക്കപ്പെടുന്നു. ബൃഹദ് സംഹിതയാണ് പ്രധാന ഗ്രന്ഥം.

സി.ഇ 598 ൽ ജനിച്ച ബ്രഹ്മഗുപ്തനും ഗുപ്തസാമ്രാജ്യകാലത്ത് ജീവിച്ചിരു ന്ന ഗണിത, ജ്യോതിശാസ്ത്രജ്ഞനായിരുന്നു. കൂടാതെ ബീജഗണിതം, ജ്യാമി തി, ത്രികോണമിതി എന്നിവയുടെ പഠനത്തിനും അദ്ദേഹം സംഭാവനകൾ നൽ കി. ബ്രഹ്മഗുപ്തന്റെ ഏറ്റവും ശ്രദ്ധേയമായ സംഭാവനകളിലൊന്ന് പൂജ്യം എന്ന ആശയത്തെക്കുറിച്ചുള്ള അദ്ദേഹത്തിന്റെ കൃതിയാണ്. കേവലം ഒരു ചിഹ്നം എ ന്നതിലുപരി, പൂജ്യം ഒരു സംഖ്യയാണെന്ന് തിരിച്ചറിഞ്ഞ ആദ്യത്തെ വ്യക്തി അദ്ദേഹമാണ്. ഹിന്ദു-അറബിക് സംഖ്യാ സമ്പ്രദായത്തിൽ ഇന്നും ഉപയോഗി ക്കുന്ന ദശാംശ സ്ഥാന മൂല്യവ്യവസ്ഥയുടെ വികാസത്തിലേക്ക് ഇത് നയിച്ചു.

1114-ൽ ഉജ്ജയിനിൽ ജീവിച്ച ഭാസ്കരരണ്ടാമൻ ഒരു ഗണിതശാസ്ത്രജ്ഞ നും ജ്യോതിശാസ്ത്രജ്ഞനുമായിരുന്നു. അദ്ദേഹം കാൽക്കുലസ്, ത്രികോണമി തി, ബീജഗണിതം എന്നിവയുടെ പഠനത്തിന് സംഭാവനകൾ നൽകി. അനന്ത തകളെ കുറിച്ചുള്ള പ്രവർത്തനത്തിനും പൈയുടെ മൂല്യം കണക്കാക്കിയ വ്യ ക്തിയെന്ന നിലയിലും അദ്ദേഹം അറിയപ്പെടുന്നു. ഗണിതശാസ്ത്രരംഗത്ത് ഭാ സ്കരയുടെ ഏറ്റവും ശ്രദ്ധേയമായ സംഭാവനകളിലൊന്ന് അദ്ദേഹത്തിന്റെ കാ ൽക്കുലസായിരുന്നു. കാൽക്കുലസ് പഠനത്തിലെ അടിസ്ഥാന ഉപകരണമായ അനുമാനം എന്ന ആശയം വികസിപ്പിച്ച വ്യക്തി യെന്ന ബഹുമതി കൂടിയാണ് അദ്ദേഹം. ഗണിതശാസ്ത്രത്തേയും ജ്യോതിശാസ്ത്രത്തേയും കുറിച്ചുള്ള സി ദ്ധാന്ത ശിരോമണിയാണ് ഭാസ്കരയുടെ ഏറ്റവും അറിയപ്പെടുന്ന കൃതി.

ഇതുപോലെ അർത്ഥശാസ്ത്രം എഴുതിയ കൗടില്യൻ, പ്രമുഖ സാഹിത്യകാ രന്മാരായ കാളിദാസൻ, ഭവഭൂതി എന്നിവരും പൂരാതന ഇന്ത്യയിലെ ബൗദ്ധിക പാരമ്പര്യത്തിന്റെ ഉദാഹരണങ്ങളാണ്.

പുരാതന ഭാരതീയ ചരിത്രമെന്നത് അന്ധവിശ്വാസങ്ങളിലും അനാചാരങ്ങളി ലും കിടന്നിരുന്ന ഒരു സമൂഹമെന്നതിനപ്പുറം പുരാതന ഗ്രീക്കിലെ പോലെ ത ന്നെ ശാസ്ത്രകാരന്മാരും ഉയർന്ന ചിന്ത പുലർത്തുന്ന തത്വചിന്തകരും ഉണ്ടാ യിരുന്നതുകൂടിയാണെന്ന് ഇപ്പോൾ വ്യക്തമായല്ലോ."

8

ജാതിയുടെ ഉൽപത്തി

"വ്യത്യസ്ത ഭൂപ്രദേശങ്ങൾ, ഭാഷകൾ, സംസ്ക്കാരങ്ങൾ എന്നിങ്ങനെ വൈ വിധ്യങ്ങളാൽ സമ്പന്നമായ ഇന്ത്യൻ സമൂഹത്തിൽ ജാതിവ്യവസ്ഥ ഉണ്ടായ തെങ്ങനെയാണ് മുത്തശ്ശി?"

"ഇന്ന് ഭൂമിയിൽ ജീവിക്കുന്ന എല്ലാ മനുഷ്യരും ഹോമോസാപ്പിയൻ സാപ്പി യൻസ് എന്ന ഒരൊറ്റ ജാതിയാണെന്ന് ജനിതക ശാസ്ത്രം പറയുന്നു. എന്നിരു ന്നാലും സമൂഹത്തിൽ ജാതിവ്യവസ്ഥ ഒരു യാഥാർത്ഥ്യമാണ് എന്നതുകൊണ്ട്, അതെങ്ങനെയാണ് ഉണ്ടായതെന്ന് അറിയേണ്ടതുണ്ട്. ഏകദേശം 2500 വർഷ ങ്ങൾക്കും മുമ്പ് തുടങ്ങിയ ഒരു സാമൂഹ്യക്രമത്തിന്റെ തുടർച്ചയായിട്ടാണ് ഇ ന്ത്യയിൽ ജാതിവ്യവസ്ഥ ഇന്നും നിലനിൽക്കുന്നത്. മറ്റു പല രാജ്യങ്ങളിലുമു ള്ള വർഗ്ഗ, വർണ്ണങ്ങളിൽ കാണുന്ന അസമത്വത്തിൽ നിന്നും ജാതി വ്യത്യസ്തമാ ണ്. അതായത് ജാതിയെന്നാൽ വെറും സമ്പത്തിക അസമത്വമെന്നതിനപ്പുറം അത് മതത്തിന്റേയും വിശ്വാസത്തിന്റേയും ഭാഗമായ സാമൂഹ്യക്രമത്തിന്റെ ഭാ ഗമായി ഉണ്ടാക്കപ്പെട്ടതാണ് എന്നതാണത്.

ഇന്ത്യയിൽ ഏകദേശം മൂവായിരത്തിലധികം ജാതിവിഭാഗങ്ങൾ നിലവിലു ണ്ടെങ്കിലും അതിന്റെ അടിത്തറ, മനുഷ്യരെ നാലുവർണ്ണങ്ങളായി വിഭജിച്ച ചാ തുർവർണ്യ വ്യവസ്ഥയാണ്. ചാതുർവർണ്ണത്തിന് തുടക്കം കുറിച്ചത് വേദകാല ഘട്ടത്തിലാണെങ്കിലും, ആദ്യവേദമായ ഋഗ്വേദത്തിന്റെ കാലത്ത്, അതായത് ബി.സി.ഇ 1500നും 1200നുമിടയിൽ ആര്യവർണ്ണവും ദാസവർണ്ണവുമെന്ന ര ണ്ട് വർണ്ണങ്ങൾ മാത്രമേ ഉണ്ടായിരുന്നുള്ളു. വർണ്ണമെന്നതിനെ അക്കാലത്ത് നിറമെന്നായിരിക്കാം അർത്ഥമാക്കിയിട്ടുണ്ടാകുക. മദ്ധ്യേഷ്യയിൽ നിന്നും കു ടിയേറി വന്ന തൊലിവെളുപ്പുള്ള ഗോത്രവിഭാഗങ്ങൾ തങ്ങളെ ആര്യരായി അ തായത് ശ്രേഷ്ഠരായി കണക്കാക്കുകയും അല്ലാത്തവരെ ദാസന്മാരെന്നും വിളി ച്ചിരിക്കാം. യുദ്ധത്തിൽ തടവുകാരായി അടിമകളാക്കപ്പെട്ട ആര്യഗോത്രത്തിലെ തന്നെ മറ്റു വിഭാഗങ്ങളിൽ പെട്ടവരേയും പിന്നീട് ദാസ, ദസ്യു, പാണി എന്നി

ങ്ങനെ വിളിക്കാൻ തുടങ്ങി. അങ്ങനെ ആര്യന്മാരും ദാസന്മാരുമെന്ന രണ്ടു വർ
ണ്ണങ്ങളുണ്ടായി. ഋഗ്വേദ കാലത്ത് സമൂഹം തൊഴിലുകളുടെ അടിസ്ഥാനത്തിൽ
വേർതിരിക്കപ്പെട്ടിരുന്നില്ല. കർഷകരും കരകൗശല വിദഗ്ധരും രഥകരയെന്ന ര
ഥ നിർമ്മാതാവും,കർമരയെന്ന മരപ്പണിക്കാരും, തോൽപ്പണിക്കാരും,നെയ്ത്തു
കാരും സമൂഹത്തിൽ പ്രധാനസ്ഥാനം അലങ്കരിച്ചിരുന്നു. നാലാമത്തെ വേദമാ
യ അഥർവ വേദകാലഘട്ടത്തിന്റെ അവസാനത്തിൽ, പുതിയ വർഗ്ഗവ്യത്യാസം
ഉയർന്നുവന്നു. ദാസന്മാരെ ശൂദ്രർ എന്ന് പുനർനാമകരണം ചെയ്തു. ആര്യ
ഗോത്രത്തെ സാധാരണ അംഗങ്ങളായ വൈശ്യ, പുരോഹിതരായ ബ്രാഹ്മണർ,
യോദ്ധാക്കളായ ക്ഷത്രിയർ എന്നിങ്ങനെ പുതിയ വരേണ്യ വിഭാഗങ്ങളാക്കുക
യും അവർ പുതിയ വർണ്ണങ്ങളായി അറിയപ്പെടുകയും ചെയ്തു.

ഈ സാമൂഹ്യമാറ്റത്തിന്റെ ഒരു പ്രധാന കാരണം, അന്നത്തെ ഗോത്ര സമൂ
ഹത്തിലെ കൃഷിയിലേക്കുള്ള മാറ്റവും അതുവഴി പുതുതായി വന്ന മിച്ച ഉൽപ്പ
ന്നങ്ങളുമായിരുന്നു. ആദ്യകാലത്ത് ആടുമാടുകളെ മേച്ച് ഉപജീവനം നടത്തി
യിരുന്ന ഗോത്രസമൂഹം അവരുടെ ഉൽപ്പന്നങ്ങൾ പരസ്പരം പങ്കിട്ടാണ് ജീവി
ച്ചിരുന്നത്. കൃഷി പ്രധാന ഉപജീവനമാർഗ്ഗമായതോടുകൂടി മിച്ച ഉൽപ്പന്നങ്ങൾ
ഉണ്ടാകാൻ തുടങ്ങി. ആ മിച്ച ഉൽപ്പന്നം കൈക്കലാക്കാൻ സമൂഹത്തിലെ പ്ര
ധാനികളായ പുരോഹിതവർഗ്ഗവും ഗോത്ര തലവന്മാരും ശ്രമിക്കുകയയും അതിന്റ
ഫലമായി ബ്രാഹ്മണർ, ക്ഷത്രിയർ, വൈശ്യർ എന്നിങ്ങനെ ആര്യഗോത്ര സമൂ
ഹം വീണ്ടും വിഭജിക്കപ്പെടുകയും ചെയ്തു. ഇവരുടെയെല്ലാം സേവകരായി ശൂ
ദ്രരും. പിന്നീട് ഈസമൂഹം ഗംഗാതീരത്തേക്ക് വ്യാപിച്ചപ്പോൾ ആര്യസമൂഹ
ത്തിൽ ലയിച്ച ആദിവാസിഗോത്രങ്ങളേയും ശൂദ്രഗണത്തിൽപെടുത്തി. എന്നാ
ൽ ഈ കാലത്ത് ഭക്ഷണം, വിവാഹം എന്നിവയിൽ വർണ്ണങ്ങൾക്കിടയിൽ വി
വേചനങ്ങളോ നിയന്ത്രണങ്ങളോ ഉണ്ടായിരുന്നതായി തെളിവുകളില്ല. ഈ കാ
ലഘട്ടത്തിൽ തൊഴിലിന്റെ അടിസ്ഥാനത്തിൽ അദ്ധ്യാപകർ, പുരോഹിതർ എ
ന്നിവർ ബ്രാഹ്മണരായും, യോദ്ധാക്കൾ ക്ഷത്രിയരായും, കൃഷിക്കാരും കച്ചവട
ക്കാരുമായ ഉൽപാദകവർഗ്ഗം വൈശ്യരുമായി അറിയപ്പെട്ടു. ജന്മത്തിനു പകരം
കർമ്മത്തിന്റെ അടിസ്ഥാനത്തിലായിരുന്നു ഈ വിഭജനം. ഉപനയനത്തിലൂടെ
വർണ്ണത്തിലേക്ക് വീണ്ടും ജനിക്കുന്നവർ എന്ന അർത്ഥത്തിൽ ഈ മൂന്ന് വർ
ണ്ണങ്ങളിൽ പെട്ടവരേയും ദ്വിജന്മാരെന്ന് അക്കാലത്ത് വിളിച്ചിരുന്നു.

ചാതുർവർണ്ണത്തെപറ്റി ആദ്യമായി പരാമർശമുള്ളത് ഋഗ്വേദത്തിൽ പിന്നീട്
കൂട്ടിച്ചേർത്തതാണെന്ന് കരുതുന്ന പത്താംഅദ്ധ്യായത്തിലുള്ള പുരുഷ സൂക്ത
ത്തിലാണ്.

ഇതിനുശേഷം, ബുദ്ധകാലം അല്ലെങ്കിൽ സൂക്തകാലമെന്നറിയപ്പെടുന്ന
ബി.സി.ഇ 700-600 ആയപ്പോഴേക്കും സ്ഥിതി മാറി. ഈ സമയത്ത് ജന്മം, വർ

ണ്ണ വ്യവസ്ഥയുടെ അടിസ്ഥാന ഘടകമായി മാറി. ആദ്യകാല ഉപനിഷത്തിൽ, ശൂദ്രർ മണ്ണിൽ കൃഷി ചെയ്യുന്നവരാണെന്ന് സൂചിപ്പിക്കുന്നുണ്ട്. ഭൂരിഭാഗം കര കൗശലത്തൊഴിലാളികളും ശൂദ്രരുടെ സ്ഥാനത്തേക്ക് തരംതാഴ്ത്തപ്പെട്ടു, ബ്രാ ഫണർക്കും ക്ഷത്രിയർക്കും ആചാരങ്ങളിലും സമൂഹത്തിലും പ്രത്യേകസ്ഥാനം നൽകുകയും വൈശ്യരേയും ശൂദ്രരെയും അവരിൽ നിന്നും വേർതിരിക്കുകയും ചെയ്തു. ബ്രാഫണർ തങ്ങളുടെ ദൈവികമായ ശ്രേഷ്ഠത കാത്തു സൂക്ഷിക്കു കയും താഴേതട്ടിൽ നിന്നുള്ളവരേക്കാൾ പ്രത്യേക അധികാരവും അവകാശ വും സ്ഥാപിക്കുകയും ചെയ്തു. എന്നാൽ ഈ കാലത്ത് എല്ലാ മനുഷ്യരുടേയും ജനനത്തിന്റെ ജീവശാസ്ത്രപരമായ അടിസ്ഥാന വസ്തുതകൾ ചൂണ്ടിക്കാണി ച്ചുകൊണ്ട് ബുദ്ധൻ ഇതിനെതിരെ പ്രതികരിച്ചതായി കാണാം. മുൻകാലങ്ങളി ൽ ആര്യന്മാർ ദാസന്മാരായ ചരിത്രം ചൂണ്ടിക്കാണിക്കുകയും ബ്രാഫണരുടെ സമൂഹത്തിലെ മേൽക്കോയ്മ ദൈവികമല്ലെന്നും സാമ്പത്തികം മാത്രമാണെ ന്നും സ്ഥാപിക്കാൻ അദ്ദേഹം ശ്രമിച്ചു.

പാലി ബുദ്ധമത ഗ്രന്ഥങ്ങളിൽ നിന്നും ലഭിക്കുന്ന വിവരമനുസരിച്ച് ബി. സി.ഇ.500-200-ലെ രണ്ടാം നഗരവൽക്കരണത്തോടെ വർണ്ണ വ്യത്യാസങ്ങൾക്ക് വലിയ പ്രാധാന്യമില്ലാത്ത, വ്യത്യസ്തമായ ഒരു ചിത്രം ഉരുത്തിരിഞ്ഞു വന്നു. മൗര്യന്മാരുടെ ഭരണകാലത്ത് അതായത് ബി.സി.ഇ 322-182-ൽ ജാതി ഒരു പ്രധാന വിഷയമായിരുന്നില്ല. ബുദ്ധമതം മേൽക്കോയ്മ നേടിയ കാലഘട്ടം കൂ ടിയായിരുന്നു അത്. ബ്രാഫണ ഗ്രന്ഥങ്ങൾ ചാതുർവർണ്ണ സമ്പ്രദായത്തെ കു റിച്ച് സംസാരിക്കുമ്പോൾ, ബുദ്ധമത ഗ്രന്ഥങ്ങൾ ജാതി, കുല, അധിനിവേശം എന്നിവയുടെ അടിസ്ഥാനത്തിലാണ് സമൂഹത്തിന്റെ ചിത്രത്തെ അവതരിപ്പി ക്കുന്നത്. ബ്രാഫണപ്രത്യയശാസ്ത്രത്തിന്റെ ഭാഗമാണെങ്കിലും വർണ്ണ സമ്പ്രദാ യം ഈ കാലത്ത് സമൂഹത്തിൽ പ്രായോഗികമായി പ്രവർത്തിച്ചിരുന്നില്ല. ബുദ്ധ മത ഗ്രന്ഥങ്ങളിൽ ബ്രാഫണരേയും ക്ഷത്രിയരേയും വർണ്ണങ്ങളേക്കാൾ ജാതിക ൾ എന്നാണ് വിശേഷിപ്പിക്കുന്നത്. അവർ യഥാർത്ഥത്തിൽ ഉയർന്ന പദവിയിലു ള്ള ജാതികളായിരുന്നു. താഴ്ന്ന ജാതികളെ ചണ്ഡാല എന്ന് പരാമർശിച്ചു കാ ണാം. നെയ്ത്തുകാർ, വേട്ടക്കാർ, രഥം നിർമ്മാതാക്കൾ, തൂപ്പുകാർ തുടങ്ങിയ തൊഴിൽ വിഭാഗങ്ങൾ ഇതിൽ ഉൾപ്പെടുന്നു. ഇക്കാലത്ത് കുലങ്ങൾ എന്ന പേ ര് പരക്കെ ഉപയോഗിച്ചിരുന്നു. ബ്രാഫണർക്കും ക്ഷത്രിയർക്കും ഒപ്പം, ഗഹപ തികൾ അഥവാ ഗൃഹസ്ഥർ എന്ന ഒരു വർഗ്ഗത്തേയും ഉയർന്ന കുലങ്ങളിൽ ഉ ൾപ്പെടുത്തിയിട്ടുണ്ട്. ഈ കുലത്തിലെ ജനങ്ങൾ കൃഷി,കച്ചവടം,പശുപരിപാ ലനം, കണക്ക് എഴുതൽ, എഴുത്ത് തുടങ്ങിയ ഉയർന്ന ജോലികളിൽ ഏർപ്പെട്ടി രുന്നു. താഴ്ന്ന കുലക്കാരായവർ കൊട്ടനെയ്ത്ത്, തൂത്തുവാരൽ പോലുള്ള ജോ ലികളിലും. ഭൂമി കൈവശം വെച്ചിരുന്ന സാമ്പത്തിക ശേഷിയുള്ള കർഷക വി

ഭാഗമായിരുന്നു ഗഹപതികൾ. ഭൂമിയിൽ പണിയെടുക്കുന്നവരെ ദാസ-കമ്മക്കാ ർ അഥവാ അടിമകളും കൂലിപ്പണിക്കാരെന്നും വിളിച്ചിരുന്നു. രാജ്യത്തിന്റെ പ്രാ ഥമിക നികുതിദായകരായിരുന്നു ഗഹപതികൾ. ഈ വർഗ്ഗം നിർവചിക്കപ്പെട്ട ത് ജനനം കൊണ്ടല്ല, മറിച്ച് വ്യക്തിഗത സാമ്പത്തിക വളർച്ചയിലൂടെയായിരു ന്നു. സാമൂഹ്യപരമായി കുലങ്ങളിലും തൊഴിലുകളിലും വ്യത്യാസങ്ങൾ ഉണ്ടാ യിരുന്നെങ്കിലും, വർഗം/ജാതി, തൊഴിലുകൾ എന്നിവ തമ്മിൽ കാര്യമായ ബ ന്ധമുണ്ടായിരുന്നില്ല. പ്രത്യേകിച്ചും മധ്യനിരയിലുള്ളവർക്കിടയിൽ. കണക്കെ ഴുത്തും എഴുത്തുപോലെയുള്ള പല തൊഴിലുകളും ജാതിയുമായി ബന്ധപ്പെട്ട തായിരുന്നില്ല. ഈകാലത്ത് ആർക്കും ഏത് തൊഴിലും ചെയ്യാൻ കഴിയുമായിരു ന്നു. ബ്രാഫണൻ ആരിൽ നിന്നും ഭക്ഷണം കഴിച്ചിരുന്നു. അനുഷ്ഠാനങ്ങളിൽ കാർക്കശ്യമുണ്ടായിരുന്നില്ല. സ്വജാതിയിൽ നിന്നുള്ള വിവാഹം നിർബന്ധമാ യിരുന്നില്ല."

"അങ്ങനെയാണെങ്കിൽ എപ്പോൾ മുതലാണ് ജാതി വിവേചനത്തിന് ഇന്ത്യ യിൽ തുടക്കമായത്?"

"ബുദ്ധമത അനുഭാവിയും മൗര്യസാമ്രാജ്യത്തിലെ രാജാവുമായിരുന്ന അശോ കന്റെ ഭരണത്തിനുശേഷം അധികാരത്തിൽ വന്ന മഗധയിലെ രാജാവായ ബൃ ഹദ്രഥനെ ബി.സി.ഇ 185-ൽ അദ്ദേഹത്തിന്റെ ബ്രാഹ്മണനായ സൈനാധിപൻ പുഷ്യമിത്രശുംഗൻ വധിക്കുകയും മഗധയിൽ ശുംഗരാജവംശം സ്ഥാപിക്കുക യും ചെയ്തു. മൗര്യസാമ്രാജ്യത്തിന്റെ ഈ പതനത്തിനുശേഷം ബ്രാഹ്മണ മതം വീണ്ടും ശക്തമായി. ബുദ്ധമതത്തിന്റെ സ്വാധീനത്താൽ ബ്രാഹ്മണ ആധിപത്യ ത്തിനുണ്ടായ തളർച്ചയിൽനിന്നും അതിനെ വീണ്ടും സമൂഹത്തിൽ ഉന്നതസ്ഥാ നത്തു നിലനിർത്താനുള്ള ശ്രമമുണ്ടായി. അതിന്റെ ഭാഗമായി പുഷ്യമിത്ര ശും ഗന്റെ ഭരണകാലത്ത് എഴുതപ്പെട്ടതാണ് മനുസ്മൃതിയെന്ന് കരുതപ്പെടുന്നു.

മാനവ-ധർമ്മശാസ്ത്രം അല്ലെങ്കിൽ മനുവിന്റെ നിയമങ്ങൾ എന്നറിയപ്പെടു ന്ന മനുസ്മൃതി ബ്രാഹ്മണ മതത്തിലെ നിരവധി ധർമ്മ ശാസ്ത്രങ്ങളിലൊന്നാ ണ്. പലരും പലകാലങ്ങളിൽ എഴുതിവെച്ച നിയമങ്ങൾ, അല്ലെങ്കിൽ സമൂഹം എങ്ങനെയായിരിക്കണമെന്ന പല മുനിമാരുടേയും ആശയങ്ങളെ ക്രോഡീകരി ച്ചുണ്ടാക്കിയതാണ് മനുസ്മൃതിയെന്നും വിശ്വസിക്കപ്പെടുന്നു."

"മനു സ്മൃതി എങ്ങനെയാണ് ജാതി വിവേചനം ശക്തിപെടുത്തിയത്?"

"മനുസ്മൃതി അതായത് മനുവിന്റെ നിയമം ഓരോ ജാതിവിഭാഗത്തിന്റേയും ഉത്തരവാദിത്വവും തൊഴിലും നിശ്ചയിച്ചു. ശൂദ്രനും സ്ത്രീകൾക്കുമെതിരെ ശ ക്തമായ നിയമങ്ങൾ നിലവിൽ വന്നു. ജാതിക്ക് പുറത്തുള്ള വിവാഹം കർശ്ശന മായി നിരോധിക്കപ്പെട്ടു. ഈ നിയമം തെറ്റിക്കുന്നവരെ വർണ്ണവ്യവസ്ഥയിൽ നി ന്നും പുറത്താക്കി. സ്ത്രീകളുടെ അവകാശങ്ങൾക്ക് നിയന്ത്രണം ഏർപ്പെടുത്തി.

ഈ നിയമത്തിലൂടെ വിവാഹം വഴി താഴ്ന്ന വർണ്ണത്തിലേക്കുള്ള സ്വത്ത് കൈ മാറ്റത്തിന് തടയിട്ടു. അതായത് ഏറ്റവും ഉയർന്ന പദവിയിലുള്ള ബ്രാഹ്മണന് അതിനു താഴെയുള്ള ക്ഷത്രിയ വർണ്ണത്തിലെ സ്ത്രീയെ വിവാഹം കഴിക്കാം. എന്നാൽ ക്ഷത്രിയ പുരുഷന് ബ്രാഹ്മണ സ്ത്രീയെ വിവാഹം ചെയ്തുകൂടാ. ഇ തുപോലെ മറ്റ് വർണ്ണങ്ങളിലും ഉയർന്ന വർണ്ണത്തിലെ പുരുഷന് താഴ്ന്ന വർ ണ്ണത്തിലുള്ള സ്ത്രീയെ വിവാഹം കഴിക്കാം. തിരിച്ച് താഴ്ന്ന ശ്രേണിയിലെ പു രുഷൻ ഉയർന്ന ശ്രേണിയിലെ സ്ത്രീയെ വിവാഹം ചെയ്താൽ അവർ വർണ്ണ വ്യവസ്ഥയിൽ നിന്നും പുറത്താക്കപ്പെടും.

"അവർ പറയുന്നു, ബ്രാഹ്മണർ ബ്രഹ്മാവിന്റെ ശിരസ്സിൽ നിന്നും, ക്ഷത്രിയർ കൈകളിൽ നിന്നും, വൈശ്യർ തുടയിൽ നിന്നും, ശൂദ്രർ പാദങ്ങളിൽ നിന്നും ഉണ്ടായിയെന്ന്. അങ്ങനെയാണെങ്കിൽ ഈ വർണ്ണങ്ങളിൽ പെടാത്ത ഭൂരിപക്ഷം ജനങ്ങളും എങ്ങനെയാണ് ഉണ്ടായത്?. അവർ അവരവരുടെ തന്തെക്കും തള്ളക്കും പിറന്നു." പെരിയാർ ഇ.വി. രാമസ്വാമി

ചാതുർവർണ്യം ദൈവികമായ സൃഷ്ടിയാണെന്നും ബ്രഹ്മാവിന്റെ തലയി ൽ നിന്നും ബ്രാഹ്മണനും, കൈയിൽ നിന്നു ക്ഷത്രിയനും, തുടയിൽ നിന്നു വൈശ്യനും, പാദത്തിൽ നിന്നു ശൂദ്രനുമുണ്ടായിയെന്ന പുരുഷസൂക്തത്തിലെ പ്രസ്താവത്തെ പ്രായോഗിക ജീവിതത്തിലേക്ക് മനുസ്മൃതി സ്ഥാപിച്ചു. മാനവ ധർമ്മ ശാസ്ത്രമെന്ന് വിളിക്കുന്ന മനുസ്മൃതിയിലൂടെ നാലുവർണ്ണങ്ങൾ ഉൾ ക്കൊള്ളുന്ന സമൂഹത്തിനകത്ത് ബ്രാഹ്മണ ആധിപത്യം ഉറപ്പിക്കാനും അതനു സരിച്ചുള്ള സാമൂഹ്യക്രമം സ്ഥാപിക്കാനും കഴിഞ്ഞു."

"മനുസ്മൃതിയാണ് ജാതി വിവേചനത്തിന് കാരണമെന്നതിന് എന്താണ് തെ ളിവ് മുത്തശ്ശി?"

"പറയാം മനുസ്മൃതി അധ്യായം VII സൂക്തം 417 പ്രകാരം പൂർണ്ണ മനഃസ മാധാനത്തോടെ ഒരു ബ്രാഹ്മണന് ശൂദ്രന്റെ വസ്തുവകകൾ കൈവശം വെക്കാ വുന്നതാണ്. കാരണം ശൂദ്രൻ അവന്റേതായി ഒന്നും ഉണ്ടാകാൻ പാടില്ല. അവ ന്റെ ധനം അവന്റെ യജമാനന് എടുക്കാവുന്നതാണ്.

അധ്യായം X, സൂക്തം 129 ൽ ഇങ്ങനെ പറയുന്നു:- കഴിവുണ്ടെങ്കിൽപോലും ശൂദ്രൻ ധനം സമ്പാദിച്ചുവെക്കാൻ പാടില്ല. കാരണം ശൂദ്രൻ ധനം സമ്പാദിച്ചു വെക്കുന്നതു തന്നെ ബ്രാഹ്മണനെ മുറിപ്പെടുത്തും.

മനുസ്മൃതി അധ്യായം VIII, സൂക്തം 272-ൽ പറയുന്നതു പ്രകാരം. ബ്രാഹ്മ ണ പുരോഹിതന്മാരോട് അവരുടെ ചുമതലയെ കുറിച്ച് അഹങ്കാരത്തോടെ ഒരു ശൂദ്രൻ ഉപദേശം നൽകിയാൽ രാജാവ് അവന്റെ വായിലേക്കും ചെവികളിലേ ക്കും തിളപ്പിച്ച എണ്ണ ഒഴിക്കാൻ കല്പിക്കണം.

ഉപപാഠക XI, സൂക്തം 67 പ്രകാരം ശൂദ്രരേയും, വൈശ്യരേയും, ക്ഷത്രിയ രേയും നിരീശ്വരവാദികളേയും കൊല്ലുന്നതുപോലെ സ്ത്രീകളേയും കൊല്ലുന്ന ത് ലഘുവായ കുറ്റമേ ആകുന്നുള്ളൂ."

"പുരുഷ സൂക്തമാണ് ചാതുർവർണ്യത്തിന് അടിസ്ഥാനമെന്ന് പറയുന്നതെ ന്തുകൊണ്ടാണ്?"

"ഋഗ്വേദത്തിന്റെ പത്താംമണ്ഡലത്തിലാണ് പുരുഷസൂക്തമുള്ളത്. ഇതിനെ അടിസ്ഥാനപ്പെടുത്തിയാണ് ചാതുർവർണ്യ വ്യവസ്ഥ നിലവിൽ വന്നിട്ടുണ്ടാകു ക. ഇതിൽ പറയുന്ന പ്രകാരം പുരുഷന്റെ അതായത് ബ്രഹ്മാവിന്റെ ശിരസ്സ്, ക രങ്ങൾ, ഊരുക്കൾ, കാൽപ്പാദം എന്നിവിടങ്ങളിൽ നിന്ന് യഥാക്രമം ബ്രാഹ്മണ ർ, ക്ഷത്രിയർ, വൈശ്യർ, ശൂദ്രർ എന്നിവർ സൃഷ്ടിക്കപ്പെട്ടു. പുരുഷസൂക്തമനു സരിച്ച് ആയിരം തലകളും, കണ്ണുകളും, കാലുകളുമുള്ള, ഭൂമിയെ മാത്രമല്ല മു ഴുവൻ പ്രപഞ്ചത്തേയും എല്ലാ വശങ്ങളിൽ നിന്നും വലയം ചെയ്യുകയും പത്തു വിരലുകൾ കൊണ്ട് അതിനെ മറികടക്കുകയും ചെയ്യാൻ കഴിവുള്ള ദൈവിക ശക്തിയുള്ള ജീവിയാണ് പുരുഷൻ. ഋഗ്വേദത്തിലെ ഇന്ദ്രൻ, അഗ്നി, വരുണൻ തുടങ്ങിയ പ്രകൃതി ദൈവങ്ങളിൽ നിന്നും പുരുഷനെന്ന ഏകദൈവ സങ്കൽപ്പ ത്തിലേക്കുള്ള മാറ്റം ഇവിടെ ദർശിക്കാൻ കഴിയും. യാഗത്തിൽ നിന്നാണ് പുരു ഷൻ ഉണ്ടായതെന്ന് പ്രസ്താവിക്കുമ്പോൾ ദൈവത്തെപോലും സൃഷ്ടിക്കാൻ കഴിവുള്ളവരാണ് യാഗം നടത്തുന്നവരെന്ന് സ്ഥാപിക്കുകയാണ്. വടക്കെ മല ബാറിലെ നാടോടിദൈവമായ പുതിയ ഭഗവതിയുടെ ഉൽപത്തികഥയും ഈ ആ ദിപുരുഷകഥയുടെ അനുകരണമായിരിക്കണം."

"ചാതുർവർണ്ണ്യത്തെ പറ്റി മഹാഭാരതത്തിലും മറ്റു പുരാണങ്ങളിലും ഇതേ ആശയം തന്നെയാണോ ഉള്ളത്?"

"ആ കഥയിൽ നിന്നും ഇതിൽ കുറച്ചു വ്യത്യാസമുണ്ട്. സി.ഇ ആറാം നൂറ്റാണ്ടിനും എട്ടാം നൂറ്റാണ്ടിനുമിടയിൽ രചിക്കപ്പെട്ടതെന്ന് കരുതപ്പെടുന്ന ഭാഗവത പുരാണമനുസരിച്ച് നാല് വർണ്ണങ്ങളുടേയും ഉത്ഭവം വിഷ്ണു എന്നറിയപ്പെടുന്ന പുരുഷന്റെ ശരീരത്തിൽ നിന്നാണ് ഉണ്ടായത്. ഭാഗവത പുരാണത്തിൽ ചാതുർവർണ്ണത്തെ വിവരിക്കുന്നത് ഇപ്രകാരമാണ്. അല്ലയോ കുരുക്കളുടെ നേതാവേ! പുരുഷന്റെ വായിൽ അതായത് ശിരസിൽ നിന്ന് പുറപ്പെടുന്ന അക്ഷരങ്ങൾപോലെയാണ് വേദമെന്ന ബ്രാഹ്മണവും ബ്രാഹ്മണവർഗ്ഗവും. അതിനാൽ ബ്രാഹ്മണവർണ്ണം വർണ്ണങ്ങളിൽ അഗ്രഗണ്യനായി. അവന്റെ കരങ്ങളിൽ നിന്ന് സംരക്ഷണശക്തിയും ലോകത്തെ സംരക്ഷിക്കാനുള്ള കടമയെന്ന പ്രതിജ്ഞ അനുസരിക്കുന്ന ക്ഷത്രിയ വർഗ്ഗമുണ്ടായി. പുരുഷനെന്ന വിഷ്ണുവിൽ നിന്ന് ജനിച്ച ഈ വർഗ്ഗം ദുഷ്ടന്മാരുടെ രൂപത്തിലുള്ള മുറിവുകളിൽ നിന്ന് ആളുകളെ സംരക്ഷിക്കുന്നു. ആ സർവ്വവ്യാപിയായ ഭഗവാന്റെ തുടകളിൽ നിന്നാണ് പൊതുജനങ്ങളുടെ ഉപജീവനമാർഗം നിലനിർത്തുന്ന കൃഷിപോലുള്ള തൊഴിലുകൾ പിറന്നത്. ശരീരത്തിന്റെ അതേഭാഗത്ത് നിന്ന് ജനിച്ച വൈശ്യവർഗ്ഗം ആളുകളുടെ പരിപാലനത്തിനായി കച്ചവടവും കൃഷിയും ചെയ്യുന്നു. ഭഗവാന്റെ പാദങ്ങളിൽനിന്നാണ് മതത്തിന്റെ നേട്ടത്തിനായി പണ്ട് ശൂദ്രവർഗ്ഗം ജനിച്ചത്. അതിൽ ഹരി പ്രസാദിക്കുന്നു. ശ്രീകൃഷ്ണൻ തന്റെ വിശ്വരൂപമെന്നനിലയിൽ ഭഗത്ഗീതയിൽ കാണിച്ചതും ഇതേ പുരുഷസങ്കൽപ്പം തന്നെയായിരിക്കണം.

എന്നാൽ സി.ഇ നാലാം നൂറ്റാണ്ടിന്റെ അവസാനത്തോടെ പൂർത്തിയായതായി കരുതപ്പെടുന്ന മഹാഭാരതം, വർണ്ണ സമ്പ്രദായത്തിന്റെ രണ്ട് മാതൃകകൾ അവതരിപ്പിക്കുന്നുണ്ട്. "ബ്രാഹ്മണവർണ്ണം വെളുത്തതും ക്ഷത്രിയർ ചുവപ്പും വൈശ്യർ മഞ്ഞയും ശൂദ്രരുടെ കറുപ്പും" എന്ന് ഭൃഗു എന്ന കഥാപാത്രത്തിലൂടെ വർണ്ണത്തെ ഒരു വർണ്ണാധിഷ്ഠിത സമ്പ്രദായമായി ആദ്യ മാതൃക വിവരിക്കുന്നു. എന്നാൽ എല്ലാ വർണ്ണങ്ങളിലും വ്യത്യസ്ത നിറമുള്ളവർ കാണപ്പെടുന്നുവെന്നും ആഗ്രഹം, കോപം, ഭയം, അത്യാഗ്രഹം, ദുഃഖം, ഉത്കണ്ഠ, വിശപ്പ്, അദ്ധ്വാനം എന്നിവ എല്ലാ മനുഷ്യരിലും നിലനിൽക്കുന്നുവെന്നും എല്ലാ മനുഷ്യ ശരീരങ്ങളിൽ നിന്നും പിത്തവും രക്തവും ഒഴുകുന്നുവെന്നും ഭരദ്വാജ ഇതിനെ ചോദ്യം ചെയ്യുന്നു. എന്താണ് വർണ്ണങ്ങളെവേർതിരിക്കുന്നതെന്ന് അദ്ദേഹം ചോദിക്കുന്നു. തുടർന്ന് മഹാഭാരതം പ്രഖ്യാപിക്കുന്നു, "വർണ്ണങ്ങളുടെ വ്യത്യാസമില്ല. ഈ പ്രപഞ്ചം മുഴുവൻ ബ്രഹ്മമാണ്. ഇത് മുമ്പ് ബ്രഹ്മാവാണ് സൃഷ്ടിച്ചത്, തൊഴിലുകളായി ഇതിനെ വിഭജിച്ചു". ഇതേ ഇതിഹാസം പിന്നീട് ഇതിനെ ഇങ്ങനെ വ്യാഖ്യാനിക്കുന്നു. കോപം, സുഖം, ധൈര്യം എന്നിവയിൽ ചായ്വുള്ളവർ

ക്ഷത്രിയ വർണ്ണം നേടി; കന്നുകാലികളോട് ചായ്വുള്ളവർ, കലപ്പ ഉപയോഗി ച്ച് ജീവിച്ചവർ വൈശ്യവർണ്ണം പ്രാപിച്ചു; അക്രമം, അത്യാഗ്രഹം, അശുദ്ധി എ ന്നിവ ഇഷ്ടപ്പെട്ടവർ ശൂദ്രവർണ്ണം പ്രാപിച്ചു. സത്യത്തിനും തപസ്സിനും ശുദ്ധ മായ പെരുമാറ്റത്തിലും അർപ്പിതമായ മനുഷ്യന്റെ സ്വതസിദ്ധമായ അവസ്ഥയാ യാണ് ഈ ഇതിഹാസം ബ്രാഫമണവർഗ്ഗത്തെ വ്യാഖ്യാനിക്കുന്നത്.

ഈ ഇതിഹാസങ്ങളും കഥകളും വിശ്വാസത്തിന്റെ ഭാഗമായതിനാൽ, ജാതി തൊഴിലുമായി ബന്ധപ്പെട്ടുകിടക്കുന്നതാണെങ്കിലും അത് ദൈവ നിർമ്മിതിയാ ണെന്ന് വരുത്തുന്നതിൽ പുരോഹിതരായ ബ്രാഫമണർ വിജയിച്ചു. കാലാകാല ങ്ങളായി ഇത്തരം പുരാണകഥകളുടെ പ്രചരണത്തിലൂടെ വിശ്വാസസമൂഹ ത്തെ ജാതി അടിസ്ഥിത സമൂഹമായി നിലനിർത്താനും സമൂഹത്തിലെ തങ്ങ ളുടെ സ്ഥാനം ഉറപ്പിക്കാനും ബ്രാഫമണർക്ക് കഴിഞ്ഞു. നാല് വർണ്ണങ്ങളായി തു ടങ്ങിയ ജാതിസമൂഹം പിന്നീട് മൂവായിരത്തിലധികം ജാതിയും ഉപജാതികളു മായി പരിണമിച്ചു."

"നാല് വർണ്ണങ്ങളിൽനിന്നും മൂവായിരത്തിലധികം ജാതിവിഭാഗങ്ങൾ എങ്ങ നെയാണ് ഉണ്ടായത്?"

"ഇങ്ങനെ സംഭവിച്ചതിന് പല കാരണങ്ങളുണ്ട്. ചാതുർവർണ്ണ വ്യവസ്ഥയു ടെ കർക്കശമായ നിയമത്തിൽ നിന്നും അതിനെ ധിക്കരിച്ച് വിവാഹിതരായവ ർ അതായത് വർണ്ണസംകരയിൽ ഏർപ്പെട്ടവർ വർണ്ണാശ്രമത്തിൽ നിന്നും പുറ ത്താക്കപ്പെടുകയും ക്രമേണ ഒരു ജാതിയായി പരിണമിക്കുകയും ചെയ്തു. ചാ തുർ വർണ്ണത്തിൽ ഉൾപ്പെടാതിരുന്ന ഗിരിജനങ്ങളടക്കമുള്ളവർ പിന്നീട് അതി ന്റെ ഭാഗമായപ്പോൾ അവരും പ്രത്യേക ജാതിയായി മാറി. ഇന്ത്യയിലേക്ക്, തുർ ക്കികളും ഗ്രീക്കുകാരുമടക്കമുള്ള പല വിദേശികൾ വരികയും ഈ സമൂഹത്തി ന്റെ ഭാഗമാകുകയും ചെയ്തിട്ടുണ്ട്. ഇവരും പിന്നീട് പുതിയ ജാതിവിഭാഗങ്ങളാ യി മാറി. ഗുപ്തഭരണത്തിന്റെ അവസാനകാലമായപ്പോഴേക്കും വ്യാപാര തക ർച്ച കാരണം നഗര പ്രദേശങ്ങളിൽ തൊഴിലില്ലായ്മ ഉയരുകയും പല തൊഴിൽ വിഭാഗങ്ങളും ഗ്രാമങ്ങളിലേക്ക് കുടിയേറുകയും ചെയ്തു. അവരും പുതിയ ജാ തി വിഭാഗമായി അറിയപ്പെട്ടു."

"കേരളം ഉൾപ്പെടുന്ന ദക്ഷിണേന്ത്യയിലും ഇങ്ങനെ തന്നെയാണോ സംഭവി ച്ചത്?"

"അല്ല, തെക്കേ ഇന്ത്യയിലെ സ്ഥിതി ഇതിൽനിന്നും വ്യത്യസ്തമായിരുന്നു. മൗര്യസാമ്രാജ്യം അതിന്റെ വ്യാപ്തി ഏറ്റവും കൂടുതൽ വികസിപ്പിച്ച അശോക ന്റെ കാലത്ത് ദക്ഷിണേന്ത്യ തമിഴകമെന്ന പേരിൽ അതിൽ നിന്നും വേറിട്ടു നി ന്നിരുന്നു. മാത്രമല്ല ചാതുർവണ്ണ്യ സമ്പ്രദായം സംഘകാലഘട്ടത്തിൽ തമിഴക ത്തുണ്ടായിരുന്നില്ല. തമിഴകത്ത്, പ്രത്യേകിച്ചും കേരളത്തിൽ ജാതിവ്യവസ്ഥ മൂ

ന്നു ഘട്ടങ്ങളിൽ കൂടിയാണ് പരിണമിച്ചത്. സംഘസാഹിത്യ തെളിവുകൾ പ്ര കാരം ആദ്യഘട്ടത്തിൽ സമൂഹം തൊഴിലിനൊപ്പം ആവാസ ഇടങ്ങളുടെ അടി സ്ഥാനത്തിലാണ് വിന്യസിക്കപ്പെട്ടിരുന്നത്. കുറിഞ്ചി പ്രദേശത്ത് വേട്ടയായിരു ന്നു പ്രധാന തൊഴിൽ. വേട്ടുവർ, എയ്നർ എന്ന പന്നിവേട്ടക്കാർ, മാലുവുമർ എന്ന മാൻവേട്ടക്കാർ എന്നീ തൊഴിൽ വിഭാഗങ്ങളും ആവാസയിടത്തിന്റെ അടി സ്ഥാനത്തിൽ കുന്നുകളിൽ ജീവിക്കുന്നവർ കുൻറവർ/കുറവർ, കാട്ടിൽ ജീവി ക്കുന്നവർ കാനവർ എന്നിങ്ങനെയും അറിയപ്പെട്ടിരുന്നു. വനപ്രദേശമായ മു ല്ലെയിൽ കന്നുകാലി വളർത്തുന്ന കോവലർ, ഇടയർ എന്നീ വിഭാഗങ്ങളാണ് നിവാസികൾ. സമതലമായ മരുതം പ്രദേശത്ത് കൃഷിക്കാർ ഉളവർ എന്ന ഉഴ വുകാർ, വേലൻമാടർ, തോളുവർ എന്നിങ്ങനെയും കർഷകത്തൊഴിലാളികൾ കടയർമാർ എന്ന പേരിലും അറിയപ്പെട്ടിരുന്നു. നെയ്തൽ എന്നു പേരുള്ള തീര ദേശത്ത് മൽസ്യബന്ധനം തൊഴിലാക്കിയ പരവതർ, മീനവർ, മുങ്ങൽ വിദഗ്ധ രായ നുലെയാർ, ഉപ്പ് നിർമ്മാതാക്കളും വ്യാപാരികളുമായ ഉമനർ എന്നിവരും വസിച്ചിരുന്നു. വീരയോദ്ധാക്കളായ മറവരും ഗുസ്തിക്കാരായ മല്ലരും സൈനി കരായ മലവരും പാലെയിലെ വാസക്കാരാണ്. ഇവരെക്കൂടാതെ പാട്ടുകാരായ പാണർ, നൃത്തക്കാരായ വിറലികർ, കൂത്തു നടത്തുന്ന കൂത്തിയാർ, തുടി കൊ ട്ടുന്ന കൂതിയാർ, പറയടിക്കാരായ പറയർ/വള്ളുവർ, അടിയവർ, ആശാരിയായ വിനൈവളർ, പുരോഹിതനായ വേലൻ, അന്ധണർ, പാർത്തർ എന്നിങ്ങനെയു ള്ള തൊഴിൽ വിഭാഗങ്ങളാണ് സംഘകാല സമൂഹത്തിൽ ഉണ്ടായിരുന്നത്.

ഗോത്രഘടനയുടെ സ്വാഭാവിക വികാസം ഇവരുടെ സാമൂഹിക ഘടനയി ൽ പ്രകടമായിരുന്നു. ഭിന്നതൊഴിൽ വിഭാഗങ്ങൾ സഹവസിച്ച കാർഷിക സമൂ ഹമായിരുന്നു അത്. അധ്വാനത്തിന് മുൻതൂക്കമുള്ള, എന്നാൽ തൊഴിൽ വി വേചനമില്ലാത്ത സാമൂഹ്യഘടനയിൽ തൊഴിൽ ആർക്കും താത്പര്യമനുസരിച്ച് തിരഞ്ഞെടുക്കാവുന്നതായിരുന്നു. ഒരു തൊഴിലിലും പ്രത്യേക സാമൂഹിക പദ വി ഇല്ലാത്തതും കായികാധ്വാനത്തെ മാനിക്കുകയും തൊഴിൽ വിഭാഗങ്ങൾ പര സ്പര സ്പർധയില്ലാതെ, സമത്വ സഹവാസം നടത്തിയിരുന്നു. തൊഴിലനുസ രിച്ചുള്ള അധിവാസ കേന്ദ്രങ്ങളായിരുന്നു തെരഞ്ഞെടുത്തിരുന്നത്. ആദിമ നി വാസികളായ പാണർ, കുറവർ, പറയർ, വേടർ തുടങ്ങിയ വിഭാഗങ്ങളെല്ലാം ഒ രുമയോടെ ജീവിച്ചു.

ജാതിരഹിതമായിരുന്ന അന്നത്തെ സാമൂഹികഘടനയിൽ ലിംഗസമത്വവും നിലനിന്നിരുന്നു. വിദ്യാഭ്യാസത്തിനും ഇഷ്ടമുള്ള തൊഴിൽ ചെയ്യാനും സാമൂ ഹിക ജീവിതത്തിൽ സ്വാതന്ത്ര്യം സ്ത്രീകൾക്കുണ്ടായിരുന്നു. അവർക്കിടയിൽ കവിയത്രിമാർ അംഗീകരിക്കപ്പെട്ടിരുന്നു. വസ്ത്രം ധരിക്കാനും ഇഷ്ടമുള്ള ആ ഭരണങ്ങൾ അണിയാനും സ്ത്രീകൾക്ക് സ്വാതന്ത്ര്യമുണ്ടായിരുന്നു. പാട്ടും നൃ

ത്തവും ലിംഗഭേദമന്യേ വിനോദ ഉപാധികളായിരുന്നു.

അടുത്ത ഘട്ടം അശോകന്റെ കാലം മുതൽ തന്നെ കേരളത്തിലെത്തിച്ചേർ ന്ന ശ്രമണമതങ്ങളുടെ കടന്നുകയറ്റമാണ്. പ്രണയത്തിന് വലിയ പ്രാധാന്യം ന ൽകിയിരുന്ന, സ്ത്രീപുരുഷ സമത്വത്തിലധിഷ്ഠിതമായ മതേതര സമൂഹത്തി ലേക്ക് ജൈന-ബൗദ്ധ മത പാരമ്പര്യത്തിലധിഷ്ഠിതമായ സംസ്ക്കാരം അടിച്ചേ ൽപ്പിച്ചു. അതിന്റെ ഉദാഹരണങ്ങളാണ് ചിലപ്പതിക്കാരം, മണിമേഖലയടക്ക മു ള്ള സാഹിത്യ സൃഷ്ടികൾ. ഇവരുടെ ഇടപെടൽ സമൂഹത്തെ വിവിധ തൊഴിൽ വിഭാഗങ്ങളാക്കി വെട്ടിമുറിച്ചു. എന്നാൽ ജാതിഅടിസ്ഥാനത്തിൽ സമൂഹത്തെ വിവിധ തട്ടുകളായി വേർതിരിച്ചത് സി.ഇ ഏട്ടാം നൂറ്റാണ്ടോടുകൂടി, ബ്രാഹ്മണ മതം സമൂഹത്തിൽ ശക്തിപ്രാപിച്ചതിന് ശേഷമാണ്. ചാതുർവണ്ണ്യത്തിന്റെ ഭാ ഗമായി അവർ കേരളസമൂഹത്തെ സവർണ്ണർ, അവർണ്ണർ എന്ന രണ്ടു വിഭാഗ ങ്ങളായി തരം തിരിച്ചു. വ്യത്യസ്ത തൊഴിൽ വിഭാഗങ്ങൾക്ക് ജാതി വ്യവസ്ഥ ആ ധാരമാക്കിയുള്ള സാമൂഹികപദവി നിർണ്ണയിക്കപ്പെട്ടു. അധഃകൃത വിഭാഗങ്ങ ൾ രൂപംകൊള്ളുകയും അധ്വാനത്തിന് താഴ്ന്ന മൂല്യം കല്പിക്കുകയും ചെയ്തു. ഭക്ഷണ നിയന്ത്രണവും ശുദ്ധാശുദ്ധി സങ്കൽപവും കൂടുതൽ സാമൂഹികമായി. സാക്ഷരതാ നിരോധനം, ലിംഗാസമത്വം, ശൈശവ വിവാഹം, വിധവാ വിവാഹ നിരോധനം, വസ്ത്രം, ആഭരണം എന്നിവ ധരിക്കുന്നതിലുള്ള മേൽ-കീഴ് അവ കാശങ്ങൾ എന്നിങ്ങനെ ഒട്ടേറെ കാര്യങ്ങൾ നടപ്പിലാക്കി. ഇതിലൂടെ സംഘകാ ലത്ത് മതേതരമായിരുന്ന സമൂഹം വർണാശ്രമ ധർമ്മത്തിന്റെ കീഴിലായി.

ബുദ്ധ-ജൈനമതങ്ങളുടെ കാലത്ത് തൊഴിൽ പേരുകളായിരുന്ന ആചാരി, ത ട്ടാൻ, കമ്മാളൻ തുടങ്ങിയവയെല്ലാം ജാതി നാമങ്ങളായി. മനുസ്മൃതി അനുസ രിച്ച് അവർ സൃഷ്ടിച്ച വർണ്ണാശ്രമത്തിലെ വിഭാഗങ്ങൾ സവർണ്ണരായി അറിയ പ്പെട്ടു. എങ്കിലും ബ്രാഹ്മണർക്കിടയിൽ തന്നെ ഉച്ച നീചത്വം നിലനിന്നിരുന്നു. ഓത്തുള്ളവരും ഓത്തില്ലാത്തവരുമെന്ന പോലെ, സ്ഥാനമാനങ്ങളിലും സമ്പ ത്തിലുമുള്ള വ്യത്യാസങ്ങളും ആഭ്യന്തര ജാതി ഘടനയിലും പ്രകടമായിരുന്നു.

ഉച്ചനീചത്വബോധം സവർണ്ണരിൽനിന്ന് അവർണ്ണരിലേക്കെത്തുമ്പോൾ കാ ഠിന്യം കൂടുതലായിരുന്നുവെന്നല്ലാതെ സവർണ്ണരിലും ഉച്ചനീചത്വം നിലനിർ ത്തി. ബ്രാഹ്മണമേധാവിത്വം നയിച്ച ജന്മി-നാടുവാഴിത്ത-ഫ്യൂഡൽ വ്യവസ്ഥിതി യിൽ ജാതി കേവലമായി സംഭവിച്ച ഒരു പ്രക്രിയയായിരുന്നില്ല. ബ്രാഹ്മണർ അ വരുടെ ധൈഷണിക പ്രതാപം കൊണ്ട് ആസൂത്രിതമായി, അതിജീവനത്തിനാ യി ആവിഷ്ക്കരിച്ച സാമൂഹ്യ നിർമ്മിതിയായിരുന്നു അത്. ക്ഷേത്ര-ബ്രാഹ്മണ കേന്ദ്രിത വ്യവസ്ഥയുടെ കീഴിൽ ജാതിവ്യവസ്ഥയെ സ്വഭാവികമായി എതിർപ്പി ല്ലാതെ നടപ്പാക്കാൻ ബ്രാഹ്മണാധിപത്യത്തിന് കഴിഞ്ഞു. അവർക്ക് മാത്രം കൈ മുതലായ ജ്ഞാന മഹിമയും സംസ്കൃതജ്ഞാനവും നൽകിയ ധൈഷണിക

മൂലധനം അവർ പ്രയോജനപ്പെടുത്തി. ക്ഷേത്രങ്ങൾ ഭരണ നിയന്ത്രണ കേന്ദ്ര ങ്ങളായതോടുകൂടി ബ്രാഫമണരോട് സഹവർത്തിത്വം പുലർത്തിയ വിഭാഗങ്ങ ളെ വർണ്ണാശ്രമത്തിൽ ഉൾപ്പെടുത്തുകയും മറ്റുള്ളവരെ അവർണ്ണരായി അകറ്റി നിർത്തുകയും ചെയ്തു. എന്നാൽ സവർണ്ണർക്കുള്ളിൽ എല്ലാവർക്കും ഒരേ അ ധികാരമോ സാമൂഹ്യമൂല്യമോ അനുവദിച്ചിരുന്നില്ല. വേദാഭ്യാസം ബ്രാഫമണരി ൽ നിക്ഷിപ്തമായിരുന്നതിനാൽ, ക്ഷത്രിയ-ശൂദ്ര വിഭാഗങ്ങൾക്ക് അത് അപ്രാ പ്യമായിരുന്നു. ബ്രാഫമണരെ ചോദ്യം ചെയ്യാനുള്ള അവകാശം ഭരിക്കുന്ന രാജാ വിനുപോലുമുണ്ടായിരുന്നില്ല. പുറമേനിന്നു വന്ന ബ്രാഫമണമതത്തിന്റ ആശ യത്തെ, തദ്ദേശീയരെ ഉപകരണമാക്കി സ്വന്തം താൽപര്യങ്ങൾക്കായി ബ്രാഫമ ണരുണ്ടാക്കിയ സാമൂഹ്യാചാരത്തിലെ കൂട്ടാളികൾ എന്നതിനപ്പുറം സമത്വ ഭാ വന സവർണ്ണഘടനയിലുമുണ്ടായിരുന്നില്ല."

"എന്നാൽ കീഴ്ജാതിക്കാരോട് ഏറ്റവും കൂടുതൽ ജാതി വിവേചനം കാണിച്ചി രുന്നത് വർണാശ്രമത്തിലെ അധമജാതിയായ ശൂദ്രരായിരുന്നുവെന്നാണല്ലോ കേട്ടിട്ടുള്ളത് മുത്തശ്ശീ"

"അതേ, അതാണ് ഈ ജാതിവ്യവസ്ഥയുടെ പ്രത്യേകതയും. തനിക്ക് താഴെ വേറെ വിഭാഗം ഉണ്ടാകുമ്പോൾ താൻ ഉയർന്നവനാണെന്ന തോന്നൽ അവർ ക്കുമുണ്ടാകുന്നു. തനിക്കു താഴെയുള്ളവരോട് വിവേചനവും ക്രൂരതയും നട പ്പിലാക്കാനുള്ള അധികാരം ശൂദ്രർക്കും അനുവദിച്ചിരുന്നു. ജാതിയിലുയർന്ന വർ എന്ന പൊതുബോധം സവർണ്ണരിലും നിലനിന്നതിനാൽ തങ്ങളും പീഡിത രാണെന്ന് അവർ സ്വയം തിരിച്ചറിഞ്ഞില്ല. ഈ വ്യവസ്ഥയെസംരക്ഷിച്ച് നിർ ത്തുന്നതിനായി തൊട്ടുകൂടായ്മ പോലുള്ള സാമൂഹിക അസമത്വങ്ങൾ ആചാ രമായി നടപ്പാക്കി. ബ്രാഫമണർ പറയുന്ന, ചെയ്യുന്ന,നടപ്പാക്കുന്ന എന്തിനും വേ ദ പ്രമാണങ്ങളുടെ പിൻബലമുണ്ടെന്ന ധാരണ സവർണ്ണർക്കിടയിൽ ഉണ്ടാക്കാ ൻ ബ്രാഫമണർക്ക് കഴിഞ്ഞു.

ബ്രാഫമണാധിപത്യം കേരളത്തിൽ ഒരു പുതിയ സാമൂഹികക്രമം സൃഷ്ടി ച്ചു. ക്ഷേത്ര കേന്ദ്രിത ജീവിതക്രമം, സാക്ഷരതാധികാരം, ജ്ഞാനാധികാരം, ആ ചാരക്രമം ശുദ്ധി-അശുദ്ധി ധാരണകൾ തുടങ്ങി, ബ്രാഫമണർ ഉപദേശിച്ച മത വിശ്വാസങ്ങളും ആചാരമര്യാദകളും ഭരിക്കുന്ന രാജാവുമുതൽ എല്ലാവരും ദൈ വവാക്യമായി അംഗീകരിച്ചു. കേരള സമൂഹം ബ്രാഫമണ കേന്ദ്രിതമായി പുനർ നിർണ്ണയിക്കപ്പെട്ടു."

"വടക്കേ ഇന്ത്യയിലെ പോലെ കേരളത്തിലും ചാതുർവർണ്ണ്യം ഉണ്ടായിരു ന്നോ മുത്തശ്ശീ?"

"ഇന്ത്യയിലെ മറ്റുപ്രദേശങ്ങളിലെ വർണ്ണാശ്രമത്തിൽ നാലുവർണ്ണങ്ങൾ ഉ ണ്ടെങ്കിലും അതിൽ നിന്നും വ്യത്യസ്തമായി കേരളത്തിൽ പ്രധാനമായും ബ്രാ

ഷണരും ശൂദ്രരുമെന്ന രണ്ടു വർണ്ണങ്ങൾ മാത്രമാണ് ഉണ്ടായിരുന്നത്. അതി നൊരു കാരണമായി പറയപ്പെടുന്നത്, കേരളത്തിലെ രാജാക്കന്മാർ ഉപനയനം ചെയ്തവരായിരുന്നില്ലാ എന്നതിനാൽ, രാജാക്കന്മാരെ നമ്പൂതിരിമാർ ക്ഷത്രി യരായി കണക്കാക്കിയില്ല. അവരെ അവർ ശൂദ്രരായാണ് കണ്ടത്. എന്നിരുന്നാ ലും രാജ്യംഭരിച്ചിരുന്ന കുടുംബങ്ങൾക്ക് ക്ഷത്രിയസ്ഥാനം നൽകിയിരുന്നു. വർ മ്മ, കോയിത്തമ്പുരാൻ, തമ്പാൻ, തിരുമുൽപ്പാട് എന്നീ സ്ഥാനപ്പേരുകൾ ചില രാജകുടുംബങ്ങൾ ഉപയോഗിച്ചു. ബ്രാഹ്മണ്യത്തിന്റെ ആചാരമനുസരിച്ച് വർ ണ്ണാശ്രമത്തിന്റെ അധികാര സംരക്ഷകരാകേണ്ട ക്ഷത്രിയവിഭാഗത്തിന്റെ കുറവ് പരിഹരിക്കാനായി ശൂദ്രരായി അവർ കണക്കാക്കിയ പ്രാദേശിക ഗോത്രഭരണ ചുമതലയുള്ളവർക്ക് പ്രത്യേക പദവികൾ നൽകി. അതുപോലെ ഉപനയനത്തി ലൂടെ രാജാവിനെ ക്ഷത്രിയനാക്കി. അതിന്റെ ഭാഗമായി ആചാരപരമായ ചില ചടങ്ങുകൾ തിരുവിതാംകൂർ രാജവംശത്തിൽ നടന്നതായി കാണാം.

ഇന്ത്യ സ്വതന്ത്രമാകുന്നതിനു മുമ്പുവരെ കേരളത്തിലെ തിരുവിതാംകൂർ പ്ര ദേശം രാജഭരണത്തിന്റെ കീഴിലായിരുന്നല്ലോ. അവിടെ സാമന്തന്മാരെ കിരീട അവകാശിയാക്കുന്നതിനു മുമ്പ് ക്ഷത്രിയനാക്കുന്ന ചടങ്ങ് നടന്നിരുന്നു. അ തിനെ ഹിരണ്യഗർഭവും തുലാപുരുഷദാനവുമെന്നാണ് വിളിച്ചിരുന്നത്. ഈ ച ടങ്ങിന് ശേഷമാണ് പട്ടാഭിഷേകം നടക്കുക. താമരയുടെ ആകൃതിയിൽ പത്ത ടി പൊക്കവും എട്ടടി ചുറ്റളവുമുള്ള സ്വർണ്ണപാത്രത്തിൽ പഞ്ചഗവ്യം പകുതി നി റക്കുന്നു. മധുര, തിരുനെൽവേലി, മലബാർ എന്നിവിടങ്ങളിൽ നിന്നെത്തുന്ന ബ്രാഹ്മണർ അതിന് ചുറ്റും നിന്നുകൊണ്ട് വേദമന്ത്രോച്ചാരണംനടത്തുമ്പോൾ സ്വർണ്ണപാത്രത്തോട് ചേർത്തുവെച്ച ഗോവണിയിലൂടെ രാജാവ് അകത്ത് കയ റി പാത്രത്തിലെ തീർത്ഥത്തിൽ അഞ്ച് തവണ മുങ്ങുന്നു. തുടർന്ന് മുഖ്യപുരോ ഹിതൻ കിരീടധാരണം നടത്തി 'കുലശേഖരപെരുമാൾ'എന്ന് ഉരുവിടുന്നതോ ടെ തിരുവിതാംകൂർ രാജാവായി സ്ഥാനമേല്‌ക്കുന്നു. ഹിരണ്യം എന്ന് വിളിക്കു ന്ന സ്വർണ്ണപാത്രത്തിലെ തീർത്ഥത്തിൽ മുങ്ങി നിവർന്നാൽ ശൂദ്രൻ ക്ഷത്രിയ നായി മാറുമെന്നാണ് സങ്കല്പം.

ചടങ്ങുകൾക്ക് ശേഷം ആ സ്വർണ്ണപ്പാത്രം അവിടെ കൂടിയിരിക്കുന്ന ബ്രാ ഹ്മണർക്ക് വീതിച്ചു നൽകണം. രാജാവിനെ സ്വർണ്ണനാണയങ്ങൾ കൊണ്ട് തു ലാഭാരം നടത്തി ആ സ്വർണ്ണവും ബ്രാഹ്മണർക്ക് ദാനം ചെയ്യണം. അതിനെ തു ലാപുരുഷദാനം എന്നാണ് പറയുക. ശ്രീമൂലം തിരുനാൾ ഉൾപ്പെടെയുള്ള രാജാ ക്കന്മാർ ഹിരണ്യഗർഭവും തുലാപുരുഷദാനവും നടത്തിയിട്ടുണ്ട്. കേരളത്തിൽ അക്കാലത്ത് ഭരണപരമായി സ്വാധീനമുണ്ടായിരുന്ന കൃഷിക്കാരുൾപ്പെടുന്ന ചി ല ആളുകളെ ശൂദ്രരായി പരിഗണിച്ച് വർണ്ണാശ്രമത്തിനുള്ളിൽ ഉൾപ്പെടുത്തി യെങ്കിലും കൃഷിക്കാരായ മറ്റു വിഭാഗങ്ങളെ തൊട്ടുകൂടാത്തവരായാണ് ബ്രാ

ഫമണ്യം കണക്കാക്കിയത്. മനുസ്മൃതിയെന്ന ദൈവനിശ്ചയമായ നിയമത്തെ പ്രാവർത്തികമാക്കുകയെന്ന ലക്ഷ്യത്തിന്റെ ഭാഗമായി കേരളത്തിലും ജാതി വ്യ വസ്ഥ സ്ഥാപിക്കാൻ ബ്രാഹ്മണമതത്തിന് സാധിച്ചു.

ജനാധിപത്യ സർക്കാർ ഭരണത്തിൽ വന്നതിന് ശേഷം തൊട്ടുകൂടായ്മ അ ടക്കമുള്ള ജാതിവിവേചനം ഇന്ത്യയിൽ നിയമം മൂലം നിരോധിച്ചെങ്കിലും മതാ ചാരമായി നിലവിൽ വന്ന ജാതിബോധത്താൽ, സ്വജാതിക്കപ്പുറം വിവാഹം ആ ലോചിക്കാൻ ഇക്കാലത്തുപോലും ആളുകൾ തയ്യാറാകാറില്ലായെന്നതാണ് യാ ഥാർത്ഥ്യം. സാമ്പത്തികമായ ഏറ്റക്കുറച്ചിലുകൾ എന്നതിനപ്പുറം ജാതി ഒരു സാമൂഹ്യതിന്മയായി നൂറ്റാണ്ടുകളായി ഇന്ത്യയിൽ നിലനിൽക്കുന്നു. ഇതിന്റെ പ്രധാന കാരണം, ജാതി ദൈവനിശ്ചയമായ ആചാരത്തിന്റെ ഭാഗമാണ് എന്ന തും ആ വിശ്വാസത്തിന്റെ ഭാഗമായ സമൂഹമാണ് ഇവിടെയുള്ളത് എന്നതുമാ ണ്.''

"അങ്ങനെയെങ്കിൽ കേരളത്തിലെ ബ്രാഹ്മണർ പുറത്തുനിന്നും വന്നവരാ യിരിക്കും അല്ലേ മുത്തശ്ശി?"

"അങ്ങനെ തോന്നാമെങ്കിലും അതു പൂർണ്ണമായും ശരിയല്ല. മത പ്രചരണ ത്തിന്റെ ഭാഗമായി ചിലരെങ്കിലും പുറത്തുനിന്നും വന്നിട്ടുണ്ടാകാം. ഇതിനെ ഇ ങ്ങനെ വിശദീകരിക്കാം. തൊഴിലിന്റെ അടിസ്ഥാനത്തിൽ മനുഷ്യർ പലതട്ടുക ളായി വിഭജിക്കപ്പെടുകയും അതിൽ ഉച്ചനീചത്വങ്ങൾ ഉൾച്ചേർക്കപ്പെടുകയും ചെയ്ത സാമൂഹ്യ ഘടനയാണല്ലോ ജാതി വ്യവസ്ഥ. നമ്മൾ അറിയുന്ന ചരിത്ര മനുസരിച്ച് കേരളത്തിൽ നിലവിലുണ്ടായിരുന്ന മതേതര ഗോത്രസമൂഹത്തെ തൊഴിലിന്റെ അടിസ്ഥാനത്തിൽ വിഭജിക്കുന്നതിന് ശ്രമണമതങ്ങളുടെ ഇടപെട ലുകൾക്ക് സാധിച്ചു. അതിനുശേഷം എട്ടാം നൂറ്റാണ്ടോടെ കേരളസമൂഹത്തിൽ സ്വാധീനമുറപ്പിച്ച ബ്രാഹ്മണമതം, തൊഴിലിന്റെ അടിസ്ഥാനത്തിൽ വിഭജിക്ക പ്പെട്ട സമൂഹത്തിൽ ഉച്ചനീചത്വങ്ങൾ അടിച്ചേൽപ്പിക്കുന്നതിൽ വിജയിച്ചു.

ജനിതകപരമായതും മറ്റുമായ വിവരങ്ങളുമനുസരിച്ച് കേരളത്തിലെ ബ്രാ ഫണർ പുറത്തു നിന്നും വന്നവരല്ല. എന്നാൽ ബ്രാഹ്മണ മതം വടക്കേ ഇന്ത്യയി ൽ രൂപപ്പെട്ട് മറ്റ് ഭാഗങ്ങളിലേക്ക് പ്രചരിച്ചതാണെന്ന് പറയാം. അത് ഒന്നുകൂടി വ്യക്തമാക്കാം. ക്രിസ്ത്യൻ,മുസ്ലീം മതങ്ങൾ വിദേശത്തുണ്ടായതാണല്ലോ. എ ന്നാൽ ആ മതക്കാരായി ഇന്ത്യയിൽ ജീവിക്കുന്നവരിൽ ഭൂരിപക്ഷത്തിന്റേയും പിൻതലമുറ മതപരിവർത്തനത്തിന് വിധേയമായി ആ മതത്തിന്റെ ഭാഗമായവ രാണ്. സോഷ്യലിസം, കമ്മ്യൂണിസം തുടങ്ങിയ ആശയങ്ങൾ ഉദയം കൊണ്ടത് യൂറോപ്പിലാണെങ്കിലും അതിന്റെ ഭാഗമായ ഇന്ത്യക്കാർ യൂറോപ്പിൽനിന്നും വ ന്നവരല്ലെന്നു എല്ലാവർക്കും അറിയാം. അതുപോലെ മതപ്രചരണത്തിന്റെ ഭാഗ മായി കുറച്ചുപേർ ആദ്യകാലത്ത് പുറത്തുനിന്നും വന്നിട്ടുണ്ടാകാമെങ്കിലും ബ്രാ

ഫണരടക്കമുള്ള കേരളത്തിലെ എല്ലാ പ്രധാന ജാതിവിഭാഗങ്ങളും ഇവിടെയു
ള്ള ആദിമ ജനവിഭാഗങ്ങളുടെ പിൻതുടർച്ചക്കാരാണ്. ജനിതകശാസ്ത്രത്തി ന്റെ
പഠനങ്ങളിൽ നിന്നും, ഒരേജാതി വിഭാഗത്തിലെ വ്യത്യസ്ത പ്രദേശത്തുള്ള
വരേക്കാൾ ജനിതകമായ സാമ്യത പ്രാദേശികമായി അടുപ്പമുള്ള വ്യത്യസ്ത
ജാതിയിൽപെട്ടവരിലാണ് കണ്ടെത്തിയിട്ടുള്ളത്. ഉദാഹരണത്തിന് മഹാരാഷ്ട്ര
യിലേയും കൊങ്കൺപ്രദേശത്തേയും ബ്രാഫണ ജാതിയിൽപെട്ടവരുടെ ജനിത
ക ഘടന പരിശോധിച്ചപ്പോൾ കൂടുതൽ സാമ്യത അതാത് പ്രദേശങ്ങളിലെ മറ്റ്
ജാതിവിഭാഗങ്ങളുമായാണെന്ന് കണ്ടെത്തി.

ബ്രാഫണ ആധിപത്യത്തിനുമുമ്പുള്ള കേരള സമൂഹത്തിലുണ്ടായിരുന്ന
പലരും ബ്രാഫണമതത്തിന്റെ ആശയങ്ങളിൽ ആകൃഷ്ടരായിട്ടുണ്ടാകാം. അതി
ന്റെ ഭാഗമായവർ ബ്രാഫണമതത്തിന്റെ നീതിശാസ്ത്രമനുസരിച്ച് ഉയർന്ന ജാ
തി ശ്രേണിയുടെ ഭാഗമായി. പല ബ്രാഫണ കുടുംബങ്ങളുടേയും കുലദൈവ
ങ്ങളെ പരിശോധിച്ചാൽ ബ്രാഫണദൈവങ്ങളായ ബ്രഫാവ്, വിഷ്ണു, ശിവൻ
എന്നിവക്ക് പകരം പ്രാദേശിക ഗോത്രദൈവങ്ങളായിരുന്നുവെന്ന് കാണാം. ഉ
ദാഹരണത്തിന് അയിത്തജാതിക്കാരുടെ കുലദൈവമായ അയ്ങ്കാർ പാലക്കാട്
ചില തമിഴ് ബ്രാഫണരുടെകൂടി കുലദൈവമാണ്. മലബാറിലെ ഗോത്രദൈവ
മായ വേട്ടക്കൊരുമകൻ സാമൂതിരി രാജാവിന്റെ കുലദൈവവും നമ്പൂതിരി മാ
രിൽ ഉന്നതരായ ആഴ്വാഞ്ചേരി തമ്പ്രാക്കളുടെ കുലദൈവവുമാണ്.

കേരളത്തിലെ നമ്പൂതിരിമാരുടെ വാസസ്ഥലത്തെ ഇല്ലം, മന എന്നിങ്ങനെ
യാണല്ലോ വിളിച്ചിരുന്നത്. അതുപോലെ നായർ, തീയ്യർ, മുക്കുവർ, പുലയർ,
മാവിലർ തുടങ്ങി പല സമുദായങ്ങളിലും ഇല്ലങ്ങളുണ്ട്. തീയ്യസമുദായം എട്ട്
ഇല്ലങ്ങളുടെ കൂട്ടമാണെന്നും കേട്ടിട്ടുണ്ട്. ഇല്ലം, മന എന്നിവ ദ്രാവിഡ ഭാഷയു
മായി ബന്ധപ്പെട്ടതാണെന്നതും കേരളത്തിലെ നമ്പൂതിരിമാരും മറ്റ് വിഭാഗങ്ങ
ളും കേരളത്തിലെ ആദിമജനതയുടെ പിൻതലമുറയാണെന്നത് സാധൂകരിക്കു
ന്നു. ബ്രാഫണമതം അതിന്റെ ആശയം നടപ്പിലാക്കിയതിലൂടെ സമൂഹത്തിലു
ണ്ടായ ഉച്ചനീചത്വങ്ങളുടെ ഫലമായിട്ടായിരിക്കണം മറ്റ് ജനവിഭാഗങ്ങളുടെ വാ
സസ്ഥലങ്ങളെ വീട്, കുടി ൽ, ചെറ്റ, പുര എന്നിങ്ങനെ വിളിക്കാൻ ഇടയാക്കിയ
ത്.

ഇതിൽ നിന്നും കേരളത്തിലെ എല്ലാ ജാതിസമൂഹവും ഒരേ ജനസമൂഹത്തി
ന്റെ പിൻതലമുറയാണെന്നു മനസ്സിലായല്ലോ. ഇന്ത്യയിൽ ജാതിവ്യവസ്ഥ ശക്തി
പ്രാപിച്ചത് മൗര്യസാമ്രാജ്യത്തിന്റെ തകർച്ചയോടെ ബ്രാഫണമതം ശക്തി പ്രാ
പിക്കുകയും ബുദ്ധമതം ക്ഷയിക്കുകയും ചെയ്തതിനു ശേഷമാണ്. പിന്നീട് ത
മിഴകത്തും അത് ശക്തിപ്രാപിച്ചു. ബ്രാഫണന് കൈമുതലായ ജ്ഞാനമഹിമ
യും സംസ്കൃതജ്ഞാനവും നൽകിയ ഡൈഷണികമായ മേൽക്കോയ്മ ചാതു

ർവർണ്ണ്യം ദൈവഹിതമാണെന്നും കീഴ്ജാതിക്കാർ മേല്ജാതിക്കാരന് അടിമപ്പെ
ടേണ്ടതാണെന്ന സാമൂഹ്യനീതിശാസ്ത്രം അക്ഷരാഭ്യാസമില്ലാത്ത സമൂഹത്തി
ന്റെമേൽ അടിച്ചേൽപ്പിക്കാൻ സഹായകരമായി. അത് അടുത്തകാലംവരെ കേ
രള സമൂഹത്തിൽ നിലനിന്നിരുന്നു. ആ സാമൂഹ്യക്രമത്തിന്റെ തുടർച്ചയായാണ്
വിദ്യാസമ്പന്നൻ എന്നുപറയുന്ന മലയാളിയിലും ഇന്നും ജാതീയത നിലനിൽ
ക്കുന്നത്. വിവാഹാലോചനകൾ നടക്കുമ്പോഴാണിത് ഏറ്റവും കൂടുതൽ വെളി
പ്പെടുന്നത്. ഇതിൽ കീഴ്-മേൽ ജാതിവ്യത്യാസമില്ല. അത്രമാത്രം ശക്തമാണ്,
ദൈവ നിശ്ചയമെന്നു പറയുന്ന ഈ സമ്പ്രദായം.”

"കേരളത്തിൽ സാമൂഹ്യമാറ്റത്തിലൂടെ ജാതിയമായ അസമത്വങ്ങൾ ഇല്ലാതാ
ക്കിയതിൽ മുഖ്യ പങ്കുവഹിച്ച ആദ്യ കേരള മുഖ്യമന്ത്രി ഇ.എം.എസടക്കമുള്ള
വരും ബ്രാഹ്മണ സമുദായത്തിൽ പെട്ടവരല്ലേ?"

"ഇവിടെ ബ്രാഹ്മണ്യമെന്നത് ഒരു ജാതി വിഭാഗമെന്നതിനപ്പുറം ഒരാശയമാ
യിട്ടാണ് കാണേണ്ടത്. ബ്രാഹ്മണമതത്തിന്റെ നീതിശാസ്ത്രത്താൽ ദുരിതമനു
ഭവിച്ചവരിൽ താഴ്ന്ന ജാതിക്കാർക്കൊപ്പം ബ്രാഹ്മണ സമുദായത്തിൽ ജനിച്ച
സ്ത്രീകളടക്കമുള്ള സാധാരണക്കാരുമുണ്ടായിരുന്നു. അതുകൊണ്ടാണ് നവോ
ത്ഥാനനായകനായ വി.ടി ഭട്ടത്തിരിപ്പാട്, ഇ.എം.എസ് മുതലായവർ ആ ആശ
യത്തിനെതിരെ രംഗത്തു വന്നത്.”

"മതമേതായാലും മനുഷ്യൻ നന്നായാൽ മതി". ശ്രീനാരായണ ഗുരു

"ഞങ്ങളുടെ കുട്ടികളെ നിങ്ങളുടെ സ്കൂളിൽ പ്രവേശിപ്പിക്കുന്നില്ലെങ്കിൽ, നിങ്ങളുടെ നെൽക്കതിരുകൾ വെറും കളകളായി വളരും." ജാതിയതക്കെതിരെ പോരാടിയ കേരള നവോത്ഥാന നായകൻ മഹാത്മാ അയ്യങ്കാളി

"ഇതു കണ്ടുകണ്ട് മടുത്തു. അസമത്വത്തിന്റേയും അന്ധവിശ്വാസത്തിന്റേയും ശവക്കല്ലറകളെ നമുക്കു പൊളിച്ചുകളയണം." കേരള നവോത്ഥാന നായകൻ വി.ടി ഭട്ടത്തിരിപ്പാട്

9

മിത്തുകളുടെ വിത്തുകൾ

"മിത്തുകളെന്നാൽ എന്താണ് മുത്തശ്ശീ?"

"പറയാം. മിത്ത് എന്ന വാക്ക് പുരാതന ഗ്രീക്ക് പദമായ മിത്തോസിൽ നി ന്നാണുണ്ടായത്. അതായത് സംസാരം, ആഖ്യാനം, കഥ പറയൽ എന്നാണിതി ന്റർത്ഥം. ഈ ഗ്രീക്ക് പദം 19-ആം നൂറ്റാണ്ടിന്റെ തുടക്കത്തിൽ ഇംഗ്ലീഷിലും മറ്റ് യൂറോപ്യൻ ഭാഷകളിലും ഉപയോഗിക്കാൻ തുടങ്ങി. നാടോടി കഥകൾ, ഐതി ഹ്യം, ഇതിഹാസം, കെട്ടുകഥകൾ തുടങ്ങി പല അർത്ഥത്തിലും ഈ വാക്കിനെ ബന്ധപ്പെടുത്താം. ചരിത്രപരമായ തെളിവുകളില്ലാത്തതും അമാനുഷികമായി ചിത്രീകരിക്കുന്ന പുരാണ കഥകളെയാണ് മിത്തായി പൊതുവെ വിളിക്കുന്നത്. പല മിത്തുകളും നാടോടി കഥകളിൽ നിന്നും ഉയർന്നുവന്നവയാണ്. ഏകദേ ശം 12,000 വർഷങ്ങൾക്ക് മുമ്പ് കൃഷി വ്യാപകമാകാൻ തുടങ്ങിയതോടുകൂടി യാണല്ലോ മനുഷ്യർ ഒരു സ്ഥലത്തുതന്നെ സ്ഥിരതാമസം തുടങ്ങിയത്. അതി ന്റെ ഭാഗമായി പലയിടങ്ങളിലും പുതിയ സംസ്ക്കാരങ്ങൾ ഉയർന്നുവരികയും പല തരത്തിലുള്ള കഥകൾ പ്രചരിക്കാനും തുടങ്ങി. അത്തരം നാടോടി കഥകൾ തലമുറകൾ കൈമാറി കടന്നുപോകുമ്പോൾ പലതും അതിശയോക്തിപരമായ കൂട്ടിച്ചേർത്തലുകൾക്ക് വിധേയമാകുന്നു. അങ്ങനെ അമാനുഷികമായ കഥാ പാത്രങ്ങൾ സൃഷ്ടിക്കപ്പെടുന്നു."

"ഇതിനെ ഒരു ഉദാഹരണത്തിൽ കൂടി വിശദീകരിക്കാമോ മുത്തശ്ശീ"

"ഒരു നാടോടി കഥ എങ്ങനെ ദൈവിക പരിവേഷം ആർജിക്കുന്നുവെന്ന് ചെ റിയൊരു ഉദാഹരണത്തിൽ കൂടി വ്യക്തമാക്കാം. സംഘകാലത്തെ കുറുഞ്ചി തി ണയിലെ അകം കൃതികളിൽ ഒരു പ്രണയകഥയുണ്ട്. മലയോരമേഖലയിലെ നായാട്ടുകാരുടെ തലവനായ തമ്പിയുടെ മകളാണ് വള്ളി. ഈ വള്ളിയുടേയും യോദ്ധാവായിരുന്ന മുരുകന്റേയും പ്രണയകഥയാണ് പിന്നീട് അമാനുഷിക ചിത്രീകരണത്തിലൂടെ മുരുകനെന്ന വീരപരിവേഷമുള്ള നായകനായും ആ രാധനാമൂർത്തിയായും മാറുന്നത്. തമിഴ്‌നാട്ടിലെ ഗോത്രജനതയുടെ ആരാധനാ

മൂർത്തിയായ മുരുകൻ പിന്നീട് സ്കന്ദപുരാണത്തിലെ കാർത്തികേയനായി പരിവർത്തന വിധേയമായി സുബ്രമണ്യനെന്ന ഹിന്ദു ദൈവമായി മാറുന്നതും കാണാം. സ്കന്ദപുരാണത്തിലെ സുബ്രമണ്യൻ ബ്രഹ്മചാരിയായിരുന്നുവെങ്കി ൽ തമിഴകത്തിലെ മുരുകന് രണ്ടു ഭാര്യമാരുണ്ടായിരുന്നു എന്നതാണ് ഒരു വ്യ ത്യാസം.

മുരുകനുമായി ബന്ധപ്പെട്ട പല കഥകളുണ്ടെങ്കിലും 1981-ലെ മദ്രാസ് ഇ ന്റർ നാഷനൽ ഇൻസ്റ്റിറ്റ്യൂട്ട് ഓഫ് തമിഴ് സ്റ്റഡീസ് പ്രകാരം തിരുമുരുകനിലെ കഥ ഇപ്രകാരമാണ്. മലയിലെ വേട്ടക്കാരുടെ തലവനായ നമ്പിയുടെ മകളാണ് വള്ളി. വള്ളിക്ക് പന്ത്രണ്ട് വയസ്സ് തികഞ്ഞപ്പോൾ, മലയോരവാസികളുടെ രീ തിയനുസരിച്ച് അവളെ കൃഷിയിടത്തിലെ ഒരു ഏറുമാടത്തിലേക്ക് പറഞ്ഞയ ക്കുന്നു. ചെറുധാന്യമായ തിന കൃഷി ചെയ്യുന്ന പാടം അവരുടെ താമസസ്ഥല ത്തു നിന്നും കുറച്ചകലെയുള്ള മലയുടെ താഴ്വാരത്താണ്. പാടത്ത് വരുന്ന ത ത്തകളേയും മറ്റ് പക്ഷികളേയും തുരത്തലാണ് അവളുടെ ജോലി. ഒരു ദിവസം ഒരു വേട്ടക്കാരന്റെ രൂപത്തിൽ അവിടെയെത്തിയ യോദ്ധാവായ മുരുകൻ സുന്ദ രിയായ വള്ളിയെ കാണുന്നു. അപ്പോൾ തന്നെ അവളുടെ വീടിനെയും കുടുംബ ത്തെയും കുറിച്ച് അന്വേഷിക്കുകയും പെൺകുട്ടിയോട് തന്റെ ഇഷ്ടമറിയിക്കു കയും ചെയ്തു. അപ്പോൾ തേൻ, തിനയുടെ മാവ്, കിഴങ്ങുകൾ, മാമ്പഴം, പശു വിൻ പാൽ മുതലായ ഭക്ഷണസാധനങ്ങളുമായി വള്ളിയുടെ അച്ഛനും കൂടെ യുള്ള സഹവേട്ടക്കാരും അവിടെയെത്തുന്നു. ആ നിമിഷം മുരുകൻ ഒരു മരത്തി ന്റെ രൂപം പ്രാപിച്ച് അപ്രത്യക്ഷനാകുന്നു. വേട്ടക്കാർ പോയതിനുശേഷം മുരു കൻ വീണ്ടും മനുഷ്യരൂപം പ്രാപിച്ച് വള്ളിയോട് തന്റെ ഇഷ്ടം വീണ്ടുമറിയിക്കു ന്നു. ഇത് കേട്ട് ഞെട്ടിയ വള്ളി, തലതാഴ്ത്തി വേട്ടക്കാരുടെ ഗോത്രത്തിലുള്ള തന്നെ സ്നേഹിക്കുന്നത് ശരിയല്ലെന്ന് മറുപടി നൽകി. അപ്പോൾ അടുത്തുവ രുന്ന വാദ്യമേളത്തിന്റേയും സംഗീതത്തിന്റേയും ശബ്ദം അവർ കേട്ടു. അത് വേട്ടക്കാരുടെ വരവാണെന്നും വനവാസികൾ ക്ഷിപ്രകോപികളായ മനുഷ്യരാ ണെന്നും വള്ളി മുരുകന് മുന്നറിയിപ്പ് നൽകി. പെട്ടെന്നുതന്നെ മുരുകൻ ഒരു ശൈവഭക്തനായ വൃദ്ധനായി വേഷം മാറുന്നു. അടുത്തുവന്ന വേട്ടക്കാർ അയാ ളിൽ നിന്നും അനുഗ്രഹം വാങ്ങി വീട്ടിലേക്ക് മടങ്ങി. അതിനുശേഷം വൃദ്ധൻ വള്ളിയോട് ഭക്ഷണം ചോദിച്ചു. അവൾ തേൻകലക്കിയ കുറച്ച് തിനമാവ് അവ നു നൽകി. എന്നിട്ട് അവൾ അവനെ ഒരു ചെറിയ കാട്ടുപൊയ്കയിലേക്ക് കൊ ണ്ടുപോയി, അവിടെ അവൾ അവന്റെ കൈപ്പത്തിയിൽ വെള്ളം നൽകി ദാഹം ശമിപ്പിച്ചു.

"ഇപ്പോൾ നീ എന്റെ വിശപ്പും ദാഹവും ശമിപ്പിച്ചു, നിന്നോടുള്ള എന്റെ സ്നേഹവും തൃപ്തിപ്പെടുത്തേണമേ" വൃദ്ധന്റെ വാക്കുകേട്ട വള്ളി അവനെ

നിന്ദിക്കുകയും തിരിച്ച് പാടത്തേക്ക് മടങ്ങാനായി പുറപ്പെടുകയും ചെയ്തു. ആ നിമിഷം, ഭയാനകരൂപമുള്ള ഒരാന വള്ളിയുടെ പുറകിൽ പ്രത്യക്ഷപ്പെടുന്നു. ഭയചകിതയായ പെൺകുട്ടി സംരക്ഷണത്തിനായി ശൈവസന്യാസിയുടെ കൈകളിലേക്ക് ഓടിക്കയറി. അവളെ അയാൾ കുറ്റിക്കാട്ടിലേക്ക് വലിച്ചിഴച്ച് കൊണ്ടുപോയി.

അവൾക്ക് കൂട്ടായി കൂടെയുണ്ടായിരുന്ന സ്ത്രീ, പെൺകുട്ടിയെ അവളുടെ വാസസ്ഥലത്ത് കാണാതിരുന്നതിനെ കുറിച്ചും അവളുടെ രൂപത്തിലെ ശ്രദ്ധേയ മായ മാറ്റത്തേ കുറിച്ചും ചോദിച്ചെങ്കിലും വള്ളി ഒഴിഞ്ഞു മാറി. തൊട്ടു പിന്നാ ലെ, മുരുകൻ വീണ്ടും വേട്ടക്കാരന്റെ രൂപത്തിൽ രണ്ടു പെൺകുട്ടികളുടേയും മു ന്നിൽ പ്രത്യക്ഷപ്പെട്ടു. വള്ളിയുടേയും വേട്ടക്കാരന്റേയും പരസ്പരമുള്ള നോട്ട വും പെരുമാറ്റവും തോഴി ശ്രദ്ധിച്ചു. എന്തോ ശരിയില്ലായ്മ തോന്നിയതിനാൽ വേട്ടക്കാരനോട് അവിടെ നിന്നും പോകാൻ അവൾ ആവശ്യപ്പെട്ടു. തുടർന്ന് അ വൻ വള്ളിയോടുള്ള തന്റെ പ്രണയം സമ്മതിക്കുകയും, സഹായിക്കണമെന്ന് അഭ്യർത്ഥിക്കുകയും ചെയ്തു. മുരുകന്റെ അപേക്ഷ അവൾ അംഗീകരിച്ചു. അ ങ്ങനെ അവരുടെ പ്രണയ ജീവിതം തുടർന്നു. വിളവെടുപ്പ് സമയം അടുത്തപ്പോ ൾ, വനവാസികൾ വള്ളിയെ കുഗ്രാമത്തിലേക്ക് തിരികെ വിളിച്ചു. അതോടെ അവരുടെ പ്രേമസല്ലാപം അവസാനിച്ചു. ഹൃദയഭാരത്തോടെ അവൾ നമ്പിയു ടെ വീട്ടിലേക്ക് മടങ്ങി. മുരുകനുമായുള്ള അവളുടെ രഹസ്യപ്രണയം അതോടെ അവസാനിച്ചു. വള്ളിയുടെ അസന്തുഷ്ടി അവളുടെ അമ്മ ശ്രദ്ധിച്ചു, മുരുകൻ പാടത്തേക്ക് അവളെ അന്വേഷിച്ച് പോയപ്പോൾ, അവിടെ വള്ളിയെ കണാത്ത തിനാൽ അർദ്ധരാത്രിയിൽ, കുഗ്രാമത്തിലേക്ക് വരികയും വള്ളി അവളുടെ തോ ഴിയുടെ സഹായത്തോടെ കാമുകനോടൊപ്പം ഒളിച്ചോടുകയും ചെയ്യുന്നു. പി റ്റേന്ന് വള്ളിയെ കാണാതായ വിവരമറിഞ്ഞ് കുപിതനായ തമ്പി മലയോര വാ സികളുടെ സഹായത്തോടെ അവരെ തേടി പുറപ്പെട്ടു. അവരുടെ അടുത്തെ ത്തിയപ്പോൾ അവർ മുരുകന്റെ നേരെ അസ്ത്രങ്ങൾ പ്രയോഗിച്ചു. അപ്പോൾ ദൈവത്തിന്റെ ദിവ്യകോഴി കൂവുകയും വേട്ടക്കാർ ചത്തുവീഴുകയും ചെയ്തു. വള്ളി അവരുടെ മരണത്തിൽ വിലപിച്ചെങ്കിലും മുരുകൻ അവളെ കൂട്ടിക്കൊ ണ്ടു പോയി. യാത്രാമധ്യേ അവർ നാരദനെ കണ്ടു. അവളുടെ മാതാപിതാക്കളു ടെ സമ്മതം വാങ്ങേണ്ടതായിരുന്നുവെന്ന് അദ്ദേഹംമുരുകനോട് പറയുന്നു. അ തിനാൽ അവർ മടങ്ങിവരുന്നു. അവൾ സന്തോഷത്തോടെ വേട്ടക്കാരെ പുന രുജ്ജീവിപ്പിക്കാൻ അഭ്യർത്ഥിക്കുന്നു. അപ്പോൾ മുരുകൻ തന്റെ യഥാർത്ഥ ദൈ വികരൂപം സ്വീകരിച്ചു. ആശ്ചര്യവും ഭയവും നിറഞ്ഞ വേട്ടക്കാർ അവനെ ആരാ ധിക്കുകയും ഗോത്രത്തിന്റെ ആചാരപ്രകാരം വിവാഹം കഴിക്കാൻ കുഗ്രാമത്തി ലേക്ക് മടങ്ങാൻ അപേക്ഷിക്കുകയും ചെയ്തു. ഗ്രാമം മുഴുവൻ സന്തോഷിച്ചു.

യുവ ജോഡികൾ ഒരു കടുവയുടെ തൊലിപ്പുറത്ത് ഇരുന്നു. നമ്പി വള്ളിയുടെ കൈ മുരുകന്റെ കൈയിൽ വച്ചു. നാരദൻ സഹായിച്ചതിനാൽ അവരുടെ വിവാഹം കഴിഞ്ഞു. ആ നിമിഷം ദേവന്മാർ വായുവിൽ പ്രത്യക്ഷപ്പെട്ട് എല്ലാവരേയും അനുഗ്രഹിച്ചു. നമ്പി പിന്നീട് ധാരാളം തേനും തിനയും കാട്ടുപഴങ്ങളുമടങ്ങുന്ന വിരുന്നൊരുക്കി. കുറച്ചു കാലം തിരുട്ടാണിയിൽ താമസിച്ച ശേഷം, മുരുകനും വള്ളിയും സ്കന്ദഗിരിയിലേക്ക് പോയി. അവിടെ മുരുകന്റെ ആദ്യഭാര്യയായ ദേവസേന അവരെ സ്വാഗതം ചെയ്തു.

മുരുകന്റേയും വള്ളിയുടേയുമായ ഒരു സാധാരണ നാടോടി പ്രണയകഥയിലെ മുരുകൻ കുറിഞ്ഞി പർവ്വതപ്രദേശത്തുള്ള ഗോത്രസമൂഹമായ കുറവരുടെ വീരപരിവേഷമുള്ള ആരാധനാപാത്രമായി മാറുകയും പിന്നീട് മറ്റ് പല പ്രാദേശിക മിത്തുകളേയും പോലെ ഹൈന്ദവ പുരാണത്തിലെ ഒരു കഥാപാത്രത്തെ മുരുകനിലേക്ക് സന്നിവേശം ചെയ്തതായും കാണാം. സംഘകാല തമിഴ് ഇതിഹാസമായ ചിലപ്പതിക്കാരത്തിലെ സാധാരണ കഥാപാത്രം മാത്രമായിരുന്ന, ജൈനമത വിശ്വാസിയായ കണ്ണകിയും പിന്നീട് ആരാധനാമൂർത്തിയായ ദേവിയായി മാറിയിട്ടുണ്ട്. മാജിക് റിയാലിസം എന്നും ഇതിനെ വിളിക്കാം. യഥാർത്ഥ ജീവിതത്തിലെ കഥാപാത്രങ്ങൾ അത്ഭുതസിദ്ധിയുള്ള ആരാധനാമൂർത്തികളായി ഇവിടെ മാറ്റപ്പെടുന്നു.

ഓരോ മിത്തുകളും ജനിക്കുന്നത് ആ കാലഘട്ടത്തിലെ സമൂഹത്തിന്റെ ബോധത്തിനനുസരിച്ചാണ്. ഇന്നായിരുന്നുവെങ്കിൽ ശൈവസന്യാസിയുടെ വേഷം കെട്ടിയ മുരുകൻ പോക്സോകേസിൽ ജയിലിലാകുമായിരുന്നു."

"മനുഷ്യരുടെ യഥാർത്ഥ ജീവിതത്തിൽ നിന്നാണ് കഥകൾ ജനിക്കുന്നത് അത് ചിലപ്പോൾ മിത്തായി മാറുന്നു അല്ലേ മുത്തശ്ശി?"

"എന്നു മാത്രമല്ല, ചില മിത്തുകളെ അവരവരുടെ താല്പര്യമനുസരിച്ച് ചിലർ മാറ്റി എഴുതുകയും അത് പിന്നീട് പുതിയ മിത്തായി മാറുന്നതും കാണാം. ഭാരതത്തിലെ ഇതിഹാസ ഗ്രന്ഥമായ മഹാഭാരതത്തിന് സമാനമായ വേറൊരു ഇതിഹാസമാണ് ജൈനരുടെ മഹാപുരാണം. ഒമ്പതാം നൂറ്റാണ്ടിൽ രാഷ്ട്രകൂട ഭരണാധികാരിയായ അമോഘവർഷയുടെ ഭരണകാലത്ത് ജൈനസന്യാസിയായ ജിനസേന തുടങ്ങിവെച്ചതും അദ്ദേഹത്തിന്റെ ശിഷ്യനായ ഗുണഭദ്രൻ പൂർത്തിയാക്കിയതുമായ കൃതിയാണിത്. മഹാഭാരതകഥയിൽ ഭരതചക്രവർത്തി, ദുഷ്യന്തന്റേയും ശകുന്തളയുടേയും പുത്രനാണെങ്കിൽ മഹാപുരാണത്തിലെ കഥ അതിൽ നിന്നും ഭിന്നമാണ്.

മഹാപുരാണ പ്രകാരം ജൈനമതക്കാരുടെ ആരാധനാമൂർത്തിയും ആദ്യത്തെ തീർത്ഥങ്കരനുമായ ഋഷഭനാഥന്റെ മക്കളാണ് ഭരതനും ബാഹുബലിയും. പുരാതന അയോധ്യയിലെ ഇക്ഷാകുവംശത്തിലാണ് ഋഷഭ തീർത്ഥങ്കരൻ ജനി

ച്ചത്. ഭരതന്റേയും ബാഹുബലിയുടേയും അധികാര പോരാട്ടത്തിന്റെ കഥകൂടി യാണിത്. അധികാരപോരാട്ടത്തിൽ വിജയിക്കുന്ന ബാഹുബലി തന്റെ സഹോ ദരനായ ഭരതനുവേണ്ടി ലൗകിക കാര്യങ്ങൾ ഉപേക്ഷിച്ച് സന്യാസം സ്വീകരി ക്കുന്നു. മഹാപുരാണമനുസരിച്ച്, ഋഷഭനാഥന്റെ ഏറ്റവും മുതിർന്ന രാജ്ഞി യായ യശസ്വതിദേവി ഒരുരാത്രി ശുഭകരമായ നാല് സ്വപ്നങ്ങൾ കണ്ടു. സൂര്യ നും ചന്ദ്രനും, മേരുപർവ്വതവും, ഹംസങ്ങളുള്ള തടാകവും, ഭൂമിയും സമുദ്രവു മായിരുന്നു ആ സ്വപ്നങ്ങളിൽ കണ്ടത്. ലോകം മുഴുവൻ കീഴടക്കുന്ന ഒരു ച ക്രവർത്തി അവർക്ക് ജനിക്കുമെന്നാണ് ഈ സ്വപ്നങ്ങളുടെ അർത്ഥമെന്ന് ഋ ഷഭനാഥൻ അവളോട് വിശദീകരിച്ചു. ചൈത്രമാസത്തിലെ ഇരുണ്ട പകുതിയു ടെ ഒമ്പതാം നാളിൽ അവർക്ക് ഭരതൻ ജനിച്ചു. അദ്ദേഹത്തിന്റെ വിദ്യാഭ്യാസ ത്തിൽ നിയമത്തിനും രാജാക്കന്മാരുടെ രാഷ്ട്രീയശാസ്ത്രത്തിനും പ്രത്യേക ഊ ന്നൽ നൽകി. നൃത്തത്തിലും കലയിലും അദ്ദേഹത്തിന് താൽപ്പര്യമുണ്ടായിരു ന്നു. ഋഷഭനാഥൻ സന്യാസിയാകാൻ തീരുമാനിച്ചപ്പോൾ, രാജ്യം തന്റെ 100 പു ത്രന്മാർക്ക് അദ്ദേഹം വീതിച്ചുകൊടുത്തു. ഭരതന് വിനീത (അയോധ്യ) രാജ്യം സമ്മാനിക്കുകയും പോഡനാപൂർ തലസ്ഥാനമാക്കി ബാഹുബലിക്ക് ദക്ഷിണേ ന്ത്യയിലെ അസ്മാക രാജ്യം ലഭിക്കുകയും ചെയ്തു. ഭൂമിയുടെ എല്ലാ ദിശകളി ലുമുള്ള ആറ് ഭാഗങ്ങളിൽ ദിഗ്വിജയം നേടിയശേഷം, ഭരതൻ തന്റെ തലസ്ഥാന മായ അയോധ്യാപുരിയിലേക്ക് ഒരു വലിയ സൈന്യവും തന്റെ ദിവ്യചക്ര-രത്ന വുമായി തിരിച്ചെത്തി. എന്നാൽ ചക്ര-രത്നം അയോധ്യാപുരിയുടെ പ്രവേശന ക വാടത്തിൽ സ്വയം നിന്നു. ചക്രവർത്തിയുടെ 99 സഹോദരന്മാർ ഇതുവരെ അ ദ്ദേഹത്തിന്റ അധികാരത്തെ അംഗീകരിച്ചിട്ടില്ലാ എന്നതിന്റെ സൂചനയത്രെ അ ത്. പിന്നീട് ഭരതന്റെ 98 സഹോദരന്മാർ ജൈന സന്യാസിമാരാകുകയും അവ രുടെ രാജ്യങ്ങൾ അദ്ദേഹത്തിന് സമർപ്പിക്കുകയും ചെയ്തു. എന്നാൽ ഭരതനെ പോലെ ശക്തവാനായ ബാഹുബലി ചക്രവർത്തിയെ ധിക്കരിക്കുകയും പോരാട്ട ത്തിന് വെല്ലുവിളിക്കുകയും ചെയ്തു. യുദ്ധം തടയാൻ ഇരുപക്ഷത്തേയും മന്ത്രി മാർ ചില നിർദ്ദേശങ്ങൾ വെച്ചു. "സഹോദരന്മാക്ക്, ഒരുതരത്തിലും പരസ്പരം കൊല്ലാൻ കഴിയില്ല; അവർ അവരുടെ അവസാന അവതാരങ്ങളാണ്; യുദ്ധ ത്തിൽ ഒരു ആയുധത്തിനും മാരകമായി മുറിവേൽപ്പിക്കാൻ കഴിയാത്ത ശരീര മാണ് അവർക്കുള്ളത്; അതിനാൽ മറ്റ് വഴികളിൽ അവർ സ്വയം പോരാടട്ടെ" തർക്കം പരിഹരിക്കാൻ ഭരതനും ബാഹുബലിയും തമ്മിൽ മൂന്ന് തരത്തിലുള്ള മത്സരങ്ങൾ നടത്താൻ തീരുമാനിച്ചു. നേത്രപോരാട്ടം (പരസ്പരം നോക്കി നി ൽക്കൽ), ജലയുദ്ധം, മല്ലയുദ്ധം എന്നിവയായിരുന്നു അവ. മൂന്ന് മത്സരങ്ങളി ലും ബാഹുബലി വിജയിച്ചു. അവസാന പോരാട്ടത്തിൽ ബാഹുബലി ഭരതനെ നിലത്തെറിയുന്നതിന് പകരം അദ്ദേഹത്തോടുള്ളസ്നേഹവും ആദരവും കാ

രണം തോളിൽ ഉയർത്തി സൗമ്യമായി നിലത്ത് കിടത്തിയതായി പറയുന്നു. അ പമാനിതനും പ്രകോപിതനുമായ ഭരതൻ തന്റെ ചക്ര-രത്നത്തിനായി വിളിച്ചു. എന്നാൽ ബാഹുബലിയെ ദ്രോഹിക്കുന്നതിനുപകരം ആ ആയുധം അദ്ദേഹ ത്തിന് ചുറ്റും വട്ടമിട്ട് അവസാനം വിശ്രമിക്കുകയാണ് ചെയ്തത്. യജമാനന്റെ അടുത്ത ബന്ധത്തിലുള്ളവരുമായി ഏറ്റുമുട്ടുമ്പോൾ അത്തരം ദിവ്യായുധങ്ങ ൾക്ക് അവയുടെ ഫലപ്രാപ്തി നഷ്ടപ്പെടുമെന്ന് ജൈനപാരമ്പര്യം പറയുന്ന തിനാലാണ് ഇങ്ങനെ സംഭവിച്ചതെന്ന് വിശ്വസിക്കപ്പെടുന്നു. ഇതിനുശേഷം ബാഹുബലി, ത്യാഗമനസ്കത വളർത്തിയെടുക്കുകയും സന്യാസിയാകാൻ രാജ്യം ഉപേക്ഷിക്കുകയും ചെയ്തു.

ഭരതൻ തന്റെ ദിഗ്വിജയത്തിനായുള്ള യാത്രയിൽ നിരവധി രാജകുമാരിമാരെ വിവാഹം കഴിച്ചിരുന്നു. സുഭദ്ര അദ്ദേഹത്തിന്റെ പ്രധാന രാജ്ഞിയായിരുന്നു. അദ്ദേഹത്തിന് ശേഷം അദ്ദേഹത്തിന്റെ മകൻ സൂര്യവംശ സ്ഥാപകനായ അർ ക്കകീർത്തി വന്നു. ഇരുപത്തിനാലാമത്തെ തീർത്ഥങ്കരനായ മഹാവീരന്റെ മുൻ അവതാരങ്ങളിൽ ഒരാളായ മരീചി എന്ന് പേരുള്ള മറ്റൊരു പുത്രനും ഭരതനുണ്ടാ യിരുന്നുവെന്നാണ് കഥ.

ഋഷഭനാഥൻ സൃഷ്ടിച്ച ത്രിതല വർണ്ണവ്യവസ്ഥയിലേക്ക് അദ്ദേഹം നാലാമ ത്തെ വർണ്ണമായ ബ്രാഹ്മണരെ ചേർത്തതായി ഇതിൽ പറയുന്നു. (ജൈന പാ രമ്പര്യമാണ് മഹത്തരമെന്ന് സ്ഥാപിക്കാനുള്ള ശ്രമമായി ഇതിനെ കണക്കാ ക്കാം.) അവരുടെ തൊഴിൽ ബ്രാഹ്മണമത പാരമ്പര്യത്തിൽ സൂചിപ്പിച്ചതുപോ ലെ ധ്യാനിക്കുക, പഠിക്കുക, പഠിപ്പിക്കുക, അറിവ് അന്വേഷിക്കുക എന്നിവയാ യിരുന്നു. ഭരതനും തന്റെ തലയിലെ വെളുത്തമുടി കാരണം പ്രായമാകുന്നുവെ ന്ന് കണ്ടെത്തിയപ്പോൾ, ദിഗംബരഗ്രന്ഥങ്ങൾ അനുസരിച്ച് ഉടൻതന്നെ ഒരു ജൈനസന്യാസിയാകാൻ തീരുമാനിച്ചു. വർഷങ്ങളായി വർദ്ധിച്ചുവരുന്ന പരി ത്യാഗത്തിന്റെ ഫലം കാരണം, ഒരു അന്തരമുഹൂർത്തത്തിനുള്ളിൽ (നാൽപ്പ ത്തിയെട്ട് മിനിറ്റിനുള്ളിൽ) അദ്ദേഹം തന്റെ വൈരാഗ്യകർമ്മങ്ങളെ നശിപ്പിക്കുക യും കേവലജ്ഞാനം നേടുകയുംചെയ്തു. മഹാഭാരത കഥയെ മഹാപുരാണ ത്തിൽ, ജൈനമത വിശ്വാസത്തിന് അനുയോജ്യമായ രീതിയിൽ ചിത്രീകരിക്കു ന്നു.

ആദിപുരാണത്തിൽ നിന്നുള്ള പ്രസിദ്ധമായ ഒരു ഉദ്ധരണി ഇപ്രകാരമാണ്. "ജന്മംകൊണ്ട് എല്ലാ മനുഷ്യരും പരസ്പരം തുല്യരാണ്; എന്നാൽ ആത്മീയ പാ തയിൽ അവർ നേടിയേക്കാവുന്ന പുരോഗതിയുടെ കാര്യത്തിൽ അവർ വ്യത്യാ സപ്പെട്ടിരിക്കുന്നു" മഹാപുരാണത്തിൽ അധ്യായം 4, വാക്യങ്ങൾ 16-31, 38-40 ൽ എഴുതിയിട്ടുള്ള ഒരു ഉദ്ധരണി ഇങ്ങനെ കൊടുത്തിരിക്കുന്നു. "ഒരു സ്രഷ്ടാ വാണ് ലോകത്തെ സൃഷ്ടിച്ചതെന്ന് ചില വിഡ്ഢികൾ പ്രഖ്യാപിക്കുന്നു. ലോകം

സൃഷ്ടിക്കപ്പെട്ടതാണെന്ന സിദ്ധാന്തം തെറ്റായ ഉപദേശമാണ്, അത് തള്ളിക്കള യേണ്ടതാണ്. ദൈവം ലോകത്തെ സൃഷ്ടിച്ചെങ്കിൽ, സൃഷ്ടിക്കുന്നതിനു മുമ്പ് അവൻ എവിടെയായിരുന്നു?.അസംസ്കൃത പദാർത്ഥങ്ങളില്ലാത്ത ലോകമോ?. അവൻ ഇത് ആദ്യം ഉണ്ടാക്കി, പിന്നെ ലോകം ഉണ്ടാക്കി എന്ന് നിങ്ങൾ പറ ഞ്ഞാൽ, നിങ്ങൾ പിന്നോക്കാവസ്ഥയുടെ അങ്ങേ അറ്റത്താണ്."

"ഭരതന്റെ പേരിൽ വേറെയും കഥകൾ ഉണ്ടല്ലോ മുത്തശ്ശി."

"ഭരതനുമായി ബന്ധപ്പെട്ട വേറൊരു കഥ ഋഗ്വേദത്തിലുള്ളതാണ്. തെക്കൻ അഫ്ഗാനിസ്ഥാനിലെ സരസ്വതി നദീതീരമാണ് ഭരതരെപറ്റി, ആദ്യകാല പരാമ ർശമുള്ള സ്ഥലം. ഗോത്രരാജാവായ ദിവോദാസയുടെ നേതൃത്വത്തിൽ ഭരതർ ഹിന്ദുകുഷ് പർവ്വതങ്ങളിലൂടെ നീങ്ങി ശംബരയെ പരാജയപ്പെടുത്തി. ദിവോദാ സിന്റെ പിൻഗാമിയായ സുദാസ്, പുരുഗോത്രത്തിന്റെ നേതൃത്വത്തിലുള്ള പത്ത് രാജാക്കന്മാരുടെ സഖ്യത്തെ യുദ്ധത്തിൽ തോല്പിച്ചു. യുദ്ധത്തിനുശേഷം, ഭരത രും മറ്റ് പുരുവംശങ്ങളും ചേർന്ന് ഒടുവിൽ കുരുരാജ്യം രൂപീകരിച്ചു. ഋഗ്വേദ ത്തിൽ പരാമർശിച്ചിരിക്കുന്ന പത്തു രാജാക്കന്മാരുമായുള്ള ഭരതരുടെ യുദ്ധമാ യിരിക്കാം വളരെയധികം വികസിപ്പിക്കുകയും പരിഷ്ക്കരിക്കുകയും ചെയ്ത കുരുക്ഷേത്ര യുദ്ധത്തിന്റേയും മഹാഭാരതകഥയുടേയും മൂലകഥയായി രൂപ പ്പെട്ടിട്ടുണ്ടാവുക."

"ഭാരതമെന്ന പേര് ഭരതന്റെ പേരിൽ നിന്നുണ്ടായതായിരിക്കും അല്ലേ മുത്ത ശ്ശി?"

"ഭരതന്റെ രാജ്യമെന്ന അർത്ഥത്തിലായിരിക്കണം പല നാട്ടുരാജ്യങ്ങളുടെ കൂ ട്ടമായിരുന്ന ഇന്ത്യയെന്ന ഭൂപ്രദേശത്തെ ഭാരതമെന്നുകൂടി വിളിക്കാൻ കാരണം. ഇന്ത്യയെന്ന വാക്ക് ഭൂമിശാസ്ത്രപരമായി സിന്ധൂനദിക്ക് അപ്പുറമുള്ള പ്രദേശ മെന്ന അർത്ഥത്തിൽ വിദേശികൾ വിളിച്ചിരുന്നതാണ്. ആ നിലയിൽ ആ പേര് ഇന്ത്യൻ ഉപഭൂഖണ്ഡത്തെ മുഴുവൻ ഉൾക്കൊള്ളുന്നതാണ്. എന്നാൽ ഭാരതമെ ന്ന പേര് മിത്തുകളുടെ ഉൽപ്പന്നമാണെന്നു മാത്രമല്ല അത് ഇന്ത്യയുടെ വടക്കു പടിഞ്ഞാറൻ പ്രദേശവുമായി ബന്ധപ്പെട്ടതുമാത്രമാണ് എന്ന വ്യത്യാസമുണ്ട്. മഹാഭാരതമടക്കമുള്ള ഇതിഹാസങ്ങൾ അതിഭാവുകത്വം നിറഞ്ഞ മി ത്തുകളാ ണെങ്കിൽ പോലും ഇത്തരം കഥകളിൽ നിന്നും അതുണ്ടായ കാലഘട്ടത്തിലെ സാമൂഹ്യ ജീവിതത്തെ പറ്റി പഠിക്കുന്നതിന് സഹായകരമാണ്."

"മിത്ത് എന്ന വാക്ക് ഗ്രീക്ക് പദമായ മിത്തോളജിയിൽ നിന്നാണ് ഉണ്ടായതെ ങ്കിൽ ഗ്രീക്കിലും ഇത്തരം മിത്തുകൾ ഉണ്ടാവില്ലേ മുത്തശ്ശി?"

"മിത്ത് എന്ന വാക്കിന്റെ ഉൽഭവം പുരാണ ഗ്രീക്ക് പദത്തിൽ നിന്നാണ് എന്ന തുപോലെ തന്നെ ഗ്രീക്ക് പുരാണത്തിലും ധാരാളം മിത്തുകളുണ്ട്. ഗ്രീസും ഇ ന്ത്യയും തമ്മിൽ അതിപുരാതനകാലം മുതൽ വ്യാപാര ബന്ധങ്ങൾ ഉണ്ടായിരു

ന്നു. ബി.സി.ഇ 326-ൽ അലക്സാണ്ടർ ഇന്ത്യ ആക്രമിക്കുന്നതിനുമുമ്പ് ബി. സി.ഇ അഞ്ചാം നൂറ്റാണ്ടിൽ ഇൻഡിക്ക എന്ന പുസ്തകത്തിലൂടെ ഗ്രീക്ക് കൊ ട്ടാരം വൈദ്യനും ചരിത്രകാരനുമായ മെഗസ്തനീസ് ഇന്ത്യൻ ഉപഭൂഖണ്ഡത്തെ പറ്റി എഴുതിയിട്ടുണ്ട്.

വ്യാപാര മേഖലയിലുള്ള ബന്ധങ്ങൾ നിലനിൽക്കുന്നതിനോടൊപ്പം ഗ്രീസി ലേയും ഇന്ത്യയിലേയും മിത്തുകളിലും സമാനതകൾ ദർശിക്കാൻ കഴിയും. ഹി ന്ദു പുരാണമനുസരിച്ച് സ്വർഗ്ഗത്തിന്റെ രാജാവ് ഇന്ദ്രനാണെങ്കിൽ ഗ്രീക്ക് പുരാ ണങ്ങളിൽ സിയ്യൂസ് ആണ്. അവർ രണ്ടുപേരും ദൈവങ്ങളുടെ ദൈവമാണ്. രണ്ടുപേരുടേയും ആയുധം ഇടിമിന്നലാണ്. രണ്ടു പേരും പർവ്വതങ്ങളിൽ വസി ക്കുന്നവരാണ്. ഇന്ദ്രന്റെ വാസസ്ഥാനം മേരു പർവ്വതമാണെങ്കിൽ സിയ്യൂസി ന്റേത് ഒളിമ്പസ് പർവ്വതമാണ്.

ഇന്ത്യൻ കഥയിൽ കർണ്ണൻ കുരുക്ഷേത്രയുദ്ധത്തിലെ ശക്തനായ യോദ്ധാ വായിരുന്നുവെങ്കിൽ ഗ്രീക്ക് മിത്തിൽ കർണ്ണനെപോലെ അഭേദ്യമായ കവചമു ള്ള യോദ്ധാവായിരുന്നു ട്രോജൻ യുദ്ധവീരനായ അക്കില്ലസ്. ഇവർ രണ്ടുപേരും അർദ്ധദേവന്മാരായിരുന്നു. യുദ്ധം തുടങ്ങുന്നതിനു മുമ്പ്, യുദ്ധത്തിൽ പങ്കെടു ക്കരുതെന്ന് ഇരുവരുടേയും അമ്മമാർ ഇവരോട് അഭ്യർത്ഥിച്ചതായും കാണാം.

വളരെ രസകരമായ മറ്റൊരു സാമ്യം രാമായണവും ട്രോജൻ യുദ്ധവും തമ്മി ലുള്ളതാണ്. ഈ രണ്ടു മഹായുദ്ധങ്ങളും നടന്നത് ഒരു സ്ത്രീക്ക് വേണ്ടിയാണ്. രാവണൻ സീതയെ തട്ടിക്കൊണ്ടുപോയതിനു ശേഷമാണ് രാമായണത്തിലെ യുദ്ധം നടന്നത്. ഹെലൻ പാരീസുമായി ഒളിച്ചോടിയതിനുശേഷമാണ് ട്രോജൻ യുദ്ധം നടന്നത്.

ഭാരതീയ പുരാണത്തിൽ ത്രിമൂർത്തിദൈവങ്ങളായി ബ്രഹ്മാവും വിഷ്ണുവും മഹേശ്വരനുമുണ്ടെങ്കിൽ ഗ്രീക്കുകാർക്ക് സ്യൂസ്, ഹേഡീസ്, പോസിഡോൺ എന്ന ത്രിമൂർത്തി ദൈവങ്ങളുണ്ട്. ഭാരതീയ പുരാണത്തിൽ സപ്തർഷികൾ എന്നപോലെ ഗ്രീസിൽ ദി പ്ലീയാഡ്സ് അല്ലെങ്കിൽ ഏഴ് സഹോദരിമാർ ഉണ്ട്. രണ്ടും നക്ഷത്രങ്ങളുടെ കൂട്ടമാണെന്നതും യാദൃശ്ശികമല്ല. ഹേഡീസും യമനും സമാനമായ രണ്ടു കഥാപാത്രങ്ങളാണ്. രണ്ടുപേരും ഭൂമിക്കടിയിലുള്ള മരണ ത്തിന്റെ ദേവതകളാണ്. ആളുകളുടെ ചെയ്തികൾ നോക്കി മരണാനന്തരം സ്വ ർഗ്ഗവും നരകവും നിശ്ചയിക്കുന്നത് ഇവരുടെ ചുമതലയാണ്. രണ്ട് പുരാണ ക ഥകളിലും സമാനതയുള്ള വേറൊരു കഥാപാത്രമാണ് നാരദനും ഹെർമിസും. അവർ രണ്ടുപേരും സന്ദേശവാഹകരാണ്. രണ്ടുപേരും അവരുടെ പുരാണങ്ങ ളിലെ ഏറ്റവും ശക്തരായ രണ്ട് ദൈവങ്ങളുടെ മക്കളാണ്. ഇരുവരും തന്ത്രശാ ലികളാണ്. രണ്ടുപേരും പലപ്പോഴും തങ്ങളുടെ വാക്കുകളിലൂടെ ആളുകളെ കബളിപ്പിക്കുകയും തെറ്റിദ്ധരിപ്പിക്കുകയും ചെയ്യുന്നു. വേറൊരു കഥാപാത്ര

മാണ് ഇക്കാറസും സമ്പതിയും. ഒരു ദിവസം ആകാശത്ത് ഉയരത്തിൽ പറക്കു
മ്പോൾ, ജടായു സൂര്യന്റെ വളരെ അടുത്തേക്ക് പോയി, ഇതറിഞ്ഞ് ജടായുവി
നെ രക്ഷിക്കാൻ സമ്പതി അവനെ പിന്തുടർന്നു. ജടായുവിനെ രക്ഷിച്ചെങ്കിലും,
അതിനിടയിൽ സൂര്യന്റെ ചൂട് കാരണം സ്വന്തം ചിറകുകൾ കത്തി. ഇക്കാറസും
ഇതേ പോലെയുള്ള ഗ്രീക്ക് പുരാണത്തിലെ കഥാപാത്രമാണ്. ഈ രണ്ട് ഐ
തിഹ്യങ്ങളും തമ്മിലുള്ള വളരെ ശ്രദ്ധേയമായ ഒരു സാമ്യം, രണ്ടുകൂട്ടർക്കും സ
മ്പത്ത്, ജ്ഞാനം, മരണം തുടങ്ങി മിക്കതിനും ഓരോ ദൈവമുണ്ട്. മാത്രവുമല്ല,
രണ്ടുകൂട്ടർക്കും വിശ്വകർമ്മാവിനെ പോലെ ഒരു പ്രത്യേക ദൈവദൂതനും ദൈ
വങ്ങളുടെ മുഖ്യശില്പിയും ഉണ്ട്. പുരാണകഥയിലെ സീതയും പെർസെഫോ
ണും തമ്മിലും സാമ്യം കാണാം. സീതയെ രാവണൻ തട്ടിക്കൊണ്ടുപോയപ്പോൾ
പെർസെഫോണിനെ ഹേഡീസ് കൊണ്ടുപോയി. അവരുടെ ഇഷ്ടത്തിന് വി
രുദ്ധമായാണ് അത് ചെയ്തത്. വ്യത്യസ്ത സന്ദർഭങ്ങളിൽ അവർ രണ്ടുപേരും
ഭൂമിയിൽ ലയിച്ചു. കൃഷ്ണനും ഹെർക്കുലീസും തമ്മിലുള്ള സമാനതയിൽ,
കൃഷ്ണൻ കാളിയനുമായി യുദ്ധം ചെയ്യുന്നു. ഹെർക്കുലീസ് ഹൈഡ്ര എന്ന
അനേകം തലകളുള്ള സർപ്പത്തോട് യുദ്ധം ചെയ്യുന്നു. ഗ്രീക്ക് ദേവന്മാരുടെ
സ്വർഗ്ഗീയ വാസ സ്ഥലം ഒളിമ്പസ് പർവ്വതമാണെങ്കിൽ, ശിവന്റെ ഭവനമാണ്
കൈലാസം. ഭാരതീയ പുരാണത്തിലെ കാമത്തിന്റെ ദേവൻ കാമദേവനും ഗ്രീ
ക്ക് പുരാണത്തിൽ കുപിടുമാണ്. വ്യത്യസ്ത പേരുകളിലാണെങ്കിലും ഇവർ ഒ
രേ രീതിയിൽ പ്രവർത്തിക്കുന്നു. ഇരുവരും പ്രണയിപ്പിക്കാൻ ആളുകളുടെ ഹൃ
ദയത്തിലേക്ക് അമ്പുകൾ എയ്യുന്നു. ഇത്തരം സമാനതകളിൽ നിന്നും രണ്ട്
പുരാണ കഥകൾ അഥവാ മിത്തുകൾ എങ്ങനെ വ്യാപിച്ചുവെന്നും സംസ്ക്കാര
ങ്ങളെ അതെങ്ങനെ സ്വാധീനിച്ചിരിക്കാമെന്നും മനസ്സിലായി കാണുമല്ലോ.

ഇതുപോലെ തന്നെ വേറൊരു പുരാതന സംസ്ക്കാരമായ ഈജിപ്തിലേയും
ഭാരതത്തിലേയും മിത്തുകൾ തമ്മിലും സാമ്യതകൾ കാണാം. ദുർഗ്ഗാദേവിയെ
പോലെയുള്ള ഒരു ഈജിപ്ഷ്യൻ ദേവതയാണ് മൗട്ട്. എഴുത്തിന്റേയും അറിവി
ന്റേയും ഈജിപ്ഷ്യൻ ദേവതയാണ് ശേഷാട്ട്. ശേഷാട്ട് നക്ഷത്രങ്ങളുമായും
സമയത്തിന്റെ അളവുമായും ബന്ധപ്പെട്ടിരിക്കുന്നു. അതുപോലെ ഭാരതത്തിലെ
അറിവിന്റെ ദേവതയാണ് സരസ്വതി. പുരാതന ഭാരതത്തിലെ ദേവനായ ഇന്ദ്ര
നോട് സാമ്യമുള്ള ഈജിപ്ഷ്യൻ ദേവനാണ് സേത്ത്. പുരാതന ഈജിപ്ഷ്യൻ
പുരാണങ്ങളിലെ അരാജകത്വത്തിന്റേയും അക്രമത്തിന്റേയും ദേവൻ കൂടിയാ
യിരുന്നു സേത്ത്. സേത്ത് പലപ്പോഴും കൊടുങ്കാറ്റുകളുടെ ദൈവമായി ചിത്രീക
രിക്കപ്പെട്ടു. ഇന്ദ്രനോട് സാമ്യമുള്ള മറ്റൊരു ദേവത വായുവിന്റേയും സൂര്യ പ്ര
കാശത്തിന്റേയും ദേവനായ ഷൂ ആണ്. ഈജിപ്ഷ്യൻ ദേവലയത്തിലെ ഒമ്പത്
ദേവന്മാരിൽ ഒരാളായിരുന്നു ഷൂ, സ്രഷ്ടാവായ ആറ്റത്തിന്റെ മകനായി കണ

ക്കാക്കപ്പെട്ടു. ചില ഐതിഹ്യങ്ങളിൽ ഷു ആകാശവുമായി ബന്ധപ്പെട്ടിരുന്നു. ഷു ആകാശത്തെ ഉയർത്തിപ്പിടിക്കുന്നതായി വിശ്വസിച്ചിരുന്നു. ഇത് ഇന്ദ്രനു മായി സമാനതയുള്ളതാണ്. സ്വർഗ്ഗവുമായി ബന്ധപ്പെട്ടിരിക്കുന്ന ഷു പലപ്പോ ഴും ആകാശത്തെ ഉയർത്തിപ്പിടിക്കുകയോ ലോകത്തിന്റെ ഭാരം താങ്ങുകയോ ചെയ്യുന്നതായി ചിത്രീകരിക്കപ്പെട്ടു. ശിവനും ആറ്റവും തമ്മിൽ അവരുടെ രൂപ ങ്ങളിൽ സമാനതകളുണ്ട്. ആറ്റം ഒരുവടി പിടിച്ചിട്ടുണ്ട്. അതിന് മുകളിൽ ഒരു തലയോട്ടിയും. ശിവന്റെ കൈയ്യിൽ എപ്പോഴും ത്രിശൂലവും കഴുത്തിൽ തലയോ ട്ടിയുടെ മാലകളുണ്ട്. രണ്ടുപേരും നാശത്തിന്റെ ദേവന്മാരാണ്. സൂര്യാസ്തമയ വുമായി ആറ്റത്തെ താരതമ്യപ്പെടുത്തുമ്പോൾ ശിവൻ ഇരുട്ടിന്റെ ദേവനാണ്. ആറ്റത്തിനും ശിവനും ഒരു കാളയുമായി ബന്ധമുണ്ട്. ആറ്റം കോപത്തിൽ നി ന്നുയർന്നു വന്നതായി പറയപ്പെടുന്നു. അതുപോലെ ബ്രഹ്മാവിന്റെ കോപത്തി ൽ നിന്നാണ് ശിവനുണ്ടായത്. ആറ്റവും ശിവനും യഥാക്രമം വിമത വിഭാഗമാ യും ഭൂത-ഗണങ്ങളുമായും ബന്ധപ്പെട്ടിരിക്കുന്നു. ഈജിപ്ഷ്യൻ ദേവനായ സെ ഖ്മെറ്റും ഹിന്ദുദൈവമായ നരസിംഹവും തമ്മിൽ സാമ്യങ്ങളുണ്ട്. രണ്ടും ശ ക്തി, സംരക്ഷണം എന്നിവയുമായി ബന്ധപ്പെട്ടിരിക്കുന്നു. തന്റെ അനുയായിക ളെ ഉപദ്രവങ്ങളിൽ നിന്നും അപകടങ്ങളിൽ നിന്നും സംരക്ഷിക്കുന്ന ഉഗ്രയായ യോദ്ധാവായ ദേവതയാണ് സെഖ്മെത്, അതേ സമയം നരസിംഹം വിഷ്ണുവി ന്റെ ശക്തമായ അവതാരമാണ്. രണ്ടുദേവതകളും അവരുടെ ക്രൂരതക്കും യുദ്ധ ത്തിൽ ശത്രുക്കളെ പരാജയപ്പെടുത്താനുള്ള കഴിവിനും പേരുകേട്ടവരാണ്. സെ ഖ്മത് ഒരു സ്ത്രീദേവതയും, അതേ സമയം നരസിംഹം പുരുഷനുമാണ്.

"അപ്പോൾ നമ്മൾ കേട്ട ഭാരതീയ പുരാണ കഥകളെ പോലുള്ള കഥകൾ മറ്റ് പുരാതന സംസ്കാരങ്ങളിലും ഉണ്ടായിരുന്നുവെങ്കിൽ ഈ കഥകളുടെ തുടക്കം എവിടെ നിന്നായിരിക്കും ഉണ്ടായിട്ടുണ്ടാകുക?"

പറയാം, പല സംസ്ക്കാരങ്ങളിലും ഇത്തരം മിത്തുകൾ കൂടിക്കലർന്ന് കിട ക്കുന്നതായി കാണാം. ഒരു കാലത്ത് ഗ്രീസിലും ഈജിപ്തിലും ഇത്തരം മിത്തു കളെ ആരാധിച്ചിരുന്നുവെങ്കിൽ ഇന്ന് അവർക്ക് അതെല്ലാം വെറും കഥകളാണ്. ആ കാലത്ത് ഇത്തരം മിത്തുകളുടെ കൈമാറ്റം എവിടെ നിന്നും എങ്ങോട്ടായിരി ക്കാം നടന്നിട്ടുണ്ടാക്കുകയെന്ന് നോക്കാം . ഇന്ത്യയിലെ പുരാണ കഥകൾ എഴു തപ്പെട്ടത് സി. ഇ. മൂന്നാം നൂറ്റാണ്ടിനുശേഷം പല കാലങ്ങളിലായിട്ടാണെന്നാ ണ് കരുതപ്പെടുന്നത്. എന്തുതന്നെയായാലും വേദകാലത്തിനുശേഷമാണെന്ന് ഉറപ്പിക്കാം. എന്നാൽ ഗ്രീക്ക് ഇതിഹാസമായ ഒഡീസിയും ഇലിയഡും രചിച്ച ഹോമർ ജീവിച്ചിരുന്നത് ബി.സി.ഇ എട്ടാം നൂറ്റാണ്ടിലോ ഒമ്പതാം നൂറ്റാണ്ടിലോ ആണെന്ന് പൊതുവെ അംഗീകരിക്കപ്പെട്ടിട്ടുള്ളതാണ്. അതുപോലെ ചരിത്രാതീ ത ഈജിപ്തിൽ അതായത് ബി.സി.ഇ 3100-ൽ ആദ്യകാല രാജവംശമായ ഫ

റവോ ഉണ്ടാകുന്നതിനു മുമ്പുതന്നെ ഇന്ത്യൻ മിത്തുകൾക്ക് സമാനമായ ദൈ വങ്ങൾ ഈജിപ്തിലുണ്ടായിരുന്നു. ഇതിൽനിന്നും വ്യക്തമാകുന്നത് ഹിന്ദുപു രാണങ്ങളിൽ മിത്തുകളുടെ ഉത്ഭവം ഉണ്ടാകുന്നതിന് മുമ്പുതന്നെ ഗ്രീസ്, ഈ ജിപ്ത് തുടങ്ങിയ ദേശങ്ങളിൽ സമാനമായ മിത്തുകൾ ഉണ്ടായിരുന്നു. പുരാത ന ഇന്ത്യയുമായി വ്യാപാരമുണ്ടായിരുന്ന അല്ലെങ്കിൽ ബന്ധമുണ്ടായിരുന്ന ഈ ജിപ്ത്, ഗ്രീസ് തുടങ്ങിയ പ്രദേശങ്ങളിൽ നിന്നായിരിക്കാം ഇന്ത്യയിലേക്കുള്ള ഇത്തരം മിത്തുകളുടേയും കുടിയേറ്റം. ഗ്രീസിലും ഈജിപ്തിലും പുതിയ മത ങ്ങളുടെ പ്രവേശനത്തോടെ പഴയകാല മിത്തുകൾ ആരാധനാപാത്രമല്ലാതായി മാറി.

എല്ലാ പ്രധാന മതവിശ്വാസങ്ങളിലേയും പോലെ പ്രാദേശിക ദൈവ സങ്കൽ പ്പങ്ങളുടേയും അടിസ്ഥാനകഥകൾ സാധാരണ മനുഷ്യരുടെ ജീവിതവുമായി ബന്ധപ്പെട്ട നാടോടികഥകളുടെ തുടർച്ചയാണെന്ന് കാണാം. അതായത് എല്ലാ മിത്തുകളും അത് മുന്നോട്ടു വെക്കുന്ന ദൈവ സങ്കൽപ്പങ്ങളും മനുഷ്യമസ്തി ഷ്കത്തിന്റെ ഭാവനയുടെ അപാരമായ സാധ്യതകളാണ് വെളിപ്പെടുത്തുന്നത്. എന്താണ് മിത്തുകളെന്നും അതിന്റെ ഉൽപത്തി എങ്ങനെയാണെന്നും ഇപ്പോൾ മനസ്സിലായിട്ടുണ്ടാകുമല്ലോ.“

ചിത്രകാരന്മാരുടെ ഭാവനയിലെ പുരാതന ഗ്രീക്ക് ത്രിമൂർത്തി ദേവതകളായ സ്യൂസ്, ഹേഡീസ്, പോസിഡോൺ

ചിത്രകാരന്മാരുടെ ഭാവനയിലെ ഭാരതീയ ത്രിമൂർത്തി ദേവതകളായ
ബ്രഹ്മാവും വിഷ്ണുവും മഹേശ്വരനും

മിത്തുകളുടെ മതസൗഹാർദം: ബുറാഖ്, മാലാഖ, വിഷ്ണുവും ഗരുഡനും.
ചിത്രകാരന്മാരുടെ ദൃഷ്ടിയിൽ

10

ഭാഷയുടേയും എഴുത്തിന്റേയും വികാസം

"വ്യത്യസ്ത പുരാതന സംസ്കാരങ്ങളെ പറ്റി പറഞ്ഞല്ലോ. ഇന്ത്യയിലെ ഭാഷ കളുടേയും ലിപികളുടേയും ചരിത്രം വിശദീകരിക്കാമോ മുത്തശ്ശീ?"

"പറയാം. ലോകത്ത് പല ഭാഷാകുടുംബങ്ങൾ ഉണ്ടെങ്കിലും, ഇന്തോ-യൂറോ പ്യൻ, ചൈന-ടിബറ്റൻ, ഓസ്ട്രോനേഷ്യൻ, നൈജർ-കോംഗോ എന്നിവ അതി ൽ പ്രധാനമാണ്. ഇതിൽ ഏറ്റവും കൂടുതലാളുകൾ സംസാരിക്കുന്നത് ഇന്തോ -യൂറോപ്യൻ ഭാഷകളാണ്. ഉത്തരേന്ത്യൻ ഉപഭൂഖണ്ഡം, ഇറാനിയൻ പീഠഭൂമി, മധ്യേഷ്യ തുടങ്ങിയ പ്രദേശങ്ങളിൽ സംസാരിക്കുന്ന നൂറുകണക്കിന് ഭാഷകൾ ഇതിൽ ഉൾപ്പെടും. ഹിന്ദി, മറാട്ടി, ഗുജറാത്തി, ബംഗാളി, ആസാമി തുടങ്ങിയ വ ടക്കേന്ത്യൻ ഭാഷകളും സംസ്കൃതം, യൂറോപ്യൻ ഭാഷകളായ ഇംഗ്ലീഷ്, ജർമ്മ ൻ, സ്പാനിഷ്, തുടങ്ങിയ ഭാഷകളും ഈ വിഭാഗത്തിൽ പെടുന്നവയാണ്. ബി. സി.ഇ 2000-ത്തിന്റെ മധ്യത്തോടെ എഴുതപ്പെട്ട രേഖകളാണ് ഈ ഭാഷാ കുടും ബത്തിന്റേതായി കാണപ്പെടുന്ന പുരാതന ലിഖിതങ്ങൾ. അനറ്റോളിയിലെ ഹി റ്റൈറ്റ് ഭാഷയിലുള്ള രേഖകൾ, ഗ്രീക്കിലെ മൈസനീയൻ ലിഖിതങ്ങൾ, സംസ്കൃ തത്തിലെ വേദങ്ങൾ എന്നിവയാണവ. ഈ ഭാഷകളെല്ലാം ഉണ്ടായത് പൊതു വായ ഒരു ഭാഷയിൽ നിന്നാണ്. അതിനെ പ്രോട്ടോ ഇന്തോ-യൂറോപ്യൻ ഭാഷ യെന്നാണ് വിളിക്കുന്നത്. യൂറോപ്യൻ സ്റ്റെപ്പ് മേഖലയിൽ ജീവിച്ചിരുന്നവർ ഒരു കാലത്ത് ഉപയോഗിച്ചിരുന്ന ഭാഷയാണിത്. ഇവിടെ നിന്നാണ് ഈ പ്രോട്ടോ ഇന്തോ-യൂറോപ്യൻ ഭാഷ യൂറോപ്പിലേക്കും ഏഷ്യയുടെ പല ഭാഗങ്ങളിലേക്കും വ്യാപിച്ചത്."

"അപ്പോൾ മലയാളം ഉൾപ്പെടുന്ന ദ്രാവിഡ ഭാഷകളോ?. ഇവയൊക്കെ ദ ക്ഷിണേന്ത്യയിലുണ്ടായ ഭാഷകളായിരിക്കും, അല്ലേ മുത്തശ്ശീ?"

"അല്ല, അങ്ങനെയല്ല. ദ്രാവിഡ ഭാഷാകുടുംബം തെക്കെ ഇന്ത്യയിലെ തമി ൾ, കന്നഡ, തെലുങ്ക്, മലയാളം തുടങ്ങി 80-ഓളം സംസാരഭാഷകൾ ഉൾപ്പെടു ന്ന ഭാഷാകുടുംബമാണ്. വടക്ക്-കിഴക്കൻശ്രീലങ്ക, പാക്കിസ്ഥാൻ, നേപ്പാൾ, ബ ഗ്ലാദേശ്, അഫ്ഗാനിസ്ഥാൻ, ഇറാൻ എന്നിവിടങ്ങളിൽ പല ദ്രാവിഡഭാഷകൾ സംസാരിക്കുന്നവരുണ്ട്. തെക്കേഇന്ത്യയിലെ ഭാഷകളെ പോലെ പാക്കിസ്ഥാനി ലുള്ള ബലൂചിസ്ഥാൻ മേഖലയിലെ പ്രധാന ഗോത്ര ഭാഷയായ ബ്രാഹൂളും ഒരു പ്രധാന ദ്രാവിഡ ഭാഷയാണ്."

"എങ്ങനെയാണ് മുത്തശ്ശീ തെക്കേഇന്ത്യക്കാർ സംസാരിക്കുന്ന ദ്രാവിഡ ഭാ ഷ വടക്കു-പടിഞ്ഞാറുള്ള പാക്കിസ്ഥാനിലെത്തിയത്?"

"പലപ്പോഴും നമ്മുടെ കാഴ്ചകൾക്കും അപ്പുറമാണ് ചരിത്രസത്യങ്ങൾ. യ ഥാർത്ഥത്തിൽ ഇന്ന് തെക്കേ ഇന്ത്യക്കാർ സംസാരിക്കുന്ന ദ്രാവിഡ ഭാഷകളുടെ പൂർവ്വഭാഷ ദക്ഷിണേന്ത്യയിൽ ഉണ്ടായതല്ല. ഈ ഭാഷാകുടുംബത്തിന്റെ ഉത്ഭവ കേന്ദ്രം വ്യക്തമല്ലെങ്കിലും സിന്ധു നദീതടസംസ്ക്കാരത്തിലെ ജനങ്ങൾ ദ്രാവി ഡ ഭാഷ ഉപയോഗിച്ചിരിക്കാമെന്ന് കരുതപ്പെടുന്നു.

ഇന്ത്യൻ ഭാഷകളെ, പൊതുവെ ഇന്തോ-ഇറാനിയൻ ശാഖയിൽ പെടുന്ന ഇ ന്തോ-യൂറോപ്യൻ, ദ്രാവിഡൻ, ഓസ്ട്രോഏഷ്യാറ്റിക്, ചൈന-ടിബറ്റൻ എന്നി ങ്ങനെ നാലായി തരം തിരിച്ചിരിക്കുന്നു. ഇന്ന് ഇന്ത്യയിൽ സംസാരിക്കുന്ന നൂ റുകണക്കിന് പ്രാദേശിക ഭാഷകളുണ്ട്. ഇന്ത്യയിൽ 23 ഔദ്യോഗിക ഭാഷകളി ൽ ഇംഗ്ലീഷും മറ്റ് 22 പ്രാദേശിക ഭാഷകളും ഉൾപ്പെടുന്നു. അതിൽ അസമീസ്, ബംഗാളി, ഡോഗ്രി, ഗുജറാത്തി, ഹിന്ദി, കാശ്മീരി, കൊങ്കണി, മൈഥിലി, മറാ ത്തി, നേപ്പാളി, ഒറിയ, പഞ്ചാബി, സംസ്കൃതം, സിന്ധി, ഉറുദു എന്നിവ ഇന്തോ- യൂറോപ്യൻ വിഭാഗത്തിൽപെടുന്നവയാണ്. കന്നഡ, മലയാളം, തമിഴ്, തെലുങ്ക് എന്നിവ ദ്രാവിഡ ഭാഷാകുടുംബത്തിലും. മണിപ്പൂരിൽ സംസാരിക്കുന്ന മ ണിപ്പൂരി (മെയ്തേയ്), വടക്കുകിഴക്കൻ ഇന്ത്യയിൽ സംസാരിക്കുന്ന ബോഡോ എന്നിവ ചൈന-ടിബറ്റൻ ഭാഷാകുടുംബത്തിലെ ടിബറ്റോ-ബർമൻ ശാഖയിലും, മുണ്ട ഭാഷയായ സന്താലി ഓസ്ട്രോഏഷ്യാറ്റിക് ഭാഷാവിഭാഗത്തിലും ഉൾപ്പെടു ന്നു.

ഇന്ത്യയിലെ ഇന്തോ-യൂറോപ്യൻ ഭാഷകളെ പരിചയപ്പെടുമ്പോൾ ആദ്യ കാല ഭാഷയായി അറിയപ്പെടുന്ന ഒരുഭാഷയാണ് ഋഗ്വേദകാലത്തെ പ്രാകൃത സംസ്കൃതം. പിന്നീട് ബി.സി.ഇ 500-ൽ ക്ലാസിക്കൽ സംസ്കൃതത്തിന്റെ ഉദ യം കണ്ടു. വേദഭാഷയായ സംസ്കൃതം പ്രധാനമായും പുരോഹിതരായ ബ്രാഹ്മ ണർ കൈകാര്യം ചെയ്തിരുന്ന ഭാഷകൂടിയാണ്. ആ നിലയിൽ അത് സാധാ രണക്കാർക്ക് അന്യമായിരുന്നു.

സാഹിത്യങ്ങളിലും ഭരണകാര്യത്തിലും ഉപയോഗിക്കുന്ന ഭാഷകളാണല്ലോ പൊതുവെ വളരുന്ന ഭാഷകൾ. ആദ്യകാലത്ത് ഉപയോഗത്തിലുണ്ടായിരുന്ന ഇന്തോ-യൂറോപ്യൻ വിഭാഗത്തിൽ പെടുന്ന പ്രാദേശിക ഭാഷകളായിരുന്നു പ്രാകൃതം. പിന്നീട് പ്രാകൃതങ്ങൾ സാഹിത്യ ഭാഷകളായി മാറി. പ്രാകൃതത്തിലെ ആദ്യകാല ലിഖിതങ്ങൾ മൗര്യസാമ്രാജ്യ ചക്രവർത്തിയായിരുന്ന അശോകന്റേതാണ്. ഇതുപോലെ വിവിധ പ്രാകൃത ഭാഷകൾ വ്യത്യസ്ത രാജവംശങ്ങളുമായി ബന്ധപ്പെട്ട് വളർന്നു. സംസ്കൃത നാടകങ്ങളിൽ, കൂടുതൽ ഔപചാരികവും കാവ്യാത്മകവുമായ നീണ്ട സംഭാഷണങ്ങൾ സംസ്കൃതത്തിൽ ഉപയോഗിക്കുമ്പോൾ രാജാക്കന്മാർ സ്ത്രീകളേയോ വേലക്കാരേയോ അഭിസംബോധന ചെയ്തിരുന്നത് പ്രാകൃതഭാഷയിലാണ്. സമൂഹത്തിലെ താഴേക്കിടയിലുള്ളവർക്ക് വേദ ഭാഷയായ സംസ്കൃതഭാഷ ഉപയോഗിച്ചുകൂടായെന്ന നിയമമുണ്ടായതുകൊണ്ടായിരിക്കണം ഇത്തരത്തിൽ സംസ്കൃത നാടകങ്ങളിൽ രണ്ടു തരം ഭാഷകൾ ഉണ്ടായിട്ടുണ്ടാകുക.

പ്രാകൃതങ്ങളുടെ ഉദയം ബി.സി.ഇ.രണ്ടാം സഹസ്രാബ്ദത്തിന്റെ മധ്യത്തിൽ വേദസംസ്കൃതത്തിനൊപ്പം നിലനിൽക്കുകയും പിന്നീട് വളരെ വികസിത സാഹിത്യ ഭാഷകളായി പരിണമിക്കുകയും ചെയ്തു. സംസ്കൃതമാണോ പ്രാകൃതമാണോ പഴയത് എന്നത് പണ്ഡിതന്മാർക്കിടയിലെ ചർച്ചാവിഷയമാണ്. സംസ്കൃതം പ്രാകൃതത്തിൽ നിന്നാണ് ജനിച്ചതെന്നുപോലും ചില പണ്ഡിതന്മാർ വാദിക്കുന്നു. സംസ്കൃത പണ്ഡിതനായ രാജാറാംശാസ്ത്രി ഭാഗവതിന്റെ അഭിപ്രായത്തിൽ, സംസ്കൃതത്തേക്കാൾ പഴക്കമുള്ളതും ചടുലവുമാണ് പ്രാകൃതഭാഷ"

"വടക്കേ ഇന്ത്യയിലെ പ്രാദേശിക ഭാഷകൾ പ്രാകൃത ഭാഷയിൽ നിന്നായിരിക്കും ഉണ്ടായിട്ടുണ്ടാകുക അല്ലേ, മുത്തശ്ശി?"

"സംസ്കൃത നാടകങ്ങളിൽ ഉപയോഗിച്ചിരുന്ന പ്രധാന പ്രാകൃത ഭാഷകളാണ് സൗരസേനി, മഗധി, മഹാരാഷ്ട്ര എന്നിവ. സൗരസേനി സി.ഇ മൂന്നാം നൂറ്റാണ്ടു മുതൽ പത്താം നൂറ്റാണ്ടുവരെയുള്ള നാടകങ്ങളിൽ ഉപയോഗിച്ചിരുന്നു. ബി.സി.ഇ 700 മുതൽ ബി.സി.ഇ 300 വരെ ഉത്തർപ്രദേശിലെ മധുര കേന്ദ്രമായി ഭരിച്ചിരുന്ന, ഭാരത്തിലെ പതിനാറ് മഹാജനപദങ്ങളിലൊന്നായ സുരസേനയിലെ പ്രാദേശിക ഭാഷയുമായി ബന്ധപ്പെട്ടതാണിത്. പിന്നീട് ഇത് ഹിന്ദി ഭാഷകളായി പരിണമിച്ചു.

ഇന്നത്തെ കിഴക്കൻ ഇന്ത്യ, ബംഗ്ലാദേശ്, നേപ്പാൾ എന്നിവിടങ്ങളിൽ വ്യാപിച്ചു കിടന്നിരുന്ന പ്രദേശങ്ങളിലാണ് മഗധി പ്രാകൃതം സംസാരിച്ചിരുന്നത്. മഗധ മഹാജനപദത്തിന്റേയും മൗര്യസാമ്രാജ്യത്തിന്റേയും കോടതികളുടെ ഭാഷ കൂടിയായിരുന്നു ഇത്. അശോകന്റെ ചില ശാസനകൾ ഈ ഭാഷയിൽ രചിക്കപ്പെട്ടിട്ടുണ്ട്. മഗധി പ്രാകൃതം പിന്നീട് ബംഗാളി-ആസാമീസ്, ബിഹാരി, ഹാൽ

ബിക്, ഒഡിയ ഭാഷകളായി പരിണമിച്ചു.

സി.ഇ ആദ്യനൂറ്റാണ്ടുകളിൽ ശതവാഹനരാജവംശത്തിന്റെ ഔദ്യോഗിക ഭാഷയായിരുന്നു മഹാരാഷ്ട്രപ്രാകൃതം. ശതവാഹന സാമ്രാജ്യത്തിന്റെ തണലിൽ മഹാരാഷ്ട്ര അക്കാലത്തെ ഏറ്റവും വ്യാപകമായ ഭാഷയായി മാറി. കൂടാതെ അക്കാലത്തെ മറ്റ് രണ്ടു "നാടക"പ്രാകൃതങ്ങളായ ശൗരസേനി, മഗധി എന്നിവ യേക്കാൾ സാഹിത്യത്തിലും സംസ്കാരത്തിലും ഇത് ആധിപത്യം നേടി. ജൈന ഗ്രന്ഥം എഴുതാൻ ജൈനമഹാരാഷ്ട്ര എന്നൊരു പതിപ്പുപോലും ഉണ്ടായിരുന്നു.

വടക്ക് മാൾവ, രാജ്പുതാന മുതൽ തെക്ക് കൃഷ്ണ, തുംഗഭദ്ര നദി വരെ ഈ ഭാഷ സംസാരിച്ചിരുന്നു. ഇന്നത്തെ ആധുനിക മഹാരാഷ്ട്ര ഉൾപ്പെടുന്ന പ്രദേശത്ത് മഹാരാഷ്ട്ര പ്രാകൃതത്തിനൊപ്പം മറ്റു പ്രാകൃത ഭാഷകളും നിലനിന്നിരുന്നു. മഹാരാഷ്ട്ര പ്രാകൃതം പടിഞ്ഞാറൻ ഇന്ത്യയിലും ഇപ്പോൾ തെക്ക് കന്നഡ സംസാരിക്കുന്ന പ്രദേശങ്ങളിലും വ്യാപകമായിരുന്നു.

ഇന്നത്തെ പാകിസ്ഥാനിലെ പോത്തോഹാർ പീഠഭൂമി സ്ഥിതി ചെയ്യുന്ന ഗാന്ധാര പ്രദേശത്ത് ബി.സി.ഇ മൂന്നാംനൂറ്റാണ്ടിനും നാലാംനൂറ്റാണ്ടിനുമിടയിൽ രചിക്കപ്പെട്ട ഗ്രന്ഥങ്ങളിൽ പ്രധാനമായും കാണപ്പെടുന്ന ഒരു പ്രാകൃത ഭാഷയാണ് ഗാന്ധാരി. മധ്യേഷ്യയിലെ മുൻ ബുദ്ധ സംസ്കാരങ്ങളിൽ ഈ ഭാഷ വളരെ യധികം ഉപയോഗിച്ചിരുന്നു. കൂടാതെ കിഴക്കൻ ചൈനവരെ, ലുവോയാങ്ങിലെയും അന്യാങ്ങിലെയും ലിഖിതങ്ങളിൽ ഇത് കണ്ടെത്തിയിട്ടുണ്ട്. മറ്റ് പല പ്രാകൃതങ്ങളും ബ്രഹ്മി ലിപിയിലാണെങ്കിൽ ഗാന്ധാരി ഖരോസ്ഥി ലിപിയിലാണ് എഴുതിയിരുന്നത്.

ഖാസപ്രാകൃതം മധ്യകാല ഇന്ത്യയിലെ വേറൊരു പ്രാകൃതഭാഷയാണ്. ഇത് നേപ്പാളി, കുമയ്യൂണി, ഗഢവാളി ഭാഷകൾ ഉൾപ്പെടുന്ന പഹാഡി ഭാഷകളുടെ പൂർവ്വികഭാഷയായി കണക്കാക്കപ്പെടുന്നു. ഖാസ പ്രാകൃതത്തിന്റെ ഭാഷാഭേദങ്ങളിൽ നേപ്പാളിലെ ഡോട്ടേലിയും ജുമ്ലിഭാഷയും ഉൾപ്പെടുന്നു.

നാടകങ്ങളിൽ ഉപയോഗിച്ചിരുന്ന പ്രാകൃതഭാഷയെ "നാടകീയ പ്രാകൃതങ്ങൾ"എന്നു വിളിക്കുമ്പോഴും ഈ വിഭാഗത്തിൽ പെടുന്ന, സാധാരണയായി നാടകത്തിൽ ഉപയോഗിക്കാത്ത മറ്റു ചില പ്രാകൃതങ്ങളും ഉണ്ടായിരുന്നു. പ്രാച്യ, ബാഹ്ലികി, ദക്ഷിണാത്യ, ശകാരി, ചണ്ഡാലി, ശബരി, ആഭിരി, ദ്രാമിലി, ഒദ്രി എന്നിവ ഇതിൽ ഉൾപ്പെടുന്നു. നാടകങ്ങളിൽ വ്യത്യസ്തങ്ങളായ പ്രാകൃത ഭാഷകൾ ഉപയോഗിക്കുന്നതിന് കർശനമായ ചില രീതികൾ ഉണ്ടായിരുന്നു. ഓരോ കഥാപാത്രങ്ങളും അവരുടെ കഥയുടേയും പശ്ചാത്തലത്തിന്റേയും അടി സ്ഥാനത്തിൽ വ്യത്യസ്തമായ പ്രാകൃത ഭാഷകളാണ് സംസാരിച്ചിരുന്നത്. ഉദാഹരണത്തിന്, ദ്രാമിലി "വനവാസികളുടെ"ഭാഷയായിരുന്നു. സൗരസേനിയെ"നാ

യികയും സ്ത്രീ സുഹൃത്തുക്കളും" തമ്മിൽ സംസാരിക്കുമ്പോൾ ഉപയോഗിക്കു ന്നു. അവന്തി "ചതിയന്മാരും തെമ്മാടികളും" സംസാരിക്കുന്ന ഭാഷയാണ്. മഹാ രാഷ്ട്ര പ്രാകൃതവും സൗരസേനിയും സാഹിത്യത്തിൽ വ്യാപകമായും സാധാ രണയായും ഉപയോഗിച്ചിരുന്നു.

ഇതുപോലെ വേറൊരു പഴയകാല ഇന്തോ-യൂറോപ്യൻ ഭാഷയാണ് പാലി. ബി.സി.ഇ മൂന്നാം നൂറ്റാണ്ടു മുതൽ നിലവിലുള്ള ഈ ഭാഷയിൽ തെരവാദ ബു ദ്ധമത ഗ്രന്ഥങ്ങളും വ്യാഖ്യാനങ്ങളും എഴുതപ്പെട്ടിട്ടുണ്ട്. ബ്രാഹ്മി, ഖരോസ്തി, ഖെമർ, മോൺ-ബർമീസ്, തായ്, തായ് താം, സിംഹള, ലാറ്റിൻ തുടങ്ങിയ ലിപി കൾ ഉപയോഗിച്ചും പാലി ഭാഷയിൽ ലിഖിതങ്ങളുണ്ട്.

പാലിയും പ്രാകൃതവും ഉൾപ്പെടുന്ന ഭാഷകൾ ക്രമേണ അപഭ്രംശ ഭാഷകളാ യി രൂപാന്തരപ്പെട്ടു. അപഭ്രംശമെന്നാൽ വ്യാകരണമില്ലാത്തതോ നിലവാരമില്ലാ ത്തതോ ആയ ഭാഷയെന്നാണ് അർത്ഥമാക്കുന്നത്. പ്രാകൃതങ്ങൾ ഏകദേശം 13-ആം നൂറ്റാണ്ടുവരെ ഉപയോഗത്തിലുണ്ടായിരുന്നു. എന്നാൽ അപഭ്രംശം 12- ആം നൂറ്റാണ്ടുമുതൽ 16-ആം നൂറ്റാണ്ടുവരെയും വ്യാപകമായി ഉപയോഗിച്ചിരു ന്നു. ആധുനിക ഉത്തരേന്ത്യൻ ഭാഷകളുടെ ഉദയത്തിനുമുമ്പുള്ള ഭാഷകളാണ് അപഭ്രംശ ഭാഷകൾ. ജൈനഗ്രന്ഥ ശാലകളിൽ നിന്നും വലിയ തോതിൽ അപ ഭ്രഷ്ട സാഹിത്യങ്ങൾ കണ്ടെത്തിയിട്ടുണ്ട്. പ്രശസ്ത എഴുത്തുകാരനും സംഗീ തജ്ഞനുമായ അമീർഖുസ്രോയും കബീറും ആധുനിക ഹിന്ദി-ഉറുദു ഭാഷയു മായി സാമ്യമുള്ള ഹൈന്ദവി ഭാഷയിൽ എഴുതിയപ്പോൾ, ഹിന്ദു രാജാക്കന്മാർ ഭരിച്ചിരുന്ന പ്രദേശങ്ങളിലെ കവികളിൽ പലരും അപഭ്രംശത്തിൽ എഴുതുന്നത് തുടർന്നു.

സംസാരിക്കുന്ന ആളുകളുടെ എണ്ണം നോക്കിയാൽ ഇന്ത്യൻ ഉപഭൂഖണ്ഡ ത്തിൽ ഒന്നാംസ്ഥാനത്തും ലോകത്ത് നാലാം സ്ഥാനത്തുമുള്ള ഭാഷയാണ് ഹി ന്ദുസ്ഥാനി. ഹിന്ദുസ്ഥാനിയുടെ വികസനം പ്രധാനമായും സൗരസേനി അപഭ്രം ശയിൽ നിന്നുമുണ്ടായ വിവിധ ഹിന്ദി ഭാഷകളെ ചുറ്റിപ്പറ്റിയാണ്. സി.ഇ-933-ൽ എഴുതപ്പെട്ട ജൈനഗ്രന്ഥമായ ശ്രാവകച്ചറാണ് ആദ്യ ഹിന്ദി പുസ്തകമായി ക ണക്കാക്കപ്പെടുന്നത്. ഖാരിബോലി ഭാഷയെ അടിസ്ഥാനമാക്കിയുള്ളതാണ് ആ ധുനിക ഹിന്ദി. ഖാരിബോലി വടക്കേ ഇന്ത്യയിലുടനീളം സംസാരിച്ചിരുന്ന ഒരു പ്രാദേശിക ഭാഷയായിരുന്നു. ഡൽഹി സുൽത്താനേറ്റ് സ്ഥാപിതമായതോടെ അതിൽ പേർഷ്യൻ, അറബിക് പദങ്ങളും ഉപയോഗിക്കാൻ തുടങ്ങി. പിന്നീട് ഇ ത് ഹിന്ദുസ്ഥാനി എന്നറിയപ്പെട്ടു.

1630-ൽ രൂപം കൊണ്ട ശിവാജിയുടെ മറാത്ത ഭരണത്തിൽ, മറാത്തി പ്രധാ ന ഭാഷയായി ഉയർന്നുവന്നു. ഭരണപരമായ രേഖകളിൽ ആദ്യകാലത്ത് 80% പേർഷ്യൻ വാക്കുകളാണ് ഉപയോഗത്തിലുണ്ടായിരുന്നതെങ്കിലും1677 ആയ

പ്പോഴേക്കും അത് 37% ആയി കുറഞ്ഞു. 1800-കളുടെ തുടക്കത്തിൽ ബ്രിട്ടീഷ് കൊളോണിയൽ കാലഘട്ടത്തിൽ ക്രിസ്ത്യൻ മിഷനറിയായ വില്യംകാരിയുടെ ശ്രമങ്ങളിലൂടെ മറാത്തിഭാഷ അതിന്റെ വ്യാകരണത്തിൽ നിലവാരത്തിലെത്തി. ദേവനാഗരിലിപിയിൽ മറാത്തിയിൽ ആദ്യമായി അച്ചടിച്ച പുസ്തകങ്ങൾ ബൈ ബിൾ പരിഭാഷകളായിരുന്നു. ഇന്ത്യൻസ്വാതന്ത്ര്യത്തിനുശേഷം മറാത്തിക്ക് ദേ ശീയതലത്തിൽ ഒരു ഷെഡ്യൂൾഡ് ഭാഷയുടെപദവി ലഭിച്ചു. ഭാഷാടിസ്ഥാനത്തി ൽ സംസ്ഥാന പുനഃസംഘടനയോടെ മറാത്തി സംസാരിക്കുന്നവർ കൂടുതലു ള്ള പ്രദേശം മഹാരാഷ്ട്രയായും ഗുജറാത്തിഭാഷ സംസാരിക്കുന്നവർ കൂടുത ലുള്ള പ്രദേശം ഗുജറാത്ത് സംസ്ഥാനമായും മാറി. ഇതുപോലെ ഭാഷയുടെ അ ടിസ്ഥാനത്തിൽ ഇന്ത്യയിൽ വ്യത്യസ്ത സംസ്ഥാനങ്ങൾ രൂപീകൃതമായി. ഇത്ര യും പറഞ്ഞതിൽനിന്നും വടക്കേ ഇന്ത്യൻ ഭാഷകളുടെ പരിണാമത്തെ പറ്റി ഏ കദേശ ധാരണ കിട്ടിക്കാണുമല്ലോ."

"മലയാളമടക്കമുള്ള ദക്ഷിണേന്ത്യൻ ഭാഷകളുടെ ഉത്ഭവത്തെപറ്റിയും പറ യാമോ മുത്തശ്ശി"

"തെക്കേ ഇന്ത്യയിലെ ഭാഷാചരിത്രത്തിലേക്ക് തിരിഞ്ഞു നോക്കുകയാണെ ങ്കിൽ അതിനേയും നമുക്ക് നാലായി വേർതിരിക്കാം. പ്രോട്ടോ-ദ്രാവിഡൻ, പ്രോ ട്ടോ-നോർത്ത് ദ്രാവിഡൻ, പ്രോട്ടോ-സെൻട്രൽ ദ്രാവിഡൻ, പ്രോട്ടോ-സൗത്ത് ദ്രാവിഡൻ എന്നിവയാണത്. ഭക്ഷിണേന്ത്യൻ ദ്രാവിഡ ഭാഷകളുടെ ഈ വേർ പിരിവ് ബി.സി.ഇ 1500 തന്നെ സംഭവിച്ചു. അതു പ്രകാരം ദക്ഷിണേന്ത്യയിൽ സംസാരിക്കുന്ന ദ്രാവിഡഭാഷകളെല്ലാം പ്രോട്ടോ ദ്രാവിഡഭാഷയിൽ നിന്നും ഉ ണ്ടായതാണ്. ഇത് പിരിഞ്ഞ് പ്രോട്ടോ സൗത്ത് ദ്രാവിഡനും സെൻട്രൽ സൗത്ത് ദ്രാവിഡനുമായി മാറി. പ്രോട്ടോസൗത്ത് ദ്രാവിഡനിൽ നിന്നും പ്രോട്ടോ-തമിഴ്-കന്നഡയുണ്ടായി. അതു പിന്നീട് പ്രോട്ടോ-തമിഴ്-ടോഡയായും പ്രോട്ടോ-കന്ന ഡയായും വേർപിരിഞ്ഞു. പ്രോട്ടോ-തമിഴ്-ടോഡയിൽ നിന്നും പ്രോട്ടോ-തമിഴ്-കുടഗുണ്ടായി. ആ ഭാഷയിൽ നിന്നാണ് പ്രോട്ടോ-തമിഴ്-മലയാളമുണ്ടായത്. ഇ തിൽ നിന്നും പ്രോട്ടോ തമിഴും മലയാളം ഭാഷയും വേർപിരിഞ്ഞു. പ്രോട്ടോ ത മിഴ് പിന്നീട് നവീകരിക്കപ്പെട്ട ആധുനിക തമിൾ ഭാഷയായി മാറി. അതുപോലെ പ്രോട്ടോ കന്നഡയിൽ നിന്നും കന്നഡയും, പ്രോട്ടോ സൗത്ത് സെൻട്രൽ ദ്രാവി ഡൻ ഭാഷയിൽ നിന്ന് ഇന്നത്തെ തെലുങ്ക് ഭാഷയും പരിണമിച്ചു."

"ദക്ഷിണേന്ത്യയിലെ ലിപികൾ എങ്ങനെയാണുണ്ടായത് മുത്തശ്ശി?"

"ഭാഷകൾ പോലെ ലിപികളിലും വലിയ തോതിൽ മാറ്റത്തിന് വിധേയമായ തായി കാണാം. പഴയ തമിഴ് ലിഖിതങ്ങളിൽ ഉപയോഗിച്ചിരുന്ന പ്രധാന ലിപി, തമിഴ് ബ്രാഹ്മി ലിപിയാണ്. എട്ടാം നൂറ്റാണ്ട് മുതൽ പല്ലവർ സംസ്കൃതം എഴു താൻ ഉപയോഗിച്ചിരുന്ന പല്ലവ ഗ്രന്ഥലിപിയിൽ നിന്ന് ഉരുത്തിരിഞ്ഞ ഒരു പു

തിയ ലിപി ഉപയോഗത്തിൽ വന്നു. ഒടുവിൽ അത് വട്ടെഴുത്ത് ലിപിയായി മാറി. ഏതാണ്ട് സി.ഇ 4-5 നൂറ്റാണ്ട് മുതൽ തമിഴ്-ബ്രാഫിയിൽനിന്നാണ് വട്ടെഴുത്ത് വികസിക്കാൻ തുടങ്ങിയത്. ലിപിയുടെ ആദ്യരൂപങ്ങൾ സി.ഇ നാലാം നൂറ്റാണ്ടി ലെ സ്മാരക ശിലാലിഖിതങ്ങളിൽ നിന്നും കണ്ടെത്തിയിട്ടുണ്ട്. സി.ഇ ആറാം നൂറ്റാണ്ടു മുതൽ തമിഴ്നാട്ടിലെ നിരവധി ലിഖിതങ്ങളിൽ ഇത് വ്യക്തമായി സാ ക്ഷ്യപ്പെടുത്തിയിട്ടുണ്ട്. 7-8 നൂറ്റാണ്ടുകളോടെ, ഇത് തമിഴ്-ബ്രാഫിയിൽ നിന്ന് തികച്ചും വേറിട്ട ഒരു ലിപിയായി വികസിച്ചു. സി.ഇ ഏഴാം നൂറ്റാണ്ടിൽ പല്ലവ കൊട്ടാരത്തിൽ പല്ലവ-ഗ്രന്ഥലിപിയാണ് വട്ടെഴുത്തിന് പകരം ഉപയോഗിച്ചി രുന്നത്. സി.ഇ പതിനൊന്നാം നൂറ്റാണ്ട് മുതൽ തമിഴ് ലിപിയിൽ നിന്നും പല്ലവ ഗ്രന്ഥലിപിയെ തമിഴ് ഭാഷ എഴുതുന്നതിനുള്ള പ്രധാന ലിപിയായി മാറ്റി. സം സ്കൃതത്തിൽ നിന്നുള്ള പദങ്ങളെ ഉപയോഗിക്കുന്നതിനായി പല്ലവ-ഗ്രന്ഥ ലിപിയിൽ അക്ഷരങ്ങൾ ഉൾപ്പെടുത്തി. ആദ്യകാലമലയാളത്തിൽ തമിഴിൽ എ ഴുതുന്നതിനേക്കാൾ കൂടുതൽ കാലം വട്ടെഴുത്ത് തുടർന്നു. സി.ഇ 9- 12 നൂറ്റാ ണ്ടുകളിലെ ആദ്യകാല മലയാള ലിഖിതങ്ങൾ കൂടുതലും വട്ടെഴുത്തിലാണ് ര ചിക്കപ്പെട്ടിട്ടുള്ളത്.

20-ആം നൂറ്റാണ്ടിന്റെ തുടക്കത്തിൽ ഭാഷാപരമായ ശുദ്ധീകരണ പ്രസ്ഥാനം തമിഴ്നാട്ടിൽ ഉയർന്നുവന്നു. അത് തമിഴിൽ നിന്ന് സംസ്കൃതവും മറ്റ് വി ദേശ വാക്കുകളും നീക്കം ചെയ്യണമെന്ന് ആവശ്യപ്പെട്ടു. ഇതിന് ദ്രാവിഡ പാർട്ടികളി ൽ നിന്നും ദേശീയ വാദികളിൽ നിന്നും പിന്തുണ ലഭിക്കുകയും സംസ്കൃത വാ ക്കുകൾക്കുപകരം തമിഴ് വാക്കുകൾ ഉപയോഗിക്കാൻ തുടങ്ങുകയും അങ്ങനെ ആധുനിക തമിഴ് ഭാഷയുടെ ഉദയത്തിന് കാരണമാകുകയും ചെയ്തു.

ഏകദേശം ആറാംനൂറ്റാണ്ടിൽതന്നെ മധ്യകാലതമിഴിൽ നിന്ന് മലയാളം വ്യ തിചലിച്ചതായി കരുതപ്പെടുന്നു. മലയാളം ഒരു പ്രത്യേക ഭാഷയായി വികസി ച്ചതിന്റെ പ്രത്യേകത, നിഘണ്ടുവിലും വ്യാകരണത്തിലും സംസ്കൃതത്തിന്റെ സ്വാധീനമായിരുന്നു. അത് 16-ആംനൂറ്റാണ്ടിൽ തുഞ്ചത്ത് എഴുത്തച്ഛന്റെ ആ ദ്ധ്യാത്മ രാമായണത്തിലൂടെ ആധുനിക മലയാളത്തിന് തുടക്കം കുറിക്കുന്നതി ൽ കലാശിച്ചു. എഴുത്തച്ഛന്റെ കൃതികൾ മലയാളം ലിപിയുടെ ഉപയോഗവും ഉറപ്പിച്ചു. ഗ്രന്ഥ ലിപിയുമായി തമിഴ് വട്ടെഴുത്ത് അക്ഷരമാലയെ സംയോജിപ്പി ച്ച് ഇൻഡോ-ആര്യൻ, ദ്രാവിഡശബ്ദങ്ങളെ പ്രതിനിധീകരിക്കാൻ കഴിവുള്ള ധാ രാളം അക്ഷരങ്ങൾ ഉണ്ടായി. ഇന്ന് മലയാളം ഇന്ത്യയിലെ 22 ഷെഡ്യൂൾഡ് ഭാ ഷകളിൽ ഒന്നാണ്. 2013-ൽ ഇന്ത്യാ സർക്കാർ മലയാളത്തെ ഒരു ക്ലാസിക്കൽ ഭാഷയായി പ്രഖ്യാപിക്കുകയും ചെയ്തു."

"ഈ ലിപികളുടെയെല്ലാം തുടക്കം എവിടെ നിന്നായിരിക്കും ഉണ്ടായിട്ടുണ്ടാ കുക?"

"മലയാളി എന്ന നിലയിൽ മലയാളലിപിയുടെ തുടക്കമന്വേഷിച്ച് പിന്നോട്ടു സഞ്ചരിക്കുമ്പോൾ അവസാനമെത്തുക ബി.സി.ഇ 3200-ലെ ഈജിപ്ഷ്യൻ ഹൈറോഗ്ലിഫ്സ് ലിപിയിലാണ്. അതിനുശേഷം ബി.സി.ഇ 1900നും 1500നു മിടയിൽ പ്രോട്ടോ-സിനൈറ്റിക് ലിപിയും ആദ്യകാല അക്ഷരമാലയുമുണ്ടായി. ഗ്രീക്ക് അക്ഷരമാല ഉൾപ്പെടെയുള്ള നിരവധി ആധുനിക അക്ഷരമാലകളിലേക്ക് നയിച്ച പുരാതന ദക്ഷിണ അറേബ്യൻ ലിപിയുടേയും ഫിനീഷ്യൻ അക്ഷര മാലയുടേയും പൊതു പൂർവ്വിക ലിപിയായും അക്ഷരമാല രചനയുടെ ആദ്യ കാല അടയാളമായും ഇവ കണക്കാക്കപ്പെടുന്നു. അതിനുശേഷം ബി.സി.ഇ 1050-150 കാലത്ത് ഫിനീഷ്യൻ അക്ഷരമാല ഉപയോഗത്തിൽ വന്നതായി കാ ണാം. ഫീനിഷ്യൻ നാഗരികതയിൽ നിന്നാണ് ഈ പേര് വന്നത്. മെഡിറ്ററേനി യൻ പ്രദേശത്തുടനീളം കണ്ടെത്തിയ കനാനൈറ്റ്, അരമായ ലിഖിതങ്ങൾ ഈ അക്ഷരമാലയിലെഴുതിയതാണ്.

Egyptian hieroglyphs

Hieroglyphs from the tomb of Seti I (KV17),
13th century BC

Script type	Logographic usable as abjad
Time period	c. 3200 BC – AD 400

ബി.സി.ഇ 3200-ലെ ഈജിപ്ഷ്യൻ ഹൈറോഗ്ലിഫ്സ് ലിപി

ബി.സി.ഇ 800 മുതൽ സി.ഇ 600 വരെയുള്ള കാലഘട്ടത്തിൽ തുർക്കിയുടെ തെക്കുകിഴക്കൻ മേഖലയും ഇറാന്റെ പടിഞ്ഞാറൻ ഭാഗവും ഉൾപ്പെടുന്ന ഫല

ഭൂയിഷ്ഠമായ ചന്ദ്രക്കല എന്നറിയപ്പെടുന്ന പ്രദേശത്ത് പുരാതന അരാമിയൻ ഗോത്രങ്ങൾ സംസാരിക്കുന്ന അരാമിക് ഭാഷകൾ എഴുതാൻ പുരാതന അരാമിക് അക്ഷരമാല ഉപയോഗിച്ചിരുന്നു. നൂറ്റാണ്ടുകൾക്ക് ശേഷം അറബിവൽക്കരണത്തിന്റെ മുന്നോടിയായ ഒരു ഭാഷാമാറ്റത്തിനിടയിൽ സാമ്രാജ്യങ്ങളും അവരുടെ പ്രജകളും ഭാഷാപരമായ അരാമൈസേഷന് വിധേയമായപ്പോൾ മറ്റ് ജനങ്ങളും ഇത് അവരുടെ സ്വന്തം അക്ഷരമാലയായി സ്വീകരിച്ചു.

Phoenician script

Script type	Abjad
Time period	c. 1050–150 BC[1]
Direction	right-to-left

ആദ്യകാല അക്ഷരമാല. ഫിനീഷ്യൻ ലിപി

അതിനുശേഷം ബി.സി.ഇ മൂന്നാം നൂറ്റാണ്ടിൽ പൂർണ്ണമായി വികസിപ്പിച്ച ലിപിയാണ് ബ്രഫി. ഇതിന്റെ പിൻഗാമികളായ ബ്രാഹ്മിക് ലിപികൾ തെക്കൻ, തെക്കുകിഴക്കൻ ഏഷ്യയിലുടനീളം ഇന്നും ഉപയോഗിച്ചു വരുന്നു. മൗര്യൻ കാലഘട്ടം മുതൽ ഗുപ്തകാലഘട്ടത്തിന്റെ ആരംഭംവരെ എഴുത്ത് സമ്പ്രദായം താരതമ്യേന ചെറിയ മാറ്റങ്ങളിലൂടെ കടന്നുപോയി. അതിനുശേഷം, യഥാർത്ഥ ബ്രഫി ലിപി വായിക്കാനുള്ള കഴിവ് നഷ്ടപ്പെട്ടു. ബി.സി.ഇ 250-232 കാലത്തെ വടക്കൻ-മധ്യേന്ത്യയിലെ അശോകന്റെ ശിലാശാസനങ്ങളാണ് ഇന്ന് ഏറ്റവും പഴയതും അറിയപ്പെടുന്നതുമായ ബ്രാഫി ലിഖിതങ്ങൾ.

ബി.സി.ഇ മൂന്നാം നൂറ്റാണ്ടിനും സി.ഇ ഒന്നാം നൂറ്റാണ്ടിനുമിടയിൽ ദക്ഷിണേന്ത്യയിലുണ്ടായ ബ്രാഫി ലിപിയുടെ ഒരു വകഭേദമായിരുന്നു തമിഴ്-ബ്രാഫി അഥവാ തമിഴി. ഇത് പഴയ തമിഴിന്റെ ആദ്യകാല രൂപത്തിൽ ലിഖിതങ്ങൾ എഴുതാൻ ഉപയോഗിച്ചിരുന്നു. കൂടാതെ തമിഴ്നാട്, കേരളം, ആന്ധ്രാപ്രദേശ്, ശ്രീ

ലങ്ക എന്നിവയുടെ പല ഭാഗങ്ങളിലും അറിയപ്പെടുന്ന ഏറ്റവും പുരാതനമായ എഴുത്ത് സമ്പ്രദായമാണ്. തമിഴ് ബ്രാഹ്മി ലിഖിതങ്ങൾ ഗുഹാമുഖങ്ങൾ, കൽ ത്തടങ്ങൾ, മൺപാത്രങ്ങൾ, കുഴിച്ചിട്ട ഭരണികൾ, നാണയങ്ങൾ, മുദ്രകൾ, മോ തിരങ്ങൾ എന്നിവയിൽ കണ്ടെത്തിയിട്ടുണ്ട്.

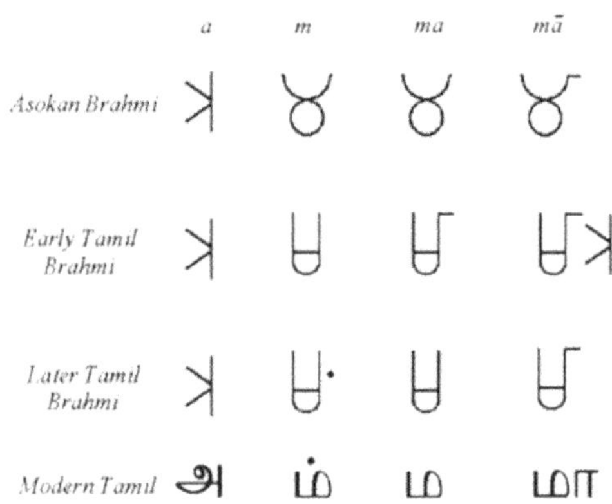

അക്ഷരമാലയുടെ പരിണാമം ബ്രാഹ്മി മുതൽ തമിൾ വരെ

സി.ഇ നാലാം നൂറ്റാണ്ടുമുതൽ എട്ടാംനൂറ്റാണ്ടുവരെ നിലനിന്നിരുന്നതും, തമി ഴ്-ബ്രാഹ്മിയെ അടിസ്ഥാനമാക്കി പല്ലവർ വികസിപ്പിച്ചെടുത്ത ലിപിയാണ് പല്ല വ അഥവാ പല്ലവ ഗ്രന്ഥം. ദക്ഷിണേന്ത്യയിലെ പല്ലവ രാജവംശത്തിന്റെ പേരി ലുള്ള ഒരു ബ്രാഹ്മിക് ലിപിയാണിത്. ഇന്ത്യയിൽ പല്ലവ ലിപി ഗ്രന്ഥലിപിയായും പരിണമിച്ചു. പല്ലവ ലിപി തെക്കുകിഴക്കൻ ഏഷ്യയിലേക്കും വ്യാപിക്കുകയും ബാലിനീസ്, ബേബയിൻ, ജാവനീസ്, കാവി, ഖെമർ, ലന്ന, ലാവോ തുടങ്ങിയ പ്രാദേശിക ലിപികളായി പരിണമിക്കുകയും ചെയ്തു. മോൺ-ബർമീസ്, പു തിയ തായല്ൂ അക്ഷരമാല, സുന്ദനീസ്, തായല്ീപികളായി പരിണമിക്കുകയും ചെയ്തു.

ഏഴാം നൂറ്റാണ്ടിൽ പല്ലവ ലിപിയിൽ നിന്നും ഉണ്ടായ ലിപിയാണ് ഗ്രന്ഥ ലി പി. ഈ ദക്ഷിണേന്ത്യൻ ലിപി, പ്രത്യേകിച്ച് തമിഴ്നാട്ടിലും കേരളത്തിലും കാ ണപ്പെടുന്നു. പല്ലവ ലിപിയിൽ നിന്ന് ഉത്ഭവിച്ച ഗ്രന്ഥലിപി തമിഴ്, വട്ടെഴുത്ത് ലിപികളുമായി ബന്ധപ്പെട്ടിരിക്കുന്നു. കേരളത്തിലെ ആധുനിക മലയാളം ലി പി ഗ്രന്ഥ ലിപിയുടെ നേരിട്ടുള്ള പിൻഗാമിയാണ്. യഥാക്രമം തായ്, ജാവനീസ് തുടങ്ങിയ തെക്കുകിഴക്കൻ ഏഷ്യൻ, ഇന്തോനേഷ്യൻ ലിപികളും ദക്ഷിണേഷ്യ ൻ തിഗലാരി, സിംഹള ലിപികളും ആദ്യകാല പല്ലവ ലിപിയിലൂടെ ഗ്രന്ഥവുമാ

യി ബന്ധപ്പെട്ടുതോ അല്ലെങ്കിൽ അടുത്ത ബന്ധമുള്ളതോ ആണ്.

ഗ്രന്ഥ, മലയാള, തമിഴു അക്ഷരങ്ങൾ - ഒരു താരതമ്യം

പല്ലവ ലിപി അഥവാ പല്ലവ ഗ്രന്ഥം, സി.ഇ നാലാംനൂറ്റാണ്ടിൽ ഉയർന്നു വന്നു. ഇന്ത്യയിൽ സി.ഇ 7-ആം നൂറ്റാണ്ട് വരെ ഉപയോഗിച്ചിരുന്നു. ഈ ആദ്യ കാല ഗ്രന്ഥലിപി സംസ്കൃത ഗ്രന്ഥങ്ങൾ, ചെമ്പ് തകിടുകളിലെ ലിഖിതങ്ങൾ, ഹിന്ദുക്ഷേത്രങ്ങളുടേയും ആശ്രമങ്ങളുടേയും കല്ലുകൾ എന്നിവ എഴുതാൻ ഉ പയോഗിച്ചിരുന്നു. ഇത് സംസ്കൃതവും തമിഴും കൂടിച്ചേർന്ന ഭാഷയായ ക്ലാസി ക്കൽ മണിപ്രവാളത്തിനും ഉപയോഗിച്ചിരുന്നു. അതിൽ നിന്ന് ഏഴാംനൂറ്റാണ്ടോ ടെ മധ്യഗ്രന്ഥയും ഏകദേശം എട്ടാം നൂറ്റാണ്ടോടെ ട്രാൻസിഷണൽ ഗ്രന്ഥയും വികസിച്ചു. ഇത് ഏകദേശം 14-ആം നൂറ്റാണ്ടുവരെ ഉപയോഗത്തിലുണ്ടായിരു ന്നു. സംസ്കൃതത്തിലും ദ്രാവിഡ ഭാഷകളിലും ക്ലാസിക്കൽ ഗ്രന്ഥങ്ങൾ എഴു താൻ 14-ാം നൂറ്റാണ്ടു മുതൽ ഉപയോഗിച്ച ആധുനിക ഗ്രന്ഥം ആധുനിക കാ ലഘട്ടം വരെ ഉപയോഗത്തിലുണ്ട്.

പഴയതും ഇടത്തരവുമായ ലിഖിതങ്ങളും സാഹിത്യകൃതികളും എഴുതാൻ ഉ പയോഗിച്ചിരുന്ന വട്ടെഴുത്ത്, കോലെഴുത്ത്, ഗ്രന്ഥ ലിപി എന്നിവയുടെ സം യോജനത്തിലൂടെയും പരിഷ്കരണത്തിലൂടെയും മലയാള ലിപിയെ ഇന്ന ത്തെ രൂപത്തിലേക്ക് വികസിപ്പിച്ചതിന്റെ ബഹുമതി തുഞ്ചത്ത് എഴുത്തച്ഛരനാ ണ്. മലയാളം പരിഷ്കരിച്ച ലിപിയിൽ നിന്നും അധികമായതും അനാവശ്യവു

മായ അക്ഷരങ്ങൾ അദ്ദേഹം ഒഴിവാക്കി. അതിനാൽ ആധുനികമലയാളത്തിന്റെ പിതാവ് എന്നും എഴുത്തച്ഛരൻ അറിയപ്പെടുന്നു. പത്തൊൻപതാം നൂറ്റാണ്ടിന്റെ മധ്യത്തിൽ ഹെർമൻ ഗുണ്ടർട്ട് പുതിയ സ്വരാക്ഷരങ്ങൾ കണ്ടുപിടിച്ചതോടെ ഇന്നുള്ള മലയാളം ലിപി പരിഷ്കരിച്ചു.1971-ൽ കേരള സർക്കാർ വിദ്യാഭ്യാസവകുപ്പിന് സർക്കാർ ഉത്തരവിലൂടെ മലയാളത്തിന്റെ അക്ഷര വിന്യാസം പരിഷ്കരിച്ചു. ഭാഷയുടെ വികാസത്തിനൊപ്പം ലിപിയുടെ പരിണാമവും എങ്ങനെയാണ് സംഭവിച്ചതെന്ന് ഇതിൽ നിന്നും മനസ്സിലായിക്കാണുമല്ലോ."

11

സംഘകാലം മലയാളത്തിന്റെ പൂർവ്വകാലം

"മുത്തശ്ശീ, ദക്ഷിണേന്ത്യയിലുണ്ടായിരുന്ന സംഘകാല സാഹിത്യത്തേപ്പറ്റി സൂ ചിപ്പിച്ചല്ലോ. മലയാളത്തിനുകൂടി അവകാശപ്പെട്ടതല്ലേ ഈ പാരമ്പര്യം?"

''പറയാം, ബി.സി.ഇ 566 മുതൽ സി.ഇ 250 വരെയുള്ള കാലഘട്ടത്തെയാ ണ് പൊതുവേ സംഘകാലമായി കണക്കാക്കുന്നത്. അതായത് ബി.സി.ഇ 566 -486 കാലയളവിലെ ബുദ്ധകാലഘട്ടം, ബി.സി.ഇ 327-325 കാലയളവിലെ അ ലക്സാണ്ടറുടെ അധിനിവേശം, ബി.സി.ഇ 322-183 കാലയളവിലെ മൗര്യസാ മ്രാജ്യകാല ഘട്ടം, സി.ഇ 50-250 കാലയളവിലെ ശതവാഹന സാമ്രാജ്യ കാല ഘട്ടം എന്നിവ സംഘകാലത്തിനു സമാന്തരമായ കാലമായി കണക്കാക്കപ്പെ ടുന്നു.

സംഘകാല തമിഴകമെന്ന് വിളിക്കുന്നത് ഇപ്പോഴത്തെ തമിഴ്നാട്, കേരളം, ശ്രീലങ്കയുടെ ചില ഭാഗങ്ങൾ ഉൾപ്പെടുന്ന ഭൂപ്രദേശത്തേയാണ്. ആന്ധ്രാപ്രദേ ശിലെ തിരുപ്പതി മുതൽ തമിഴ്നാട്ടിലെ കന്യാകുമാരിവരെ ഇത് വ്യാപിച്ചു കിട ന്നിരുന്നു. നന്നങ്ങാടികൾ, മുനിയറകൾ, കുടക്കല്ലുകൾ, തൊപ്പിക്കല്ലുകൾ തുട ങ്ങിയവയെല്ലാം ഇതിന്റെ അവശേഷിപ്പുകളാണ്. പുരാതന തമിഴ് കാവ്യങ്ങൾ, നാണയങ്ങൾ, പ്രാചീന എഴുത്തുകൾ മുതലായവയിൽ നിന്നും ഇത്തരം സ്മാ രകങ്ങളിൽ നിന്നുമാണ് നമുക്ക് ഈ സംസ്കാരത്തേ കുറിച്ചുള്ള വിവരങ്ങൾ ലഭിക്കുന്നത്. മഹാശിലായുഗ കാലഘട്ടമെന്നാണ് ചരിത്രത്തിൽ ഇത് അറിയ പ്പെടുന്നത്. ആ കാലത്തുള്ള സാമൂഹ്യജീവിതത്തെ പറ്റിയുള്ള വിവരങ്ങൾ സം ഘം കൃതികളിൽ കാണാം.

സംഘംകൃതികൾ സംഘകാലത്ത് രചിക്കപ്പെട്ടവയാണെങ്കിലും അവ പല തും അക്കാലത്ത് സംരക്ഷിക്കപ്പെട്ടില്ല. നൂറ്റാണ്ടുകൾക്കുശേഷം ഇത് സമാഹ രിച്ചു സംരക്ഷിച്ച കാലത്ത് അതുമായി ബന്ധപ്പെട്ടവർ അതിൽ പലതും നശി

പ്പിച്ചു കളയുകയും പുതിയ പാട്ടുകളും മറ്റും അതിൽ എഴുതിച്ചേർക്കുകയും ചെ യ്തു. ചരിത്രകാരനായ പ്രൊഫ. ഇളംകുളം കുഞ്ഞൻപിള്ളയുടെ അഭിപ്രായ ത്തിൽ "ചാതുർവർണ്ണ്യത്തോട് അനുകൂലമല്ലാതിരുന്ന സംഘം കവികളെ പി ൽക്കാലത്ത് ഈ കൃതികൾ കണ്ടെത്തി സമാഹരിച്ചവർ ശ്രദ്ധിച്ചുകാണുകയില്ല. അവരുടെ പേരുപോലും വിസ്മരിക്കപ്പെടണമെന്നത് ചാതുർവർണ്ണ്യ പ്രചാര ണത്തിന്റെ ഒരു ആവശ്യവുമായിരിക്കാം." അദ്ദേഹത്തിന്റെ അഭിപ്രായത്തിൽ ഇവ സമാഹരിക്കപ്പെട്ടത് ഏഴാംനൂറ്റാണ്ടിലാണ്. മുമ്പ് തമിഴകത്തും ജാതിസമ്പ്ര ദായം നിലനിന്നിരുന്നുവെന്ന് സ്ഥാപിക്കാൻ പുറന്നാനൂറിൽ പലയിടത്തും കൂ ട്ടിച്ചേർത്തലുകൾ നടന്നതായി അദ്ദേഹം കണ്ടെത്തി."

Sangam period

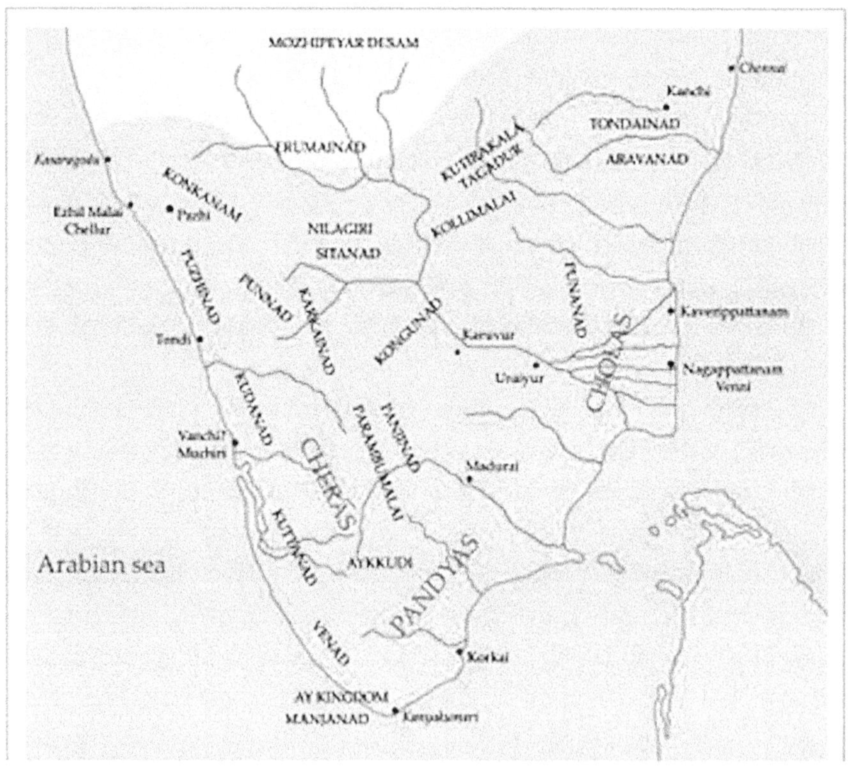

സംഘകാലത്തെ തമിഴകം

"പ്രധാന സംഘ സാഹിത്യ കൃതികൾ ഏതൊക്കെയാണ് മുത്തശ്ശീ?"

"സംഘകാലസാഹിത്യത്തിലെ പ്രാധാനപ്പെട്ടകൃതികളാണ് എട്ടു മഹാകാവ്യ ങ്ങളുടെ സമാഹാരമായ എട്ടുത്തൊകെയും പത്തു നീണ്ടകാവ്യങ്ങളുടെ സമാ ഹാരമായ പത്തുപാട്ടുകളും. ബി.സി.ഇ അഞ്ചാംനൂറ്റാണ്ടിലോ ഏഴാം നൂറ്റാണ്ടി ലോ ജീവിച്ചിരുന്ന തൊൽക്കാപ്പിയരെന്ന മഹാപണ്ഡിതൻ രചിച്ച കൃതിയാണ് തൊൽക്കാപ്പിയം. തമിഴ് ഭാഷയുടെ ഏറ്റവും പഴയ വ്യാകരണ ഗ്രന്ഥമാണിത്. തൊൽക്കാപ്പിയത്തെ മലനാടിന്റെ പൊതുവായ വ്യാകരണഗ്രന്ഥമായി കണക്കാ ക്കുന്നു. സംഘസാഹിത്യം തമിഴരുടേതായാണ് അറിയപ്പെടുന്നതെങ്കിലും അത് കേരളീയരുടെ സാഹിത്യ പാരമ്പര്യത്തിന്റെ ഭാഗം കൂടിയാണ്. മലയാളഭാഷയു ടെ പഴയ രൂപമായും സംഘസാഹിത്യത്തിലെ ഈ ഭാഷയെ കണക്കാക്കാം.

എട്ടുത്തൊകൈ മഹാകാവ്യങ്ങളിൽപെട്ട ഒരു കാവ്യസമാഹാരമാണ് ഐ ങ്കുറുനൂറ് അഥവാ അഞ്ഞൂറ് എന്ന ഹ്രസ്വകവിതകൾ. പേരുപോലെ തന്നെ ഇ ത് അഞ്ച് വിഭാഗമായ 100 ചെറിയ കവിതകളുടെ സമാഹാരമാണ്. അഞ്ച് തി ണകളെ അതായത് അഞ്ചുഭൂപ്രദേശങ്ങളെ അടിസ്ഥാനമാക്കിയുള്ളതാണ് ഈ വിഭജനം. ഭാഷാതെളിവുകളുടെ അടിസ്ഥാനത്തിൽ സി.ഇ 300നും 350നുമിട യിൽ എഴുതപ്പെട്ടതാകാം ഇതെന്ന് കരുതപ്പെടുന്നു. ഐങ്കുറുനൂറ് സമാഹാര ത്തിന്റെ കയ്യെഴുത്തു പ്രതിയുടെ അവസാനത്തെ താളിൽ കാണപ്പെട്ട മുദ്രയും വിവരങ്ങളുമനുസരിച്ച് ഇത് ഇന്നത്തെ കേരളത്തിന്റെ ഭാഗമായിരുന്ന ചേരരാ ജ്യത്തിൽ രചിച്ചതാണ്. ഈ പുസ്തകത്തിലെ കവിതകൾ അഞ്ച് എഴുത്തുകാർ ചേർന്നാണ് രചിച്ചതെന്നും, ചേരരാജാവ് ആനകാച്ചി മന്താരൻ ചേരൻ ഇരു മ്പോറായ്യുടെ നിർദ്ദേശപ്രകാരം കുഡല്ലൂർ കിലാറാണ് ഇത് സമാഹരിച്ചതെന്നും അനുമാനിക്കുന്നു. ഈ പുസ്തകം സംഘസാഹിത്യത്തിലെ അകം വിഭാഗത്തി ൽ പെടുന്നതാണ്. ഇതിലെ കവിതകളിൽ അധികവും നായകനും നായികയും തമ്മിലുള്ള പ്രണയമാണ് കൈകാര്യം ചെയ്യുന്നത്.

പ്രകൃതിയുമായി ബന്ധപ്പെട്ട അഞ്ചുതിണകൾ ആ പ്രദേശത്തിന്റെ സവിശേ ഷതയുള്ള ഓരോ പുഷ്പത്തിന്റേയും പേരിലാണ് അറിയപ്പെടുന്നത്. കുറിഞ്ഞി യെന്നാൽ മലയോര പ്രദേശങ്ങളും, പാലൈ വരണ്ട ഭൂമിയും, മുല്ലൈ ഇടയ പ്ര ദേശങ്ങളും, മരുതം ആർദ്രകൃഷിഭൂമികളും, നെയ്താൽ തീരപ്രദേശവുമാണ്.

കുറിഞ്ഞി, ഉയർന്ന കുന്നുകളിൽ കാണപ്പെടുന്ന കുറിഞ്ഞി പുഷ്പത്തിന്റെ പേരാണ്. പത്തോ പന്ത്രണ്ടോ വർഷത്തിലൊരിക്കൽ ഏതാനും ദിവസങ്ങൾ മാ ത്രം പൂക്കുന്ന, വെളുത്ത പൂക്കൾ വിരിയുന്ന കുറ്റിച്ചെടിയാണിത്. ഈ പ്രദേശ ത്തുള്ളവരുടെ പ്രധാന തൊഴിൽ വേട്ടയാടൽ, തേൻ ശേഖരിക്കൽ, തിനയുടെ കൃഷി എന്നിവയാണ്. കണവർ, വേടർ, കുറവർ എന്നീ പേരുകളിലാണ് ഈ പ്രദേശത്തെ ജനങ്ങൾ അറിയപ്പെട്ടിരുന്നത്. വേടർ അല്ലെങ്കിൽ വേട്ടുവർ അതാ യത് വേട്ടയിൽ നിന്ന് ഉരുത്തിരിഞ്ഞവർ. കണവരെന്നാൽ കാടിൽ നിന്ന് ഉരു

ത്തിരിഞ്ഞവവർ. ഇവർ ആനകളേയും പന്നികളേയും വേട്ടയാടിയിരുന്നു. കുറ വർ അല്ലെങ്കിൽ കുന്നവർ കുന്നിൽ നിന്ന് ഉരുത്തിരിഞ്ഞവർ കാട്ടിലെ കൃഷി ക്കാരാണ്. അവരുടെ തലവന്മാർ വേർപ്പൻ, പൊറുപ്പൻ, സിലമ്പൻ എന്നീ പേരു കളിൽ അറിയപ്പെട്ടിരുന്നു. അവരുടെ വാസസ്ഥലങ്ങൾ സിരുകുറ്റി എന്നറിയ പ്പെടുന്നു.

കാട്ടിലെ ഒരു പുഷ്പമാണ് മുല്ല. തടാകങ്ങൾ, വെള്ളച്ചാട്ടങ്ങൾ, തേക്ക്, മുള, ചന്ദനം എന്നിവയാൽ സമ്പന്നമാണ് ഈ പ്രദേശം. ഇവിടെ തിനയെന്ന ചെറു ധാന്യത്തിന്റെ കൃഷിയുണ്ട്. കന്നുകാലിവളർത്തൽ, പുനംകൃഷി, കാലിവളർ ത്തൽ എന്നിവ ഉൾപ്പെടുന്നതാണ് ഇവരുടെ തൊഴിൽ. കോവലർ, അയർ, ഇട യാർ എന്നീ പേരുകളിലാണ് ഇവർ അറിയപ്പെട്ടിരുന്നത്. കോവാലർ പശുപാല കരും അയർ കന്നുകാലി മേയ്ക്കുന്ന ഇടയരുമാണ്. അവരുടെ വാസസ്ഥലങ്ങ ൾ പതി എന്ന് അറിയപ്പെട്ടിരുന്നു. ഇവരുടെ തലവന്മാരെ കോൺ, അണ്ണൽ, തോൻറൽ, കുരംപൊറൈ എന്നീ സ്ഥാനപ്പേരുകളും പ്രധാന സ്ത്രീകളെ മനൈ വി എന്നും വിളിച്ചിരുന്നു.

കടൽത്തീരമുൾപ്പെടുന്ന പ്രദേശം താമരപ്പൂവിന്റെ മറ്റൊരു പേരായ നെ യ്ത്താര എന്ന പേരിൽ അറിയപ്പെടുന്നു. സംഘകവിതയിലെ ആകർഷണീയ മായ സൗന്ദര്യത്തിന്റേയും യഥാർത്ഥ ജീവിതത്തിന്റേയും ചിത്രീകരണത്തിന്റെ അസാധാരണമായ നിരവധി ഉദാഹരണങ്ങൾ ഇതിൽ കാണാം. കടലിൽ പോ യവരുടെ കാത്തിരിപ്പിന്റെ പ്രതീകാത്മകമായ ചിത്രീകരണത്തിനു പിന്നിൽ മ ത്സ്യ തൊഴിലാളികളുടെ യഥാർഥ ജീവിതത്തിന്റെ ചിത്രംകൂടി ഉയർന്നുവരുന്നു ണ്ട് ഈ കവിതകളിൽ. കടൽത്തീരത്ത് വലിച്ചു കെട്ടിയ വലകളും വള്ളങ്ങളും, മണലിൽ പൂണ്ടുകിടക്കുന്ന ഞണ്ടുകളും വണ്ടിച്ചക്രങ്ങളും, പക്ഷികളെ ആക രഷിക്കുന്ന തരത്തിൽ ഉണങ്ങാനിട്ടിരിക്കുന്ന മത്സ്യങ്ങൾ. വൈക്കോൽ കൊണ്ട് നിർമ്മിച്ച കുടിലുകളുടെ വിടവിലൂടെ രാത്രിയിൽ ഒഴുകിയെത്തുന്ന കാറ്റിന്റെ വിവരണം.

ജലദേവനായ കടലോനെയാണ് നെയ്ത്താരയിലെ ആളുകൾ ആരാധിച്ചിരു ന്നത്. ഇവിടെയുള്ള നിവാസികൾ പരതവർ, നുലെയർ, ഉമനാർ എന്നീ പേരു കളിൽ അറിയപ്പെട്ടിരുന്നു. മീൻപിടുത്തം, തീരദേശ വ്യാപാരം, മുത്ത് മുങ്ങിയെ ടുക്കൽ, ഉപ്പ് നിർമ്മാണം എന്നിവയായിരുന്നു പ്രധാന തൊഴിലുകൾ. പരതവർ നാവികരും മത്സ്യത്തൊഴിലാളികളുമായിരുന്നു.

നുലെയർ മുങ്ങൽ വിദഗ്ധരും, ഉമനർ ഉപ്പ് നിർമ്മാതാക്കളും വ്യാപാരിക ളുമാണ്. ഇവരുടെ വാസസ്ഥലങ്ങൾ പാക്കം അല്ലെങ്കിൽ പട്ടണം എന്നറിയപ്പെ ടുന്നു. തുറവൈൻ, പുലമ്പൻ, സെർപ്പൻ എന്നീ പേരുകളിലാണ് ഇവരുടെ തല വന്മാർ അറിയപ്പെട്ടിരുന്നത്.

വിളഭൂമിയുടെ പ്രദേശമാണ് മരുതം. ഈ പ്രദേശം മരുത് പൂവിന്റെ പേരിൽ അറിയപ്പെടുന്നു. കൃഷിയിൽ ഏർപ്പെട്ടിരുന്ന ഉളവർ അഥവാ ഉഴവുകാർ, വേല ൻമാടർ, തോളുവർ എന്നിവർ കൃഷിക്കാരും കടയർമാർ കർഷക തൊഴിലാളി കളുമായിരുന്നു. അവരുടെ തലവന്മാർ മഹിനൻ, ഊരൻ, മനയോൾ എന്നീ പേരുകളിൽ അറിയപ്പെട്ടിരുന്നു. അവരുടെ വാസസ്ഥലങ്ങളെ പേരൂർ എന്നും വിളിച്ചിരുന്നു. സ്ഥലപ്പേരുകൾക്ക് എരി, കുളം, മങ്കലം, കുടി എന്നും അറിയപ്പെ ടുന്നു. മരുതം അഥവാ മരുത് വൃക്ഷം ഈ പ്രദേശത്തിന്റെ സ്വാഭാവിക വൃക്ഷ മാണ്.

പാലൈ അഥവാ ഉണങ്ങിയ നിലങ്ങൾ പാലപ്പൂവിന്റെ പേരിലാണ് അറിയ പ്പെടുന്നത്. ഈ പ്രദേശത്ത് അധിവസിക്കുന്ന ആളുകൾ ഐനർ,മാരവർ,കൽ വർ എന്നിങ്ങനെ അറിയപ്പെടുന്നു. അവർ ഈ പ്രദേശത്ത് വില്ലുകൊണ്ട് വേട്ട യാടുന്ന വേട്ടക്കാരായിരുന്നു. മറവർ മരത്തിൽ നിന്നുള്ള പടയാളികളും കൽവ ർ കൊള്ളക്കാരുമായിരുന്നു. അവരുടെ തലവന്മാർ മിലി, കലൈ എന്നീ പേരു കളിൽ അറിയപ്പെടുന്നു.

സംഘസാഹിത്യത്തിൽ പറയുന്ന സാധന കൈമാറ്റ സംവിധാനത്തെ നൊടു തൽ എന്ന് വിളിക്കുന്നു. അല്ലാലവനം എന്ന വൈകുന്നേര ചന്തയും നാളങ്ങാ ടി എന്ന പേരിൽ രാവിലെയുള്ള ചന്തയും അക്കാലത്തുണ്ടായിരുന്നു. ഉമണർ, നെയ്തൽ തിണയിൽ നിന്നും ഉണക്കമത്സ്യങ്ങളും മറ്റും വാങ്ങി കുറിഞ്ഞി തി ണക്കാർക്കു വിൽക്കുന്നു. അവിടെ നിന്നും സുഗന്ധ വ്യഞ്ജനങ്ങൾ വാങ്ങി വി ദേശികൾക്ക് വിൽക്കുകയും ചെയ്തിരുന്നു. ആളുകൾ മീനിനും അരിക്കും പക രമായി നെയ്യും തേനും നൽകാറുണ്ടായിരുന്നു. ധാരാളം കച്ചവട കേന്ദ്രങ്ങൾ അക്കാലത്തുണ്ടായിരുന്നു. മൂവേണ്ടൻമാർ എന്ന പേരിൽ അറിയപ്പെട്ടിരുന്നവ രായിരുന്നു ഈ കച്ചവട കേന്ദ്രങ്ങൾ നിയന്ത്രിച്ചിരുന്നത്.

എട്ടു മഹാകാവ്യങ്ങളിൽ ഉൾപ്പെടുന്ന വേറൊരു സമാഹാരമാണ് അകനാ നൂറു അതായത് അകം വിഭാഗത്തിൽ പെട്ട 400 പ്രണയ കവിതകൾ. ഇത് പെരു മാളിനു സമർപ്പിച്ച സമാഹാരമായാണ് കണക്കാക്കുന്നത്. ഇതും 5 തിണകളാ യി വേർതിരിക്കപ്പെട്ടിരിക്കുന്നു. അകം നാനൂറിൽ പ്രണയത്തേയും വ്യക്തിബ ന്ധങ്ങളേയും അടിസ്ഥാനമാക്കിയ കവിതകളാണെങ്കിൽ പുറംനാനൂറ് പുരാതന തമിഴ്നാടിന്റെ രാഷ്ട്രീയ സാമൂഹിക ചരിത്രത്തെ കുറിച്ചുള്ള വിവരങ്ങളുടെ ഉ റവിടമാണ്. വലിയ തോതിലുള്ള ഇന്തോ-ആര്യൻ ഇടപെടലുകൾ തമിഴ് സമൂ ഹത്തെ ബാധിക്കുന്നതിനുമുമ്പുള്ള വിവരങ്ങൾ പുറനാനൂറു നൽകുന്നു. ഇതു പ്രകാരം ഈ കാലഘട്ടത്തിലെ തമിഴരുടെ ജീവിതം രാജാവിനെ ചുറ്റിപ്പറ്റിയായി രുന്നു. സ്ത്രീകളുടെ വിശുദ്ധിക്ക് പ്രത്യേക ഊന്നൽ നൽകുമ്പോൾ തന്നെ വി ധവകളുടെ അവകാശങ്ങൾക്ക് പരിമിതികളുണ്ടായിരുന്നു. രാജഭരണം, പഴയ

തമിഴ് സംസാരിക്കുന്ന പ്രദേശങ്ങളിലെ നിരന്തരമായ യുദ്ധങ്ങൾ, വീരന്മാരുടെ ധീരത, യുദ്ധത്തിന്റെ ക്രൂരമായസ്വഭാവം എന്നിവ വിവരിക്കുന്ന ഒരു മതേതര ഗ്രന്ഥത്തിന്റെ സമാഹാരമായി ഇതിനെകാണാം. അഹിംസയുടെ ആശയങ്ങളാണ് ഇതിൽ കൂടുതലും കാണാൻ കഴിയുന്നത്. അഹിംസയും സസ്യാഹാരവും വ്യക്തിയുടെ ഗുണങ്ങളായി ഇതിൽ ഊന്നിപ്പറയുന്നു. കൂടാതെ സത്യസന്ധത, ആത്മനിയന്ത്രണം, കൃതജ്ഞത, ആതിഥ്യ മര്യാദ, ദയ, ഭാര്യയുടെ നന്മ, കടമ തുടങ്ങിയവ സദ്ഗുണങ്ങളായി എടുത്തുകാണിക്കുന്നു. രാജാവ്, മന്ത്രിമാർ, നികുതികൾ, നീതി, കോട്ടകൾ, യുദ്ധം, സൈന്യത്തിന്റേയും സൈനികന്റേയും മഹത്വം, ദുഷ്ടന്മാർക്കുള്ള വധശിക്ഷ, കൃഷി, വിദ്യാഭ്യാസം, മദ്യം, ലഹരി എന്നിവയുടെ വർജ്ജനം തുടങ്ങി സാമൂഹികവും രാഷ്ട്രീയവുമായ നിരവധി വിഷയങ്ങൾ ഇതിൽ ഉൾക്കൊള്ളുന്നു. സൗഹൃദം, പ്രണയം, ലൈംഗിക ബന്ധങ്ങൾ, ഗാർഹിക ജീവിതം എന്നിവയെ കുറിച്ചുള്ള അധ്യായങ്ങളും ഇതിലുണ്ട്.

സംഘസാഹിത്യത്തിലെ പാട്ടുപ്പാട്ടു സമാഹാരത്തിലെ ഒരു പ്രാചീന തമിഴ് കവിതയാണ് മലൈപടുകടം. പെരുങ്കുന്നൂർ പെരുങ്കൗചികനാർ രചിച്ചതാണിത്. നന്നന്റെ കീഴിലുള്ള പർവ്വതപ്രദേശങ്ങളിലെ പ്രകൃതിദൃശ്യങ്ങളേയും ജനങ്ങളേയും സംസ്കാരത്തേയും വിവരിക്കുന്ന കവിതകളാണിതിൽ കൂടുതൽ. ഇതിലെ നന്ദൻ ഏഴിമലയിലെ ഭരണാധികാരിയായിരുന്നുവെന്നും പെരുങ്കന്നൂർ ഇന്നത്തെ തളിപ്പറമ്പാണെന്നും പറയപ്പെടുന്നു. ഇത് രചിക്കപ്പെട്ടത് സി.ഇ 210 ലാണെന്ന് കരുതുന്നു. മലയോരമേഖലയിലെ ആളുകൾ, അഭിനേതാക്കളുടെ സംഘങ്ങൾ, അവരുടെ സംഗീതോപകരണങ്ങൾ എന്നിവയുടെ വിവരണങ്ങൾ ഇതിലുണ്ട്. ഗായികമാരുടേയും നർത്തകിമാരുടേയും സൗന്ദര്യം എന്നിവ എടുത്തു കാണിക്കുന്നതിനോടൊപ്പം നന്നൻ രാജാവിന്റെ സദ്ഗുണങ്ങളും ഇതിൽ അവതരിപ്പിക്കുന്നു. മലയോരരാജ്യത്തിൽ കാണപ്പെടുന്ന പക്ഷികൾ, മൃഗങ്ങൾ, മരങ്ങൾ, പൂക്കൾ, പഴങ്ങൾ എന്നിവയുടെ ഒരു നീണ്ടനിര തന്നെ ഇതിൽ കാണാം. കലാകാരന്മാർ ഒരു സ്ഥലത്തുനിന്നും മറ്റൊരിടത്തേക്ക് യാത്ര ചെയ്യുമ്പോൾ അവർ നേരിടേണ്ടിവരുന്ന ചില സ്വാഭാവിക അപകടങ്ങളും വഴിയിൽ ഗ്രാമീണരിൽ നിന്ന് അവർക്ക് ലഭിക്കുന്ന ഉദാരമായ ആതിഥ്യവും വിവരിക്കുന്നു. മുളയുടെ പഴകിയ അരിയിൽ നിന്നുണ്ടാക്കുന്ന മദ്യം, ചോറ്, മോര്, പയറ് തോരൻ, പുളിങ്കറി എന്നിവ ഇതിൽ പരാമർശിക്കുന്നുണ്ട്. മലൈപതുകടത്തിലെ ഏതാനും വരികളിൽ ചെയാർ നദിക്കരയിലുള്ള ഇടയന്മാരേയും മത്സ്യ തൊഴിലാളികളേയും കർഷകരേയും പരാമർശിക്കുമ്പോൾ, ഈ പ്രദേശങ്ങളിലെ സ്ത്രീകൾ, ധാന്യങ്ങൾ തല്ലി ഉതിർക്കുമ്പോൾ പാട്ടുകൾ പാടുന്നതായും വിവരിക്കുന്നു.

മുമ്പ് കേരളത്തിന്റെ ഭാഗമായിരുന്ന ചേരരാജവംശത്തിൽ പിറന്ന ഇളങ്കോ വടികൾ അതായത് യുവരാജാവ് രചിച്ച സംഘകാലത്തിലെ ഒരു മഹാകാവ്യ മാണ് ചിലപ്പതിക്കാരം അഥവാ ചിലമ്പിന്റെ കഥ. ചേരരാജാവായിരുന്ന ചേരൻ ചെങ്കുട്ടവന്റെ സഹോദരനായിരുന്നു ഇദ്ദേഹമെന്നും കരുതപ്പെടുന്നു. തമിഴി ലെ അഞ്ച് മഹാകാവ്യങ്ങളിൽ ഒന്നാണ് ചിലപ്പതിക്കാരം. ജൈന മത സിദ്ധാന്ത ങ്ങൾക്ക് പ്രാമുഖ്യം നൽകുന്ന ഈ കൃതി രചിക്കപ്പെട്ട കാലഘട്ടത്തെപ്പറ്റി പല അഭിപ്രായങ്ങളുണ്ടെങ്കിലും സി.ഇ രണ്ടാം നൂറ്റാണ്ടിലായിരിക്കാമെന്നാണ് പൊ തുവെ കരുതപ്പെടുന്നത്."

"ചിലപ്പതിക്കാരത്തേ പറ്റി പറയാമോ മുത്തശ്ശി?"

"ആ കഥയിങ്ങനെയാണ്, കാവേരിപ്പൂമ്പട്ടണത്തിലെ ധനികനായ വ്യാപാരി യുടെ മകളായിരുന്നു കണ്ണകി. വിവാഹപ്രായമായപ്പോൾ ധാരാളം സമ്പത്തു ന ൽകി അവളെ വ്യാപാരിയായ കോവലന് വിവാഹം ചെയ്തു കൊടുത്തു. സ ന്തോഷപൂർണ്ണമായിരുന്നു അവരുടെ വിവാഹ ജീവിതം. ഇതിനിടയിൽ മാധവി എന്ന നർത്തകിയുമായി കോവലൻ അടുപ്പത്തിലായി. തന്റെ സമ്പത്തു മുഴുവ ൻ അവൾക്ക് അടിയറ വെച്ച കോവലൻ ഒരുനാൾ അവിടെ നിന്നും പുറന്തള്ള പ്പെടുന്നു. തന്റെ തെറ്റ് തിരിച്ചറിഞ്ഞ കോവലൻ കണ്ണകിയുടെ അടുത്തേക്ക് തി രികെ ചെല്ലുകയും പതിവ്രതയായ കണ്ണകി അയാളെ സ്വീകരിക്കുകയും ചെ യ്തു. അങ്ങനെ അവർ വീണ്ടും ഒരു പുതിയ ജീവിതത്തിന് തുടക്കമിടുന്നു. പ ണത്തിന്റെ ആവശ്യം വന്നതിനാൽ തന്റെ സ്വത്തിൽ ആകെ ബാക്കിയുണ്ടായി രുന്ന പവിഴം നിറച്ച ചിലമ്പ് വിൽക്കാനായി കണ്ണകി കോവലനെ ഏൽപ്പിക്കു ന്നു. അതുമായി അവർ രണ്ടുപേരും പാണ്ഡ്യ രാജധാനിയായ മധുരയിലെത്തി.

ആയിടക്ക് പാണ്ഡ്യരാജ്ഞിയുടെ മുത്തുകൾ നിറച്ച ഒരു ചിലമ്പ് കൊട്ടാര ത്തിൽ നിന്നുമോഷണം പോയിട്ടുണ്ടായിരുന്നു. അതന്വേഷിച്ചു നടന്ന പട്ടാള ക്കാരുടെ മുമ്പിൽ കോവലൻ അകപ്പെട്ടു. പാണ്ഡ്യരാജസദസ്സിൽ രാജാവിനു മു മ്പിൽ ഹാജരാക്കപ്പെട്ട കോവലന് അത് കണ്ണകിയുടെ ചിലമ്പാണെന്ന് തെളിയി ക്കാനായില്ല. തുടർന്ന് രാജാവ് കോവലനെ മോഷ ണക്കുറ്റമാരോപിച്ച് ഉടനടി വധശിക്ഷക്ക് വിധേയനാക്കി. വിവരമറിഞ്ഞ് കോപിഷ്ഠയായി രാജസദസ്സിലെ ത്തിയ കണ്ണകി തന്റെ ചിലമ്പ് പിടിച്ചു വാങ്ങി അവിടെത്തന്നെ എറിഞ്ഞുടച്ചു. അതിൽനിന്ന് പുറത്തു ചാടിയ പവിഴങ്ങൾ കണ്ട് തെറ്റു മനസ്സിലാക്കിയ രാജാ വും രാജ്ഞിയും പശ്ചാത്താപത്താൽ മരണമടയുന്നു. എന്നാൽ പ്രതികാര ദാ ഹിയായ കണ്ണകി അടങ്ങിയില്ല. തന്റെ ഒരു മുല പറിച്ച് മധുരാ നഗരത്തിനു നേ രെ വലിച്ചെറിഞ്ഞ് നഗരം വെന്തുപോകട്ടേയെന്ന് ശപിക്കുന്നു. അവളുടെ പാതി വ്രതത്തിന്റെ ശക്തിയാൽ അഗ്നിജ്വാലകൾ ഉയർന്ന് മധുരാനഗരം കത്തി നശി ച്ചു. തുടർന്ന് മധുരാനഗരം വിടുന്ന കണ്ണകി ചേരരാജധാനിയായ കൊടുങ്ങല്ലൂ

രിലെത്തുന്നു. അവിടെ വെച്ച് സ്വർഗ്ഗാരോഹണം ചെയ്യുമ്പോൾ അവളെ കൂട്ടി കൊണ്ടുപോകാൻ കോവലൻ സ്വർഗ്ഗത്തിൽനിന്നും എത്തുന്നു. ഇതാണ് കഥ.

അക്കാലത്ത് ചേരരാജാവായ ചേരൻ ചെങ്കുട്ടുവൻ ആ നഗരത്തിൽ കണ്ണകി യുടെ ഓർമ്മക്കായി ഒരു കോട്ടം പണിയുന്ന കാര്യവും അതിനായി പ്രതിമ നിർ മ്മിക്കാനുള്ള കൃഷ്ണശില ഹിമാലയത്തിൽ നിന്ന് കൊണ്ടുവന്നതായും ചിലപ്പ തികാരം വിവരിക്കുന്നു. മൂന്നു രാജ്യങ്ങളിലായി നടന്നതായി പറയുന്ന ഈ ക ഥ സ്വാഭാവികമായും അക്കാലത്തെ ഈ രാജ്യങ്ങളിലെ ഭൂപ്രകൃതി, സാമൂഹ്യ ബന്ധങ്ങൾ, സാംസ്കാരിക വിശേഷങ്ങൾ, ആചാരങ്ങൾ, മതവിശ്വാസങ്ങൾ എന്നിവയെ പരാമർശിക്കുന്നുണ്ട്. വഞ്ചി കാണ്ഡം എന്ന അവസാന ഭാഗത്താ ണ് കേരളതീരം വർണ്ണനക്ക് വിഷയമാകുന്നത്. അക്കാലത്ത് വിവിധ മത വിശ്വാ സികൾ സംഘർഷങ്ങളൊന്നുമില്ലാതെ ഇടകലർന്നു ജീവിക്കുന്നവരായിരുന്നു. അതിന് തെളിവായി ചരിത്രകാരന്മാർ ചൂണ്ടിക്കാണിക്കുന്നത്, ജൈനമതക്കാര നെന്നു കരുതപ്പെടുന്ന കവി, അങ്ങനെയല്ലാത്ത രാജാവിനെ കൊണ്ട് കണ്ണകി യെ ജൈനരുടെ പത്തിനിയെന്ന് സങ്കൽപ്പിച്ച് ക്ഷേത്രം പണിയിപ്പിച്ചതായ ഒരു കഥയുണ്ടാക്കി എന്നതാണ്.

അതുപോലെ സംഘകാലഘട്ടത്തിലെ വേറൊരു മഹാകാവ്യമാണ് മണിമേ ഖല. ചിലപ്പതികാരത്തിന്റെ തുടർച്ചയായാണ് ഇതിനെ കണക്കാക്കുന്നത്. അ തിനാൽ ഇവ രണ്ടിനേയും ഇരട്ടക്കാവ്യങ്ങൾ എന്നും വിളിക്കാറുണ്ട്. ചിലപ്പതി കാരം ജൈന മതസിദ്ധാന്തങ്ങളെ വിശദീകരിക്കുന്ന കാവ്യമാണെങ്കിൽ മണി മേഖല ബുദ്ധമത തത്വങ്ങളെയാണ് പ്രതിപാദിക്കുന്നത്. ബുദ്ധമതത്തെ അങ്ങേ യറ്റം പുകഴ്ത്തുകയും ഇതരമതങ്ങളെ ഖണ്ഡിക്കുകയുമാണ് മണിമേഖല ചെ യ്യുന്നത്. ജനകീയമായ അജീവക മതചിന്തക്കെതിരേയുള്ള, പ്രണയവിരുദ്ധ കാ വ്യം കൂടിയാണിത്.

ചിലപ്പതികാരം ഒരു സമ്പന്ന കുടുംബവുമായി ബന്ധപ്പെട്ട കഥയാണെങ്കിൽ മണിമേഖല ഒരു വേശ്യയുടെ കഥയാണ്. അതായത് ചിലപ്പതികാരത്തിലെ നാ യകനായ കോവിലന്റേയും മാധവി എന്ന വേശ്യയുടേയും മകൾ പ്രധാന കഥാ പാത്രമായ കഥ. ഇതിന്റെ രചയിതാവ് ബുദ്ധമതക്കാരനായ ചിത്തലൈ ചാത്ത നാരാണെന്ന് കരുതുന്നു. കഥയിലെ പ്രധാന കഥാപാത്രം മാധവിയുടെ മകളാ യ മണിമേഖലയാണ്. മാധവി പശ്ചാത്താപവിവശയായ ഒരു വേശ്യയാണ്. മാധ വിയുടേയും, കുടുംബം പുലർത്താൻ സഹായിക്കാത്ത കോവലന്റേയും മകളാ യ മണിമേഖല നർത്തകിയും വേശ്യയുമായി തീരുന്നു. മണിമേഖലയിൽ അനു രാഗം തോന്നുന്ന പാണ്ഡ്യ രാജകുമാരനായ ഉദയകുമാരന്റെ അഭ്യർത്ഥന നിരാ കരിച്ച് മണിമേഖല ഒരു ബുദ്ധഭിക്ഷുകിയാകുന്നു. മറ്റ് പല പുരാണ ഇതിഹാ സങ്ങളിലുമുള്ളപോലെ ഇതിലും അമാനുഷിക ശക്തിയുള്ള കഥാപാത്രങ്ങളെ

ദർശിക്കാൻ കഴിയും. സ്ത്രീയുടെ പാതിവ്യത്യത്തിന്റെ ശക്തിയെ ഉയർത്തിക്കാ ട്ടുന്ന കൃതിയാണ് ചിലപ്പതിക്കാരം. എന്നാൽ പഴയകാല തമിഴ് സമൂഹത്തിൽ ശക്തമായിരുന്ന, മറ്റു വിശ്വാസധാരകളേ തള്ളിപ്പറയുന്ന ലോകായത ദർശന മെന്ന ഭൗതികവാദത്തിനെതിരേയുള്ള ബുദ്ധമതത്തിന്റെ പ്രചാരണമായാണ് ചാത്തനാർ മണിമേഖല എഴുതിയത്."

"സംഘസാഹിത്യത്തിലെ മറ്റ് ഇതിഹാസങ്ങളെ പറ്റിയും പറയുമോ മുത്ത ശ്ശി?"

"ശക്തനായമനുഷ്യൻ എന്നർത്ഥമുള്ള വളയപാധി അഞ്ച് മഹത്തായ തമിഴ് ഇതിഹാസങ്ങളിൽ ഉൾപ്പെടുന്ന വേറൊരുരചനയാണ്. എന്നാൽ ഇത് ഏതാണ്ട് പൂർണ്ണമായും നഷ്ടപ്പെട്ടു. ഈ ഇതിഹാസത്തിന്റെ പ്രധാന വികാരം പ്രണയ മാണ്. അതിന്റെ പ്രധാന ലക്ഷ്യം ജൈനതത്ത്വങ്ങളുടേയും സിദ്ധാന്തങ്ങളുടേയും ഉൾച്ചേർക്കലാണ്. ഇതിഹാസത്തിന്റെ താളിയോല കൈയെഴുത്തു പ്രതികൾ പത്തൊൻപതാം നൂറ്റാണ്ട് വരെ നിലവിലുണ്ടായിരുന്നു. എന്നാൽ ഇപ്പോൾ ഈ ഇതിഹാസത്തെ പറ്റിയുള്ള വ്യാഖ്യാനങ്ങളിൽ നിന്നും 14-ആം നൂറ്റാണ്ടിലെ പു രാത്തിരട്ടിൽ നിന്നുമുള്ള അറിവ് മാത്രമേയുള്ളൂ. ഇതിനെ അടിസ്ഥാനമാക്കി, രണ്ട് സ്ത്രീകളെ വിവാഹം കഴിച്ച, വിദേശത്ത് കച്ചവടമുള്ള ഒരു വ്യാപാരിയു ടെ കഥയാണിത്. രണ്ട് ഭാര്യമാരിൽ ഒരാളെ അദ്ദേഹം ഉപേക്ഷിച്ചു. അവർ പി ന്നീട് ഒരു മകനെ പ്രസവിക്കുന്നു. മറ്റേ ഭാര്യയിലും അദ്ദേഹത്തിന് കുട്ടികളുണ്ട്. ഉപേക്ഷിക്കപ്പെട്ട മകന്റെ പിതാവ് ആരാണെന്നറിയാതെ മറ്റേ ഭാര്യയിലുള്ള കു ട്ടികൾ അവനെ പീഡിപ്പിക്കുന്നു. അപ്പോൾ അവന്റെ അമ്മ അച്ഛന്റെ പേർ വെ ളിപ്പെടുത്തുന്നു. തുടർന്ന് മകൻ യാത്ര ചെയ്യുകയും പിതാവിനെ കണ്ടെത്തു കയും ചെയ്യുന്നു. അദ്ദേഹം ആദ്യം അവൻ തന്റെ മകനാണെന്ന് സമ്മതിക്കു ന്നില്ല. എന്നാൽ അവൻ ഒരു ദേവതയുടെ സഹായത്തോടെ, തന്റെ അവകാശ വാദം തെളിയിക്കുന്നതിനായി അമ്മയെ കൊണ്ടുവരുന്നു. പിതാവ് ആൺകുട്ടി യെ സ്വീകരിക്കുകയും സ്വന്തം വ്യാപാരം തുടങ്ങാൻ അവനെ സഹായിക്കുക യും ചെയ്യുന്നു. ഈ ഇതിഹാസത്തെ സംബന്ധിച്ച് നിലവിലുള്ള വ്യാഖ്യാനം ന ൽകുന്ന സൂചന ഇത് ഭാഗികമായി മറ്റ് ഇന്ത്യൻ മതങ്ങളോട് തർക്കിക്കുന്നതും അവയെ വിമർശിക്കുകയും ചെയ്യുന്ന ഒരു ഗ്രന്ഥമായിരുന്നുവെന്നതാണ്. ഇത് ആദ്യകാല ജൈനമതത്തിൽ കണ്ടെത്തിയ സന്യാസം, മാംസാഹാരന്റെ ഭയാന കത എന്നിവയോടൊപ്പമാണ്. ഭക്ഷണത്തിലെ അഹിംസ, ബ്രഹ്മചര്യം എന്നി വയെ ഇത് പ്രോത്സാഹിപ്പിക്കുന്നു. അതിനാൽ ഒരു തമിഴ് ജൈനസന്യാസി ര ചിച്ച ഒരു ജൈന ഇതിഹാസമായിരുന്നു ഇതെന്ന് കരുതാം.

ഇതുപോലെ വേറൊരുതമിൾ ഇതിഹാസമാണ് കുണ്ഡലകേശി. ഇതിൽ പ്ര ണയം, വിവാഹം, ജീവിത പങ്കാളിയുമായുള്ള മടുപ്പ്, കൊലപാതകം, തുടർന്ന്

ബുദ്ധമതത്തെ കണ്ടെത്തൽ എന്നിവയെ ആധാരമാക്കിയുള്ളയാണ് കഥ. കു ണ്ഡലകേശിയും നൂറ്റാണ്ടുകൾക്ക് ശേഷം എഴുതിയ ചില വ്യാഖ്യാന ശകലങ്ങ ളിൽ കൂടിയാണ് ആധുനിക കാലത്ത് ഭാഗികമായി നിലനിൽക്കുന്നത്. കുണ്ഡ ലകേശി നീണ്ട ചുരുണ്ടമുടിയുള്ള ഒരു സ്ത്രീയാണ്. പുഹാർ നഗരത്തിലെ ഒരു വ്യാപാരിയുടെ കുടുംബത്തിലാണ് അവൾ ജനിച്ചത്. കുട്ടിക്കാലത്ത് അമ്മയെ നഷ്ടപ്പെട്ട അവൾ വേറൊരാളുടെ തണലിൽ ഒറ്റപ്പെട്ട ജീവിതം നയിക്കുന്നു. ഒരു ദിവസം അവൾ കൊള്ളക്കാരനും ചൂതാട്ടക്കാരനുമായ ഒരു ബുദ്ധമത വി ശ്വാസിയെ കാണുകയും അവനുമായി പ്രണയത്തിലാകുകയും ചെയ്യുന്നു. കാ ലൻ എന്ന പേരുള്ള അയാൾ കൊലക്കുറ്റത്തിന് വധശിക്ഷയ്ക്ക് വിധിക്കപ്പെട്ട ആളായിരുന്നു. കാലനുമായി അടുപ്പം തോന്നിയ കുണ്ഡലകേശി തന്റെ ധനിക നും വ്യാപാരിയുമായ പിതാവിനോട് അവനെ രക്ഷിക്കാൻ അഭ്യർത്ഥിക്കുന്നു. അവളുടെ അച്ഛൻ കള്ളനെ മോചിപ്പിക്കാൻ രാജാവിനോട് അപേക്ഷിച്ചു. അദ്ദേഹം കാലന്റെ മോചനത്തിനായി പണം നൽകുന്നു. കാലന്റെ പിതാവും തന്റെ കൊട്ടാരത്തിൽ മന്ത്രിയായിരുന്നതിനാൽ രാജാവ് അവനെ മോചിപ്പിക്കാൻ സമ്മതിക്കുന്നു. കുണ്ഡലകേശിയും കാലനും വിവാഹിതരായി കുറച്ചുകാലം സുഖമായി ജീവിച്ചു.

ഇതിനിടയിൽ പ്രണയ ജീവിതത്തിൽ മങ്ങൽ സംഭവിക്കുന്നു. ഒരു ദിവസം കുണ്ഡലകേശി കാലനെ അവന്റെ കുറ്റകരമായ ഭൂതകാലത്തെ ഓർമ്മിപ്പിക്കു ന്നു. ഈ ഓർമ്മപ്പെടുത്തൽ കാലനെ പ്രകോപിതനാക്കി. അവളെ കൊലപ്പെടു ത്താനും അവളുടെ ആഭരണങ്ങൾ മോഷ്ടിക്കാനും അവൻ പദ്ധതിയിടുന്നു. ഒ രു ദിവസം അവൻ അവളെ തെറ്റിദ്ധരിപ്പിച്ച് അടുത്തുള്ള കുന്നിന്റെ മുകളിലെ ത്തിച്ചു. അവർ അതിന്റെ കൊടുമുടിയിൽ എത്തിക്കഴിഞ്ഞപ്പോൾ അവളെ കു ന്നിൽ നിന്ന് തള്ളി താഴെയിട്ട് കൊല്ലാനുള്ള തന്റെ ഉദ്ദേശ്യം അവളെ അറിയിക്കു ന്നു. ഇതു കേട്ട് ഞെട്ടിയ കുണ്ഡലകേശി തന്റെ അവസാന ആഗ്രഹം സാധിപ്പി ക്കണമെന്ന് അവനോട് ആവശ്യപ്പെടുന്നു. മരിക്കുന്നതിന് മുമ്പ് താൻ ദൈവമാ യി കരുതുന്ന ഭർത്താവിനെ മൂന്നു പ്രാവശ്യം ചുറ്റി ആരാധിക്കണമെന്നതാണ് തന്റെ ആഗ്രഹമെന്ന് അവൾ അറിയിക്കുന്നു. അവന്റെ സമ്മതപ്രകാരം അവ നെ ചുറ്റുന്നതിനിടയിൽ അവന്റെ പുറകിലെത്തിയ കുണ്ഡലകേസി അവനെ കൊടുമുടിയിൽ നിന്ന് തള്ളിയിട്ട് കൊലപ്പെടുത്തുന്നു. ഒരിക്കൽ താൻ പ്രണയി ച്ച ആൺകുട്ടിയേയും വിവാഹം കഴിച്ച പുരുഷനേയും കൊന്നതിൽ അവൾക്ക് പശ്ചാത്താപം തോന്നിയതിനാൽ തെറ്റിനുള്ള പരിഹാരത്തിനായി അവൾ വിവി ധ മത ഗുരുക്കന്മാരെ സമീപിക്കുന്നു. അവസാനം ബുദ്ധമതം സ്വീകരിച്ച് സന്യാ സിനിയാകുകയും തുടർന്ന് നിർവാണം പ്രാപിക്കുകയും ചെയ്യുന്നു. ഈ ഇതി ഹാസത്തിന്റെ രചയിതാവ് നടകുപ്തനാർ എന്നു പേരുള്ള ഒരു ബുദ്ധകവിയാ

ണെന്നും നാഗസേനനാണെന്നും അഭിപ്രായമുണ്ട്. അദ്ദേഹത്തിന്റെ ജീവിത
ത്തെ കുറിച്ചോ ഏത് നൂറ്റാണ്ടിലാണ് ജീവിച്ചിരുന്നതെന്നോ വ്യക്തമല്ല."

"തിരുവള്ളുവരുടെ തിരുക്കുറലും സംഘകാല കൃതിയിൽ പെട്ടതല്ലേ മുത്ത
ശ്ശി?"

ബി.സി.ഇ മൂന്നാം നൂറ്റാണ്ടിൽ ജീവിച്ചിരുന്നുവെന്ന് കരുതപ്പെടുന്ന,
തിരുകുറലിന്റെ കർത്താവായ തിരുവള്ളുവർ

"സംഘകാലത്ത് മതേതര ചിന്തകനായ തിരുവള്ളുവർ എഴുതിയ പ്രസിദ്ധമാ
യ തമിഴ് ഗ്രന്ഥമാണ് തിരുക്കുറൽ. തമിഴ് പദ്യസാഹിത്യത്തിലെ ഈരടികളാണ്
കുറൾ എന്ന പേരിൽ അറിയപ്പെടുന്നത്. തമിഴ് സാഹിത്യത്തിലെ അനശ്വരകാ
വ്യങ്ങളിലൊന്നായി തിരുക്കുറലിനെ കണക്കാക്കുന്നു. കാവ്യഭംഗിയോടൊപ്പം
മൗലികമായ അർത്ഥവും സരളവും ഗഹനമായ ചിന്തകൾ ഉൾക്കൊൾള്ളുന്നതു
മാണത്. ഏറ്റവും ചുരുങ്ങിയ വാക്കുകളിൽ വലിയ അർത്ഥങ്ങൾ ഉൾക്കൊള്ളു
ന്നതാണ് ഇതിലെ വരികൾ. സംഘസാഹിത്യത്തിലെ പതിനേൻകീഴ്ക്കണക്ക്
അതായത് പതിനെട്ടു ചെറുകവിതകൾ എന്ന വിഭാഗത്തിലെ ഒരു കൃതിയാണി
ത്.

"ആലും വേലും പല്ലുക്കറുതി

നാലും രണ്ടും ചൊല്ലുക്കറുതി"

അതായത് ആലിൽ നിന്നുവീഴുന്ന ഇലയും വേലുമരത്തിലെ വേരും പല്ലിനെ ശുദ്ധിയാക്കും. അതേപോലെ നാലടി, ഈരടി പാട്ടുകൾ പദങ്ങളെ ശുദ്ധിവരുത്തും എന്ന തമിഴ് ചൊല്ലിൽ നിന്ന് നാലടി പാട്ടുകളും ഈരടി പാട്ടുകളുമാണ് വാക്കുകളുടെ ഉന്നതിയിൽ നിൽക്കുന്നതെന്നുകൂടി ഇതിൽ വ്യക്തമാക്കുന്നു. അതിബൃഹത്തും മഹത്തരവും വിശാലവുമായ സംസ്കാരങ്ങൾക്കുടമകളായിരുന്നു തമിഴ്ജനത എന്നതിനു തെളിവുകൂടിയാണിത്. താത്ത്വിക ചിന്തകളടങ്ങിയ ഈ ഗ്രന്ഥത്തിൽ 133 അദ്ധ്യായങ്ങളിലായി 1330 കുറലുകളുണ്ട്. ഏഴു പദങ്ങൾ കൊണ്ടാണ് ഒരോ കുറലുകളും രചിച്ചിരിക്കുന്നത്. തമിഴ് ബൈബിൾ എന്ന് കൂടി ഇതറിയപ്പെടുന്നു. മതേതരസ്വഭാവമുള്ള തത്വചിന്തകനായിരുന്നു തിരുവള്ളുവർ. തിരുക്കുറൽ രചിക്കപ്പെട്ട കാലഘട്ടം കൃത്യമല്ലെങ്കിലും ഇത് ബി. സി.ഇ നാലാം നൂറ്റാണ്ട് മുതൽ സി.ഇ അഞ്ചാംനൂറ്റാണ്ടിന്റെ ആരംഭം വരെയുള്ള കാലഘട്ടത്തിലായിരിക്കുമെന്ന് കരുതപ്പെടുന്നു. അർത്ഥശാസ്ത്രത്തിനു ശേഷവും മണിമേഖല, ചിലപ്പതികാരം എന്നിവക്കുമുമ്പുമായിരിക്കണം ഇത് രചിക്കപ്പെട്ടത്. മണിമേഖലയിലും ചിലപ്പതികാരത്തിലും കുറളിനെ കുറിച്ചുള്ള പരാമർശങ്ങൾ കാണാം."

"സംഘകാലത്തെ ഗ്രാമീണ ജീവിതത്തെ ഒന്നുകൂടി വ്യക്തമാക്കാമോ."

"സംഘകാലത്ത് ഗ്രാമീണ ജനതയിൽ പൊതുവേ മൂന്നു വിഭാഗങ്ങളുണ്ടായിരുന്നു. വൻ ഭൂവുടമകളെ വെള്ളാളരെന്നും, ചെറുകിട കൃഷിക്കാരെ ഉഴവരെന്നും, ഭൂരഹിതരായ തൊഴിലാളികളെ കടൈശിയാർ എന്നും വിളിച്ചിരുന്നു. ചാതുർവർണ്ണത്തിൽ അടിസ്ഥിതമായ ജാതി സമ്പ്രദായം സംഘകാലത്ത് ഉണ്ടായിരുന്നില്ല. പല പ്രദേശങ്ങളിൽ, പരസ്പരം വേർപിരിഞ്ഞ് ജീവിച്ചിരുന്ന തൊഴിൽ ഗ്രൂപ്പുകളായാണ് ഇവ നിലനിന്നിരുന്നത്.

സംഘം കാലഘട്ടത്തിൽ വടക്ക്-പടിഞ്ഞാറ് അഫ്ഘാനിസ്ഥാൻ മുതൽ തെക്ക് തമിഴകംവരെ മൗര്യസാമ്രാജ്യത്തിന്റെ അധീനതയിലായിരുന്നു. ബി.സി.ഇ 4,3 നൂറ്റാണ്ടുകളിൽ ഇന്ത്യൻ ഉപഭൂഖണ്ഡത്തിന്റെ ഭൂരിഭാഗവും മൗര്യസാമ്രാ ജ്യം കീഴടക്കി. ബി.സി.ഇ മൂന്നാം നൂറ്റാണ്ടുമുതൽ വടക്കേ ഇന്ത്യയിൽ പ്രാകൃത, പാലി സാഹിത്യങ്ങളും ദക്ഷിണേന്ത്യയിൽ തമിഴ് സംഘസാഹിത്യവും തഴച്ചു വളർന്നു. വൂട്സ് സ്റ്റീൽ അതായത് ഉരുക്ക് വ്യവസായം ബി.സി.ഇ മൂന്നാം നൂറ്റാണ്ട് മുതൽ തന്നെ ദക്ഷിണേന്ത്യയിൽ ഉടലെടുക്കുകയും വിദേശ രാജ്യങ്ങളിലേക്ക് കയറ്റുമതി ചെയ്യുന്ന രീതിയിൽ വളർച്ചപ്രാപിക്കുകയും ചെയ്തു. തമിഴകം വ്യാവസായികമായും ഉയർച്ച നേടിയ കാലമായിരുന്നു അത്. സംഘകാലത്തെ പ്രധാന രാജാഭരണക്കാർ ചോള, പാണ്ഡ്യ, ചേരന്മാരായിരുന്നു.

സംഘകാലത്തെ അറിയുമ്പോൾ അതിനുമുമ്പുള്ള ഇന്ത്യ എങ്ങനെയായിരി ക്കുമെന്ന ആകാംക്ഷയും സ്വാഭാവികമായിരിക്കുമല്ലോ. ചരിത്രാതീതകാലം മു തൽ തന്നെ ഇന്ത്യയുടെ വടക്ക്-പടിഞ്ഞാറൻ ഭാഗത്തു നിന്നും തെക്ക്-കിഴക്ക് ഭാഗത്തേക്ക് മനുഷ്യസഞ്ചാരം തുടർന്നിട്ടുണ്ടായിരിക്കണം. നവീന ശിലായുഗ കാലഘട്ടത്തിലെ അതായത് ബി.സി.ഇ 6000നും 1000നുമിടയിലെ ചുമർ ചിത്ര ങ്ങൾ വയനാട്ടിലെ എടക്കൽ ഗുഹയിൽ കണ്ടെത്തിയിട്ടുണ്ട്. ആ ചിത്രങ്ങളിൽ ചിലത് ഹാരപ്പൻ ജനതയുമായി ബന്ധമുള്ള ചിത്രങ്ങളാണെന്ന് പ്രത്യേകിച്ചും "ജാർകപ്പുള്ള മനുഷ്യൻ" കേരള സംസ്ഥാന പുരാവസ്തു വകുപ്പിലെ ചരിത്ര കാരനായ രാഘവവാരിയർ 2009-ൽ കണ്ടെത്തി. ഈ കണ്ടെത്തൽ സൂചിപ്പിക്കു ന്നത് ഹാരപ്പൻ നാഗരികതയുമായി ബന്ധമുള്ള മനുഷ്യർ ആ കാലഘട്ടത്തിൽ പോലും ഈ പ്രദേശത്ത് സജീവമായിരുന്നുവെന്നാണ്. അതായത് ഏകദേശം നാലഞ്ചായിരം വർഷങ്ങൾക്ക് മുമ്പു തന്നെ ഇന്ത്യൻ ഉപഭൂഖണ്ഡത്തിലെ വട ക്കു-പടിഞ്ഞാറൻഭാഗത്തുനിന്നും മനുഷ്യർ തെക്കേ ഇന്ത്യയിൽ എത്തിയിരുന്നു. അതായത് ഹാരപ്പൻ സംസ്ക്കാരത്തിനുശേഷം മഗധയിൽ രണ്ടാം നഗരവത്ക രണം തുടങ്ങുന്നതിനു മുമ്പു തന്നെ തെക്കേ ഇന്ത്യയിൽ തമിഴക സംസ്ക്കാരം രൂപപ്പെട്ടിട്ടുണ്ടായിക്കണം.

ബി.സി.ഇ 6000നും 1000നുമിടയിൽ വരച്ച, വയനാട്ടിലെ എടക്കൽ ഗുഹയിലെ ചുമർ ചിത്രങ്ങൾ

തമിഴ്നാട്ടിലെ മധുരക്കടുത്തുള്ള കീഴടിയിൽ കണ്ടെത്തിയ, ബി.സി.ഇ. ആറാം നൂറ്റാണ്ടിനും സി.ഇ. മൂന്നാം നൂറ്റാണ്ടിനുമിടയിലെ, നഗര സംസ്ക്കാരത്തിന്റെ അവശിഷ്ടങ്ങൾ.

12

മതങ്ങളുടെ വേരുകൾ തേടി

"മുത്തശ്ശീ പുരാതന ഇന്ത്യയിലെ മതങ്ങളേപറ്റി പറഞ്ഞിരുന്നല്ലോ. അതു പോ ലെ ലോകത്തിലെ മറ്റു മതങ്ങളേയും വിശദീകരിക്കാമോ?"

"തീർച്ചയായും പറഞ്ഞുതരാം. ഇപ്പോൾ ലോകമെമ്പാടുമായി ചെറുതും വ ലുതുമായ ഏകദേശം 10,000-ത്തിനടുത്ത് മതങ്ങളുണ്ടെന്ന് കണക്കാക്കപ്പെടു ന്നു. ഇതിൽ കൂടുതലും പ്രാദേശികമായ, താരതമ്യേന കുറച്ച് അനുയായികളു ള്ള മതങ്ങളാണ്. ജനസംഖ്യയുടെ അടിസ്ഥാനത്തിൽ നോക്കിയാൽ ലോകത്ത് ഇന്ന് പ്രധാനമായും നാല് വലിയ മതങ്ങളാണുള്ളത്. ക്രിസ്തുമതം, ഇസ്ലാം മ തം, ഹിന്ദുമതം, ബുദ്ധമതം എന്നിവയാണവ. ലോകജനസംഖ്യയുടെ 77% ത്തി ലധികം ജനങ്ങളും ഈ വിഭാഗത്തിൽ ഉൾപ്പെടുന്നുവെന്നാണ് കണക്ക്. എന്നാ ൽ എണ്ണത്തിൽപെടുമെങ്കിലും ഇതിൽ വലിയ വിഭാഗം ജനങ്ങളും മതപരമായ ആചാരങ്ങൾ പാലിക്കാത്തവരും നീരിശ്വരവാദികളുമാണ്.

ഇതിൽ ക്രിസ്തുമതവും ഇസ്ലാംമതവും അതോടൊപ്പം യഹൂദമതവും അ ബ്രഹാമിക് മതങ്ങളാണ്. അതുപോലെ ഇസ്ലാം മതത്തിന്റേയും ക്രിസ്തു മത ത്തിന്റേയും യഥാർത്ഥ ഉറവിടം യഹൂദ മതമാണ്. അബ്രഹാമിന്റെ ദൈവത്തെ ആരാധിക്കുന്നതിനെ കേന്ദ്രീകരിച്ചുള്ള മതങ്ങളെയാണ് അബ്രഹാമിക് മതങ്ങ ളെന്നു വിളിക്കുന്നത്. എബ്രായ ഗോത്രത്തിന്റെ പിതാവായ അബ്രഹാമിനെ മു സ്ലീം മതഗ്രന്ഥമായ ഖുറാനിലും, ഹീബ്രു, ക്രിസ്ത്യൻ ബൈബിളുകളിലും വ്യാപ കമായി പരാമർശിക്കുന്നുണ്ട്. യഹൂദ മതത്തിൽ, യഹൂദരും ദൈവവും തമ്മിലു ള്ള പ്രത്യേക ബന്ധത്തിന്റെ സ്ഥാപക പിതാവാണ് അദ്ദേഹം. ക്രിസ്തു മതത്തി ൽ, യഹൂദരോ അല്ലാത്തവരോ ആയ, എല്ലാ വിശ്വാസികളുടേയും ആത്മീയ പൂ ർവ്വികനാണ് അദ്ദേഹം. ഇസ്ലാമിൽ, ഇദ്ദേഹം ആദാമിൽ തുടങ്ങി മുഹമ്മദിൽ അവസാനിക്കുന്ന ഇസ്ലാമിക പ്രവാചകന്മാരുടെ ശൃംഖലയിലെ ഒരു കണ്ണിയാ ണ്.

ഇതുപോലെ ക്രിസ്തുമതത്തിലേയും ഇസ്ലാംമതത്തിലേയും പ്രധാനപ്പെട്ട പ്ര വാചകരിൽ ഒരാളാണ് മോശ അഥവാ മൂസ്സാ നബി. കൂടാതെ ക്യസ്ത്യൻ, മു സ്ലീം മതഗ്രന്ഥങ്ങളിൽ പറയുന്ന മോശ, ജൂതമതത്തിലെ ഏറ്റവും പ്രധാനപ്പെട്ട പ്ര വാചകനായി കണക്കാക്കപ്പെടുന്നു. ഹീബ്രു ബൈബിൾ അനുസരിച്ച്, ഈജി പ്തിൽനിന്നുള്ള ആദ്യകാല ഇസ്രായേലിന്റെ നേതാവായിരുന്നു മോശ. മോശയുടെ നിയമമെന്നത് ദൈവം മോശയ്ക്ക് നൽകിയ വെളിപ്പെടുത്തലുക ളാണെന്നാണ് പറയപ്പെടുന്നത്. മോശയുടെ നിയമത്തെ തോറ അല്ലെങ്കിൽ എ ബ്രായ ബൈബിളിലെ ആദ്യത്തെ അഞ്ച് പുസ്തകങ്ങൾ എന്നുകൂടി വിളിക്കു ന്നു. കൂടാതെ ക്രിസ്തുമതത്തിലെ ഏറ്റവും പ്രധാനപ്പെട്ട പ്രവാചകന്മാരിൽ ഒ രാളായിരുന്നു മോശ.”

"അബ്രഹാമിക് മതങ്ങളെ പറ്റി കൂടുതൽ വിവരിക്കാമോ മുത്തശ്ശി?"

“അബ്രഹാമിക് മതങ്ങളിലെ ദൈവസങ്കല്പം ഏകദൈവ വിശ്വാസത്തെ കേ ന്ദ്രീകരിച്ചിട്ടുള്ളതാണ്. യഹൂദമതം, ക്രിസ്തുമതം, ഇസ്ലാം എന്നിവക്ക് പുറമെ ബഹായി, സമരിയാനിസം, ഡ്രൂസ്, റസ്താഫാരി തുടങ്ങിയ മതങ്ങളും ഇതി ൽ ഉൾപ്പെടുന്നു. ഹീബ്രുവിൽ യഹോവയായും അറബിയിൽ അള്ളാഹുവായും ഈ പാരമ്പര്യങ്ങളിൽ ദൈവത്തെ അഭിസംബോധന ചെയ്യുന്നു. ഇവരുടെയെല്ലാം, വിശ്വാസ പാരമ്പര്യം ഒരു പരിധിവരെ ഹീബ്രു ബൈബിളിലെ ഇസ്രായേലിന്റെ ദൈവസങ്കല്പ്പത്തിൽ അടിസ്ഥിതമാണ്. അതായത് ഒരു സാധാരണ ഗോത്ര പിതാവായ അബ്രഹാമാണ് ഇതിന്റെയെല്ലാം അടിസ്ഥാനം.

ഇവരുടെ സങ്കല്പ്പത്തിൽ ദൈവം ഏകനും ശാശ്വതനും സർവ്വശക്തനും എ ല്ലാം അറിയുന്നവനും പ്രപഞ്ചത്തിന്റെ സ്രഷ്ടാവുമാണ്. വേറൊരു പൊതുവായ പ്രത്യേകത ദൈവത്തെ സാധാരണയായി പുല്ലിംഗപദം ഉപയോഗിച്ച് മാത്രമേ ഈ മതങ്ങളെല്ലാം പരാമർശിക്കുന്നുള്ളുവെന്നതാണ്. എബ്രായന്മാർ ഹീബ്രു അഥവാ പുരാതന സെമിറ്റിക് ഭാഷ സംസാരിക്കുന്ന ജനങ്ങളായിരുന്നു. അതു കൊണ്ടാണ് ഇതിനെ സെമിറ്റിക് മതങ്ങൾ എന്ന് വിളിക്കുന്നത്. സെമിറ്റിക് ഭാഷ കളെന്നാൽ ആഫ്രിക്കൻ ഭാഷാകുടുംബത്തിലെ ഒരു ശാഖയാണ്. അവയിൽ അറബിക്, അംഹാരിക്, ഹീബ്രു എന്നിവയും മറ്റ് പുരാതനവും ആധുനികവു മായ ഭാഷകളും ഉൾപ്പെടുന്നു. സെമിറ്റിക് മതങ്ങളെന്ന് വിളിക്കുന്ന അബ്രഹാ മിക് മതങ്ങൾ ഉണ്ടായത് ബഹുദൈവാരാധന നിറഞ്ഞുനിന്നിരുന്ന പുരാതന സെമിറ്റിക് മതത്തിൽ നിന്നാണ്. ഇത് നിലനിന്നിരുന്നത് ഇന്നത്തെ മിഡിലീസ്റ്റ്, കൂടാതെ ഈജിപ്ത്, ലിബിയ, സുഡാൻ എന്നീ രാജ്യങ്ങളടങ്ങുന്ന വടക്കു കി ഴക്കൻ ആഫ്രിക്കൻ ഭൂപ്രദേശത്താണ്. പുരാതന സെമിറ്റിക് മതപാരമ്പര്യത്തി ൽ, ഇന്ന് ഇന്ത്യയിൽ കാണുന്ന തരത്തിലുള്ള ദേവന്മാരും ദേവതകളും വിഗ്രഹാ രാധനയും ആത്മാക്കളുടെ ആരാധനയും, പ്രകൃതി ശക്തികളെയടക്കം മറ്റ് വി

വിധ തരത്തിലുള്ള ആരാധനാ രീതികളും ഉൾപ്പെട്ടിരുന്നു. അബ്രഹാമിക് മത ത്തിന്റെ പുരാതന വേരുകളുള്ള ഇസ്രായേല്യരുടെ ബഹുദൈവാരാധന നിലനി ന്നിരുന്ന പുരാതന എബ്രായമതവും ഇതുപോലെ തന്നെ. ആദ്യകാല ഇസ്രായേ ല്യർ ബഹുദൈവാരാധകരായിരുന്നു. കൂടാതെ എൽ, അഷേറ, ബാൽ എന്നിവ യുൾപ്പെടെ വിവിധങ്ങളായ ദേവതകളോടൊപ്പം യഹോവയെ ആരാധിച്ചിരുന്നു. പിന്നീടുള്ള നൂറ്റാണ്ടുകളിൽ, എലും യഹോവയും തമ്മി ൽ കൂട്ടിയിണക്കപ്പെടു കയും എൽ ഷദ്ദായി പോലെയുള്ള എൽ വിശേഷണങ്ങൾ യഹോവയ്ക്ക് മാ ത്രം ബാധകമാവുകയും ചെയ്തു. ബാൽ, അഷേറ തുടങ്ങിയ മറ്റു ദേവന്മാരും ദേവതകളും യാഹ്വിസ്റ്റ് മതത്തിൽ ലയിച്ചു. ബി.സി.ഇ 600-500 കാലഘട്ട ത്തിൽ യഹൂദ-ബാബിലോണിയൻ യുദ്ധത്തിൽ പരാജയപ്പെട്ടതിനെ തുടർന്ന്, പുരാതന യഹൂദ രാജ്യത്തിൽ നിന്നുള്ള ധാരാളം യഹൂദന്മാർ നവ-ബാബിലോ ണിയൻ സാമ്രാജ്യത്തിന്റെ തലസ്ഥാനനഗരമായ ബാബിലോണിൽ ബന്ദികളാ ക്കപ്പെട്ട, ബാബിലോണിയൻ അടിമത്തത്തിന്റെ അവസാനത്തിൽ, മറ്റ് ദൈവ ങ്ങളുടെ അസ്തിത്വം നിഷേധിക്കപ്പെട്ടു. കൂടാതെ യഹോവയെ സ്രഷ്ടാവായ ദൈവമായും ആരാധിക്കേണ്ട ഏകദൈവമായും പ്രഖ്യാപിക്കപ്പെട്ടു.ബി.സി.ഇ ആറാം നൂറ്റാണ്ടിന്റെ അവസാനത്തിലും നാലാം നൂറ്റാണ്ടോടെയും യാഹ്വിസം രണ്ടാംക്ഷേത്ര യഹൂദമതം എന്നറിയപ്പെടുന്നതിലേക്ക് കൂ ട്ടിച്ചേർന്നു. യഹൂദ മതത്തിന്റെ പ്രാഥമിക ഗ്രന്ഥങ്ങളിലൊന്നാണ് തനാഖ്. ഇത് ഇസ്രായേല്യരുടെ ആദ്യകാല ചരിത്രം മുതൽ ബി.സി.ഇ 535ലെ രണ്ടാം ക്ഷേത്രം പണിയുന്നതു വരെയുള്ള ദൈവവുമായുള്ള ബന്ധത്തിന്റെ വിവരണമാണ്. അബ്രഹാം ആദ്യ ത്തെ എബ്രായനും യഹൂദജനതയുടെ പിതാവുമായി വാഴ്ത്തപ്പെടുന്നു. അദ്ദേ ഹത്തിന്റെ പ്രപൗത്രന്മാരിൽ ഒരാളായ യഹൂദയുടെ പേരിലാണ് പിന്നീട് യഹൂ ദർ അറിയപ്പെട്ടത്. ഇസ്രായേൽ രാജ്യത്തും യഹൂദ രാജ്യത്തും ജീവിച്ചിരുന്ന നി രവധി ഗോത്രങ്ങളായിരുന്നു ഇസ്രായേല്യർ.

രണ്ടാം ക്ഷേത്ര കാലഘട്ടത്തിൽ, പരസ്യമായി യഹോവയുടെ നാമം സംസാ രിക്കുന്നത് നിഷിദ്ധമായി കണക്കാക്കപ്പെട്ടു. പകരം യഹൂദന്മാർ "എന്റെ കര ത്താവ്" തുടങ്ങിയ മറ്റുപദങ്ങൾ ഉപയോഗിക്കാൻ തുടങ്ങി. റോമൻകാലത്ത്, അ തായത് സി.ഇ 70-ൽ ജറുസലേമിന്റെ ഉപരോധത്തേയും യഹൂദക്ഷേത്രത്തിന്റെ നാശത്തെയും തുടർന്ന്, യഹോവയുടെ നാമത്തിന്റെ യഥാർത്ഥ ഉച്ചാരണം പൂർ ണ്ണമായും മറന്നു. ക്രിസ്തുമതം സി.ഇ. ഒന്നാം നൂറ്റാണ്ടിൽ ആരംഭിച്ചത് യഹൂ ദ മതത്തിനുള്ളിലെ ഒരു വിഭാഗമായിട്ടാണ്. തുടക്കത്തിൽ യേശുവിന്റെ നേത്യ ത്വത്തിൽ പത്രോസിന്റെ ഏറ്റുപറച്ചിലിലെന്നപോലെ അദ്ദേഹത്തിന്റെ അനുയാ യികൾ അദ്ദേഹത്തെ മിശിഹയായി കണ്ടു. അദ്ദേഹത്തിന്റെ ക്രൂശീകരണത്തി നും മരണത്തിനും ശേഷം അദ്ദേഹത്തെ ദൈവമായി കണ്ടു. അവൻ ഉയിർത്തെ

ഴുന്നേറ്റു, ജീവിച്ചിരിക്കുന്നവരേയും മരിച്ചവരേയും വിധിക്കുന്നതിനും അവസാ നമായി ദൈവരാജ്യം സൃഷ്ടിക്കുന്നതിനും വേണ്ടി മടങ്ങിവരും. അങ്ങനെ കൃ സ്തു മതമുണ്ടായി".

"അപ്പോൾ യഹൂദമതത്തിൽ നിന്നാണ് കൃസ്തുമതമുണ്ടായത്. ശരിയല്ലേ മു ത്തശ്ശി?"

"അതേ, സി.ഇ ആദ്യ ദശാബ്ദങ്ങൾക്കുള്ളിൽ തന്നെ പുതിയ പ്രസ്ഥാനം യ ഹൂദ മതത്തിൽ നിന്ന് പിരിഞ്ഞു. ബൈബിളിലെ പഴയതും പുതിയതുമായ നി യമങ്ങളെ അടിസ്ഥാനമാക്കിയുള്ളതാണ് ക്രിസ്തീയ പഠനം. വിവിധ ഭരണത്തി ൻ കീഴിലുള്ള റോമൻ അധികാരികളുടെ ഒന്നിടവിട്ട പീഡനങ്ങൾക്കും സമാധാ നത്തിനും ശേഷം, ക്രിസ്തുമതം സി.ഇ 4-ആം നൂറ്റാണ്ടിൽ റോമൻ സാമ്രാജ്യ ത്തിന്റെ ഔദ്യോഗിക മതമായി മാറി. എന്നാൽ അതിന്റെ തുടക്കം മുതൽ തന്നെ അവർ വിവിധ വിഭാഗങ്ങളായി വിഭജിക്കപ്പെട്ടു. ക്രൈസ്തവ ലോകത്തെ ഏ കീകരിക്കാൻ കിഴക്കൻ റോമാസാമ്രാജ്യം എന്നറിയപ്പെട്ട ബൈസന്റൈൻ സാ മ്രാജ്യം ശ്രമിച്ചുവെങ്കിലും 1054-ൽ കിഴക്കൻ, പടിഞ്ഞാറൻ എന്ന നിലയിൽ റോമൻ കത്തോലിക്കാ, പൗരസ്ത്യ ഓർത്തഡോക്സ് എന്നിങ്ങനെ സഭകൾ വിഭജിക്കപ്പെട്ടു. 16ാം നൂറ്റാണ്ടിൽ, നവീകരണ പ്രസ്ഥാനമായ പ്രൊട്ടസ്റ്റന്റ് മ തത്തിന്റെ ജനനവും വളർച്ചയും ക്രിസ്ത്യാനിറ്റിയെ വീണ്ടും വിഭജനത്തിന് ഇ ടയാക്കി."

"ഇസ്ലാം മതം അതിനുശേഷമുണ്ടായ മതമാണ് അല്ലേ മുത്തശ്ശി?"

"അതേ ഏഴാംനൂറ്റാണ്ടിൽ സൗദിയിൽ ഉദയംകൊണ്ട ഇസ്ലാം മതം പിന്നീട് ലോകത്തിന്റെ പല ഭാഗങ്ങളിലേക്കും വ്യാപിച്ചതായി കാണാം. ഇസ്ലാമിന് മു മ്പുള്ള അബ്രഹാമിക് മതങ്ങൾ അതായത് യഹൂദമതവും ക്രിസ്ത്യൻ മതവും ആരാധിച്ചിരുന്ന അതേ ദൈവമാണ് അല്ലാഹുവെന്ന് മുസ്ലീങ്ങൾ വിശ്വസിക്കു ന്നു. മുസ്ലീങ്ങൾ യേശുവിനെ അവതാരമായോ ദൈവമായോ, ദൈവപുത്രനാ യോ കണക്കാക്കുന്നില്ല. എന്നാൽ യേശുവിനെ ഒരു പ്രവാചകനായി ഇസ്ലാം ക ണക്കാക്കുന്നു.

ഇസ്ലാമിക ദൈവശാസ്ത്രത്തിൽ ആദം ഭൂമിയിലെ ആദ്യത്തെ മനുഷ്യനും ഇസ്ലാമിന്റെ ആദ്യത്തെ പ്രവാചകനുമാണ്. ആദം മനുഷ്യരാശിയുടെ പിതാവാ വായും അദ്ദേഹത്തിന്റെ ഭാര്യയായ ഹവ്വയെ മനുഷ്യരാശിയുടെ മാതാവാവായും വിളിക്കുന്നു. ഇസ്ലാമിക സിദ്ധാന്തമനുസരിച്ച്, ആദം, അബ്രഹാം, മോശ, യേശു തുടങ്ങിയ പ്രവാചകന്മാർ ഏകദൈവാരാധന പഠിപ്പിക്കാനും സ്ഥിരീകരിക്കാനും ദൈവികമായി നിയുക്തരായവരാണ്. അതിൽ അവസാന പ്രവാചകനാണ് സി. ഇ 570-632-ൽ ജീവിച്ച ഇസ്ലാം മതസ്ഥാപകനായ മുഹമ്മദ് നബി. തെക്കുകിഴ ക്കൻ ഏഷ്യ, വടക്കേ ആഫ്രിക്ക എന്നിവിടങ്ങളിൽ ഏറ്റവും വ്യാപകമായിട്ടുള്ള

മതമാണിത്. പശ്ചിമേഷ്യ, മധ്യേഷ്യ എന്നിവിടങ്ങളിൽ ഭൂരിപക്ഷവും മുസ്ലീം രാ ജ്യങ്ങളാണ്. ദക്ഷിണേഷ്യ, സബ്-സഹാറൻ ആഫ്രിക്ക, തെക്കുകിഴക്കൻ യൂറോ പ്പ് എന്നിവിടങ്ങളിലും ഈ മതമുണ്ട്. ഇറാൻ, പാകിസ്ഥാൻ, മൗറിറ്റാനിയ, അ ഫ്ഗാനിസ്ഥാൻ തുടങ്ങി നിരവധി ഇസ്ലാമിക റിപ്പബ്ലിക്കുകളും നിലവിലുണ്ട്. 2015-ലെ കണക്കനുസരിച്ച് ഏകദേശം 1.8 ബില്യൺ അനുയായികളുള്ള ഭൂമി യിലെ ജനസംഖ്യയുടെ ഏകദേശം നാലിലൊന്നും മുസ്ലീങ്ങളെന്ന് വിളിക്കുന്ന വരാണ്."

"ഇസ്ലാം മതത്തിലും പല വിഭാഗങ്ങളുണ്ടെന്നാണല്ലോ കേട്ടിട്ടുള്ളത്?"

"ഇസ്ലാമിലെ ഏറ്റവും വലിയ വിഭാഗം സുന്നി ഇസ്ലാമും, രണ്ടാമത്തെ വിഭാഗം ഷിയ ഇസ്ലാമുമാണ്. ഇസ്ലാമിക പ്രവാചകനായ മുഹമ്മദിന്റെ മരണത്തിനു ശേ ഷമുള്ള അധികാര വടംവലിയാണ് ഈ വേർപിരിയലിന് കാരണമെന്ന് പറയ പ്പെടുന്നു. മുഹമ്മദിന്റെ മരണത്തെത്തുടർന്ന് അദ്ദേഹത്തോടുള്ള കൂറ് പ്രഖ്യാ പിക്കാൻ ഒത്തുകൂടിയ സഫീഖ മീറ്റിംഗിൽ അദ്ദേഹത്തിന്റെ മരുമകനായ അലി യടക്കമുള്ള അടുത്ത ബന്ധുക്കൾ ഒഴിവാക്കപ്പെട്ടു. അവിടെ വെച്ച് അബൂബക്ക റിന്റെ ഖിലാഫത്ത് അംഗീകരിച്ചവർ പിന്നീട് സുന്നികളായി അറിയപ്പെട്ടു. അലി യുടെ ഖിലാഫത്ത് അവകാശത്തെ പിന്തുണച്ചവർ ഷിയാകളായി. മുഹമ്മദിന്റെ പിൻഗാമിയായി അലി എത്തിയെന്ന് ഷിയാ അനുയായികൾ വിശ്വസിക്കുകയും മുഹമ്മദിന്റെ കുടുംബത്തിന് കൂടുതൽ പ്രാധാന്യം നൽകുകയും ചെയ്യുന്നു."

"വേറെ ഏതൊക്കെ വിഭാഗങ്ങളാണുള്ളത്?"

"ഈ രണ്ട് വിഭാഗങ്ങൾക്കപ്പുറം മുവഹിദിസം, സലഫിസം, നേഷൻഓഫ് ഇ സ്ലാം, ഒമാനിലെ ഇബാദി വിഭാഗം, സൂഫിസം, ഖുറാനിസം, മഹ്ദവിയ, മതേ തര മുസ്ലീങ്ങൾ ഉൾപ്പെടെ ഇസ്ലാമിൽ പല വിഭാഗങ്ങൾ നിലവിലുണ്ട്. സൗ ദി അറേബ്യയിലെ പ്രബലമായ ഒരു മുസ്ലീം ചിന്താധാരയാണ് വഹാബിസം. യ ഹൂദമതം, ക്രിസ്തുമതം, ഇസ്ലാം എന്നിവ സാധാരണയായി മൂന്ന് അബ്രഹാമി ക് വിശ്വാസങ്ങളായി കാണപ്പെടുമ്പോൾ, ചെറുതും പുതിയതുമായ മറ്റു പാരമ്പ ര്യങ്ങൾ ഇതിൽ വേറെയുമുണ്ട്. ഉദാഹരണത്തിന്, ബഹായി വിശ്വാസം. 19-ആം നൂറ്റാണ്ടിൽ ഇറാനിൽ സ്ഥാപിതമായ ഈ മതം എല്ലാ മതചിന്തകളുടേയും ഒരു മ പഠിപ്പിക്കുന്നു. യഹൂദമതം, ക്രിസ്തുമതം, ഇസ്ലാം എന്നിവയുടെ പ്രവാചക ന്മാരേയും ഇതിന്റെ സ്ഥാപകനായ ബഹാവുല്ലയേയും ബുദ്ധൻ, മഹാവീരൻ എന്നിവരേയും ഇവർ പ്രവാചകന്മാരായി അംഗീകരിക്കുന്നു. ഡൽഹിയിലെ ബെഹായി ലോട്ടസ് ടെമ്പിൾ ഇതിന്റെ ഭാഗമാണ്. ഇസ്രായേലിലും പലസ്തീനി ലും ഉണ്ടായ സമരിയാനിസം, ജമൈക്കയിൽ ഉണ്ടായ റസ്തഫറി പ്രസ്ഥാനം, സിറിയ, ലെബനൻ, ഇസ്രായേൽ എന്നിവിടങ്ങളിലെ ഡ്രൂസ് എന്നിവയുൾപ്പെ ടെ ചെറിയ പ്രാദേശിക അബ്രഹാമിക് ഗ്രൂപ്പുകളും നിലവിലുണ്ട്."

"ഇസ്ലാം മതമുണ്ടാകുന്നതിനു മുമ്പ് സൗദിയിൽ ഏതു മതമാണ് ഉണ്ടായിരു ന്നത്?"

"അറേബ്യയിയിൽ ഇസ്ലാമിന് മുമ്പുള്ള മത വിശ്വാസമേതായിരുന്നുവെന്ന് നോക്കിയാൽ അറേബ്യൻ തദ്ദേശീയ ബഹുദൈവ വിശ്വാസങ്ങൾ, പുരാതന സെമിറ്റിക് മതങ്ങൾ, പുരാതന സെമിറ്റിക് സംസാരിക്കുന്ന ആളുകൾക്കിടയിൽ ഉത്ഭവിച്ച അബ്രഹാമിക് മതമായ ക്രിസ്തുമതത്തിലെ വിവിധ വിഭാഗങ്ങൾ, യ ഹൂദമതം, സമരിയാനിസം, മാൻഡെയിസം, സൊരോസ്റ്റിസം എന്നിവയാണെ ന്നു കാണാം. വളരെ അപൂർവ്വമായി ഹിന്ദുമതവും ബുദ്ധമതവുമുണ്ടായിരുന്നു. ഇതിലെ മാൻഡെയിസത്തിൽ ആദം, ആബേൽ, സേത്ത്, ഇനോസ്, നോഹ എ ന്നിവരെ ആരാധിക്കുന്നു. ഈ മതത്തിൽ ആദം മതസ്ഥാപകനും സ്നാപക യോഹന്നാൻ ഏറ്റവും മഹാനായ അന്തിമ പ്രവാചകനാണ്. മാൻഡെയിസം അ ല്ലെങ്കിൽ സാബിയനിസം ഒരു ജ്ഞാന, ഏകദൈവ വംശീയ മതമാണ്.

ഇറാനിയൻ ഭാഷ സംസാരിക്കുന്ന പ്രവാചകനായ സൊരോസ്റ്ററിന്റെ പഠി പ്പിക്കലുകളെ അടിസ്ഥാനമാക്കിയുള്ള ഒരു ഇറാനിയൻ മതമായിരുന്നു സൊരോ സ്ട്രിയനിസം. ലോകത്തിലെ ഏറ്റവും പഴയ സംഘടിത വിശ്വാസങ്ങളിലൊന്നാ യിരുന്നു ഇത്. ഏകദേശം ബി.സി.ഇ 600-മുതൽ സി.ഇ 650-വരെ പുരാതന ഇ റാനിയൻ സാമ്രാജ്യങ്ങളുടെ അടിസ്ഥാന മതമായി ഇത് പ്രവർത്തിച്ചിരുന്നു. എ ന്നാൽ അറബ്-മുസ്ലിം, പേർഷ്യ കീഴടക്കിയതിന്റെ പരിണിതഫലമായി സി.ഇ ഏഴാം നൂറ്റാണ്ടുമുതൽ ഈ മതം നാമാവശേഷമായി. സി.ഇ 633-654-ലെ ഈ കടന്നുകയറ്റത്തോടെ സൊരാസ്ട്രിയൻ ജനത വലിയതോതിലുള്ള പീഡനത്തി ന് ഇരയായി. അബ്രഹാമിക് മതങ്ങൾക്കും മുമ്പു നിലവിലുണ്ടായിരുന്ന ഏക ദൈവവിശ്വാസത്തിന്റെ ആദ്യകാല ഉദാഹരണമായി ഇതിനെ കണക്കാക്കാം. ഇ തിൽ നന്മയുടേയും തിന്മയുടേതുമായ പ്രപഞ്ചവീക്ഷണത്തെ ഉയർത്തിക്കാണി ക്കുന്നു. ഇതിൽ ജ്ഞാനത്തിന്റെ പ്രഭു എന്ന അർത്ഥം വരുന്ന അഹുറ മസ്ദ യെന്ന സ്വയംഭൂവും ദയാലുവുമായ വ്യക്തിയെ അതിന്റെ പരമോന്നത ദേവത യായി ഉയർത്തികാട്ടുന്നു. ചരിത്രപരമായി, സൊരാസ്ട്രിയനിസത്തിന്റെ തന തായ സവിശേഷതകൾ അതിന്റെ നീണ്ട ചരിത്രത്തിനിടയിൽ വികസിപ്പിച്ചെടു ത്തിട്ടുണ്ട്. അതായത് ഏകദൈവ വിശ്വാസം, രക്ഷകനായി ഒരു മിശിഹ വരു മെന്ന് വിശ്വസിക്കുന്ന മെസ്സിയനിസം അല്ലെങ്കിൽ മിശിഹാനിസം, സ്വതന്ത്ര ഇ ച്ഛരാശക്തിയിലുള്ള വിശ്വാസം, മരണാനന്തര ജീവിതത്തിലെ വിധി, സ്വർഗ്ഗം, ന രകം, മാലാഖമാർ, ഭൂതങ്ങൾ എന്നിവയെ കുറിച്ചുള്ള സങ്കൽപ്പങ്ങൾ എന്നിവ യും ഇതിന്റെ ഭാഗമാണ്. അബ്രഹാമിക് മതങ്ങളും ജ്ഞാനവാദവും വടക്കൻ ബുദ്ധമതം, ഗ്രീക്ക് തത്ത്വചിന്ത എന്നിവയുൾപ്പെടെ മതപരവും മറ്റ് ദാർശനിക വുമായ ചിന്തകളും ഇതിന്റെ സ്വാധീനഫലമായി ഉണ്ടായതായിരിക്കണം."

"സൊരോസ്ട്രിയനിസത്തിനു മുമ്പുള്ള ഇറാനിലെ മത വിശ്വാസമെങ്ങനെ യായിരുന്നു?"

സൊരോസ്റ്റർ

"സൊരോസ്ട്രിയനിസത്തിന്റെ ഉദയത്തിനുമുമ്പ് ഇറാനിയൻ ജനതയിലും പുരാതന വിശ്വാസങ്ങളും ആചാരങ്ങളുമുണ്ടായിരുന്നു. അതിനോട് ഏറ്റവും അടുത്ത് നിന്നിരുന്ന മതം ഇന്ത്യയിൽ നില നിന്നിരുന്ന വൈദികമതമായിരു ന്നു. ഇറാൻ മുതൽ റോം വരെയുള്ള അക്കാലത്തെ പ്രധാന ദേവതകൾ അഹു റ മസ്ദയും മിത്രയുമായിരുന്നു. അതോടൊപ്പം അഗ്നിയും ആരാധിക്കപ്പെട്ടു. എ ന്നാൽ സൊരോസ്ട്രിയനിസത്തിലെ പുരോഹിതരായ മാഗിയുടെ മുൻഗാമിക ളായ ചില വിഭാഗങ്ങളും അഹുറ മസ്ദയെ അല്ലെങ്കിൽ അസുരന്മാരുടെ തലവ നെ ആരാധിച്ചിരുന്നു. സൊരോസ്റ്ററിന്റേയും അദ്ദേഹത്തിന്റെ പുതിയ, നവീകര ണ മതത്തിന്റേയും ഉദയത്തോടെ അഹുറ മസ്ദ തത്വദേവതയായിത്തീർന്നു. ദു ഷിച്ച ദേവകൾ ഇല്ലാതായി. ഇറാനിയൻ ഭാഷാപദമായ ദേവയും, ഹിന്ദുമതത്തി ലെ ദേവയും ഒരേ പദമാണെങ്കിലും വിപരീതമായ അർത്ഥ തലത്തിലാണ് ഉപ യോഗിച്ചിരുന്നത്. ദേവങ്ങൾ ഒരു ദുഷിച്ച ശക്തിയെന്ന സങ്കൽപ്പം സിഥിയൻ ദൈവ സങ്കൽപ്പങ്ങളിൽ നിന്നും ഉൾക്കൊണ്ടതാകാമെന്ന് അനുമാനിക്കപ്പെടു ന്നു. മധ്യകാലഘട്ടത്തിൽ ഫഹ്റാന എന്ന് വിളിക്കപ്പെട്ട വരുണയുടെ നിരവധി ഗുണങ്ങളും കൽപ്പനകളും പിന്നീട് സൊരോസ്റ്റർ അഹുറ മസ്ദയ്ക്ക് നൽകി.

അഹുറ മസ്ദ (അസുരന്മാരുടെ തലവൻ)

ബി.സി.ഇ രണ്ടാം സഹസ്രാബ്ദത്തിൽ ഇറാനിയൻ ജനത ഇന്തോ-ഇറാനി യക്കാരുടെ ഒരു പ്രത്യേകശാഖയായി ഉയർന്നുവന്നു. ഈ സമയത്ത് അവർ യു റേഷ്യൻ സ്റ്റെപ്പിലും ഇറാനിയൻ പീഠഭൂമിയിലും ആധിപത്യം സ്ഥാപിച്ചു. അവ രുടെ മതം പ്രോട്ടോ-ഇന്തോ-ഇറാനിയൻ മതത്തിൽ നിന്നാണ് ഉരുത്തിരിഞ്ഞത്. അതിനാൽ ഇന്ത്യയിലെ വൈദികമതവുമായി നിരവധി സമാനതകൾ ഇതിനു ണ്ട്. ഇറാനിയൻ ജനത അവരുടെ മതപരമായ ആചാരങ്ങളുടെ രേഖാപരമോ ഭൗതികമോ ആയ തെളിവുകൾ അവശേഷിപ്പിച്ചിട്ടില്ലെങ്കിലും, അവരുടെ മത ത്തിന് ഇറാനിയൻ, ബാബിലോണിയൻ, ഗ്രീക്ക് വിവരണങ്ങൾ, വേദം , മറ്റ് ഇ ന്തോ-യൂറോപ്യൻ മതങ്ങളുമായുള്ള സാമ്യം, ഭൗതിക തെളിവുകൾ എന്നിവയി ൽ നിന്നും ഇക്കാര്യം വ്യക്തമാകുന്നു."

"അസുരന്മാരുടെ തലവനെന്ന് അഹുറ മസ്ദയെ വിളിക്കുമ്പോൾ അസുര ന്മാരെന്ന വിഭാഗത്തോടുള്ള എതിർപ്പു കൊണ്ടായിരിക്കുമോ വൈദിക മതക്കാർ അവരുടെ കഥകളിൽ അസുരന്മാരെ ശത്രുക്കളായി കണ്ടിരുന്നത്?"

"അത് ശരിയായിരിക്കണം. കഥകൾ ഉണ്ടാകുന്നതും ആ കാലഘട്ടത്തിലെ യാഥാർത്ഥ്യത്തിൽ നിന്നുകൊണ്ടായിരിക്കുമല്ലോ ബി.സി അഞ്ചാം നൂറ്റാണ്ടിൽ പേർഷ്യ ഭരിച്ചിരുന്ന അക്കീമെനിഡുരാജവംശത്തിനു കീഴിൽ, അഹുറ മസ്ദ യ്ക്ക് പ്രധാനദേവതയായി പ്രാധാന്യം ലഭിച്ചു. ചക്രവർത്തിമാർ അദ്ദേഹത്തിന്റെ പ്രതിനിധികളായി. അങ്ങനെ ലോകത്തിന്റെ സ്രഷ്ടാവായി അഹുറ മസ്ദ അം

ഗീകരിക്കപ്പെട്ടു. നന്മയും തിന്മയുമെന്ന ദ്വൈതവാദം ശക്തമായി ഊന്നി പറയു കയും മനുഷ്യസ്വഭാവത്തെ അടിസ്ഥാനമാക്കിയ ആശയം നല്ലതായി കണക്കാ ക്കുകയും ചെയ്തു. മറ്റു മതങ്ങളിലെന്ന പോലെ പേർഷ്യൻ സാമ്രാജ്യങ്ങളുടെ കീഴിലുള്ള മതവും രാഷ്ട്രീയവുമായി ഇടകലർന്നതായിരുന്നു. ബി.സി.ഇ പ ത്താംനൂറ്റാണ്ടിന്റെ തുടക്കത്തിൽ, പുരാതന ഇറാനിയൻ മതം അതിന്റെ ചില ആശയങ്ങൾ ഉൾക്കൊള്ളുന്ന സൊറോസ്ട്രിയനിസത്തിൽ ക്രമേണ ലയിച്ചു."

"കിഴക്കൻ ഏഷ്യയിലും ഇതുപോലെ മതങ്ങൾ ഉണ്ടായിട്ടുണ്ടാവില്ലേ?"

"തീർച്ചയായും, കിഴക്കൻ ഏഷ്യയിലെ മതങ്ങളാണ് താവോയിക് മതങ്ങൾ. താവോയിസം അല്ലെങ്കിൽ ദാവോയിസം ചൈനയിലെ തദ്ദേശീയമായ ഒരു വൈ വിധ്യമാർന്ന പാരമ്പര്യമാണ്. വ്യത്യസ്തമായ തത്വചിന്തകൾ ഉൾക്കൊള്ളുന്ന മ തമായി ഇതിനെ കണക്കാക്കാം. താവോ എന്നറിയപ്പെടുന്ന രീതികളുമായി യോ ജിച്ച് ജീവിക്കുന്നതിന് താവോയിസം പ്രാധാന്യം നൽകുന്നു. ധ്യാനം, ജ്യോതിഷം, ആത്മീയത, ആയോധനകലാ പരിശീലനം എന്നിവയുടെ ആവശ്യ ങ്ങൾക്കായി ഉപയോഗിക്കുന്ന ക്വിഗോങ് എന്നിവ ഇതിൽ ഉൾപ്പെടുന്നു.

കൺഫ്യൂഷ്യനിസവും, കൊറിയൻ, വിയറ്റ്നാമീസ്, ജാപ്പനീസ്, ചൈനീസ് നാടോടി മതങ്ങളുമുണ്ട്. ഇതിൽ കൺഫ്യൂഷ്യനിസം ഒരു മാനവികതത്വ ചിന്ത യാണ്. അത് വ്യക്തിപരവും സാമുദായികവുമായ പ്രവർത്തിയിലൂടെ, മനുഷ്യ ർ പഠിപ്പിക്കാവുന്നതും മെച്ചപ്പെടുത്താവുന്നതും പൂർണ്ണതയുള്ളവരുമാണെന്ന് വിശ്വസിക്കുന്നു. കൺഫ്യൂഷ്യനിസം ധർമ്മം വളർത്തുന്നതിലും ധാർമ്മികത നിലനിർത്തുന്നതിലും ശ്രദ്ധ കേന്ദ്രീകരിക്കുന്നു. പുരാതന ചൈനയിൽ നിന്ന് ഉത്ഭവിച്ച ചിന്തയുടേയും പെരുമാറ്റത്തിന്റേയും ഒരു സമ്പ്രദായമാണിത്. ഇത് ഒരു പാരമ്പര്യം, തത്ത്വചിന്ത, മാനവിക അല്ലെങ്കിൽ യുക്തിവാദ മതം, ഭരണ കൂടത്തിന്റെ സിദ്ധാന്തം അല്ലെങ്കിൽ ജീവിതരീതി എന്നിങ്ങനെ പലവിധത്തിൽ വിവരിക്കപ്പെടുന്നു. ബി.സി.ഇ 551-479 ജീവിച്ച ചൈനീസ് തത്ത്വചിന്തകനായ കൺഫ്യൂഷ്യസിന്റെ പഠിപ്പിക്കലുകളിൽ നിന്നുള്ള നൂറു ചിന്താധാരകൾ എന്ന് വിളിക്കപ്പെട്ടതിൽ നിന്നാണ് കൺഫ്യൂഷ്യനിസം വികസിച്ചത്. താവോയിസം, ബുദ്ധമതം, വുയിസം എന്നിവയുടെ സമന്വയവും ചെൻതാവോ, ഫലുൻഗോങ്, യിഗ്വാണ്ടവോ തുടങ്ങിയ നിരവധി പുതിയ മതപ്രസ്ഥാനങ്ങളും ഇതിൽ ഉൾപ്പെ ടുന്നു.

കിഴക്കൻ ഏഷ്യയിലെയും തെക്കുകിഴക്കൻഏഷ്യയിലെയും പുതിയ മത ങ്ങളിലൊന്നാണ് കൊറിയൻ ഷാമനിസം അല്ലെങ്കിൽ മു-ഇസം. കൊറിയൻ ഭാ ഷയിൽ ഇതിനെ മുസോക്ക് എന്നും വിളിക്കുന്നു. ബഹുദൈവാരാധനയിൽ അടിസ്ഥിതവും പൂർവ്വിക ആത്മാക്കൾക്ക് ജീവിച്ചിരിക്കുന്ന മനുഷ്യരുമായി ഇട പഴകാനും അവർക്ക് പ്രശ്നങ്ങൾ ഉണ്ടാക്കാനും കഴിയുമെന്ന് വിശ്വസിക്കുന

തുമാണിത്. മതത്തിന്റെ കേന്ദ്രഭാഗമായി പ്രവർത്തിക്കുന്നത് ആചാരപരമായ കാര്യങ്ങൾ നടത്തുന്നതിൽ വൈദഗ്ധ്യമുള്ളവരാണ്. അവരിൽ ഭൂരിഭാഗവും സ്ത്രീകളാണ്. ഇവർ ദേവന്മാർക്കും പൂർവ്വിക ആത്മാക്കൾക്കും ഭക്ഷണപാനീ യങ്ങൾ നൽകി പാട്ടും നൃത്തവും ചെയ്യുന്നു. ഇത്തരം ആചാരങ്ങൾ ഒരു വീട്ടി ലോ ദേവാലയത്തിലോ വെച്ച് നടത്തുന്നു. നമ്മുടെ നാട്ടിൽ മുൻകാലങ്ങളിലു ണ്ടായിരുന്ന ബാധ ഒഴിപ്പിക്കൽപോലുള്ള രീതിയായിരിക്കണമിത്.

കൊറിയയിൽ തന്നെയുള്ള വേറൊരു മതമാണ് കോണ്ടോഗ്യോ. 19-ആം നൂറ്റാണ്ടിൽ കൊറിയയിൽ പാശ്ചാത്യ അധിനിവേശത്തോടുള്ള പ്രതികരണമാ യി, പ്രത്യേകിച്ചും കത്തോലിക്കാമതത്തിന്റെ വ്യാപനത്തോടുള്ള എതിർപ്പിൽ നി ന്നും ഡോങ് ഹാക്ക് എന്നപേരിൽ ഉയർന്നുവന്ന ഒരു മത പ്രസ്ഥാനമാണിത്. 1860-ൽ ചോയി ചെ-യുവിൽ നിന്നാണ് ഡോങ് ഹാക്ക് പ്രസ്ഥാനം ആരംഭിച്ച ത്. കത്തോലിക്കമതത്തിന് പകരമായി 1860-ൽ ഡോങ്ഹാക്ക് പ്രത്യയശാസ്ത്രം രൂപീകരിച്ചു. കൊറിയയിലെ താഴ്ന്ന വിഭാഗങ്ങൾക്കുള്ളിൽ ഇത് ശക്തി പ്രാപി ച്ചു. അടിസ്ഥാനപരമായി കൺഫ്യൂഷ്യനിസം, ബുദ്ധമതം, താവോയിസം എന്നീ സ്ഥാപിത മതങ്ങളുടെ സമൂഹത്തിലെ സ്വാധീനം ഈ പ്രസ്ഥാനത്തിന് കർഷ കർക്കിടയിൽ അതിവേഗം സ്വീകാര്യത നേടാൻ കാരണമായി. ദൈവസങ്കൽപ്പ മെന്നാൽ ഭൂമിയിലെ ജീവിതമാണെന്ന് പഠിപ്പിച്ചതിനാൽ പ്രാദേശിക ഭൂവുടമ കളും വിദേശശക്തികളും അതിനെ തങ്ങൾക്ക് പ്രതികൂലമായി കാണുകയും ഈ പ്രസ്ഥാനത്തെ നിയമവിരുദ്ധമാക്കാൻ ശ്രമിക്കുകയും ചെയ്തു. അതിന്റെ സ്ഥാപകൻ ചോ ജെ-യു, രണ്ടാമത്തെ നേതാവ് ചോ സി ഹ്യോങ് എന്നിവരെ 1864-ൽ വിചാരണ ചെയ്ത് വധശിക്ഷക്ക് വിധേയമാക്കി. എന്നാൽ അതിന്റെ മൂന്നാമത്തെ നേതാവായ സൺ ബ്യോങ്-ഹിയുടെ കീഴിൽ ഇത് അംഗീകരിക്ക പ്പെട്ട ഔദ്യോഗികമായ മതമായി മാറി.

കൊറിയയിലെ വേറൊരു മതമാണ് ജുങ് സാൻ ഡോ. ഇതിനെ ജ്യൂങ്സാ നിസം എന്നും വിളിക്കുന്നു. 1974-ൽ ദക്ഷിണ കൊറിയയിൽ സ്ഥാപിതമായ ഒ രു പുതിയ മത പ്രസ്ഥാനമാണിത്. 20-ആം നൂറ്റാണ്ടിന്റെ ആദ്യകാലത്ത് മതനേ താവായ ഗാങ്ഇൽ-സണിനെ അവതാരമായി അംഗീകരിക്കുന്ന 100-ലധികം കൊറിയൻ മതപ്രസ്ഥാനങ്ങളിൽ ഒന്നാണിത്. തവോയിസം, കൺഫ്യൂഷ്യനി സം, ബുദ്ധമതം, ക്രിസ്തുമതം തുടങ്ങിയവയിലെ ആശയങ്ങൾ ഇതിൽ ഉൾപ്പെ ടുന്നു.

ജപ്പാനിൽ 7-ാം നൂറ്റാണ്ടിൽ ഉൽഭവിച്ച ഒരു മതമാണ് ഷുഗെൻഡോ. വേ ഓഫ് ഷുഗൻ എന്നും ഇതിനെ വിളിക്കുന്നു. എല്ലാവരേയും ഉൾക്കൊള്ളാൻ ശ്ര മിക്കുന്ന ഒരു മതമാണിത്. സന്ന്യാസ ആചാരങ്ങളുടേതായ ഒരു കൂട്ടം പ്രാദേ ശിക നാടോടി-മത ആചാരങ്ങൾ, പർവ്വതങ്ങളെ ആരാധിക്കുന്ന ഷിന്റോ വിശ്വാ

സം, ബുദ്ധമതം എന്നിവയിൽ നിന്ന് ഉരുത്തിരിഞ്ഞ വിശ്വാസങ്ങൾ, തത്വ ചിന്ത കൾ, സിദ്ധാന്തങ്ങൾ എന്നിവ ഇതിന്റെ പ്രത്യേകതയാണ്. ഈ മതത്തിലെ പൂ ജാരിമാരെ ഷുഗെൻജ അല്ലെങ്കിൽ യമബുഷി എന്ന് വിളിക്കുന്നു. ഷുഗഞ്ച അ ഭ്യസിക്കുന്ന പർവ്വത പ്രദേശങ്ങൾ ജപ്പാനിലുടനീളമുണ്ട്. ഷുഗെൻഡോയുടെ ല ക്ഷ്യം കുത്തനെയുള്ള പർവ്വതനിരകളിലൂടെ നടന്ന് മതപരിശീലനം നടത്തി, അ മാനുഷിക ശക്തി കണ്ടെത്തുകയും അതിലൂടെ തങ്ങളേയും ജനങ്ങളേയും ര ക്ഷിക്കുക എന്നതാണ്.

ജപ്പാനിലെ വേറൊരു നാടോടിമതമാണ് റ്യൂക്യൂവൻ മതം. ഐതിഹ്യങ്ങളും പാരമ്പര്യങ്ങളും ഓരോസ്ഥലത്തും ദ്വീപിലും അല്പം വ്യത്യാസപ്പെട്ടിരിക്കുമെ ങ്കിലും, പൂർവ്വികരുടെ ആരാധനയും ജീവിച്ചിരിക്കുന്നവരും മരിച്ചവരും ദൈവ ങ്ങളും ആത്മാക്കളും തമ്മിലുള്ള ബന്ധത്തെ ബഹുമാനിക്കുന്നതാണ് ഈ മ തത്തിന്റേയും സവിശേഷത. ആത്മാക്കൾക്കും ദേവന്മാർക്കും മനുഷ്യർക്കും ഇ ടയിൽ തരം തിരിച്ചിരിക്കുന്ന പല ജീവികളേയും സംബന്ധിച്ച അതിന്റെ ചില വി ശ്വാസങ്ങൾ പുരാതന ആനിമിസത്തിന്റെ വേരുകളിലേക്കെത്തുന്നതാണ്. കാല ക്രമേണ, ജാപ്പനീസ് ഷിന്റോ, ബുദ്ധമതം,കൺഫ്യൂഷ്യനിസം,താവോയിസം എ ന്നിവയാൽ റുക്യൂവൻ മതപരമായ ആചാരങ്ങൾ സ്വാധീനിക്കപ്പെട്ടിരിക്കാം. റു ക്യൂവൻ മതം, പൂർവ്വികരോടുള്ള ബഹുമാനവും ആദരവും പ്രകടിപ്പിക്കുന്നതി ൽ ശ്രദ്ധ കേന്ദ്രീകരിച്ചതും, സ്വാഭാവികമായും വീടുകളിൽ അധിഷ്ഠിതമാണ്. പൂർവ്വികർ, വീട്ടുദൈവങ്ങൾ, വീടിനകത്തും പുറത്തും താമസിക്കുന്ന കുടും ബാംഗങ്ങൾ എന്നിവയെ സംബന്ധിച്ചുള്ള ആചാരങ്ങൾ നിർവ്വഹിക്കുന്നതിന് കുടുംബത്തിലെ ഏറ്റവും പ്രായംകൂടിയ സ്ത്രീ പ്രവർത്തിക്കുന്നു. ദിവസേന ധൂപം അർപ്പിക്കുകയും ഉച്ചത്തിൽ പ്രാർത്ഥിക്കുകയും ചെയ്യുന്നു. പ്രാർത്ഥന യുടെ ഗുണം കിട്ടാൻ ഓരോ കുടുംബാംഗത്തിന്റേയും പേരുകൾ വിളിക്കുന്നു. ബുചിഡാൻ എന്നു വിളിക്കുന്ന പൂർവികരുടെ ബലിപീഠം, ഹിനുകാൻ എന്നു വിളിക്കുന്ന അടുപ്പിലെ ദൈവവും അവന്റെ വീടും, ഫുരുഗൻ എന്നു വിളിക്കുന്ന ബാത്റൂം ദൈവം എന്നിവ വൃത്തിയാക്കുന്നതും പരിപാലിക്കുന്നതും ഏറ്റവും പ്രായം കൂടി യ സ്ത്രീയുടെ ഉത്തരവാദിത്വമാണ്. ഇവരിൽ ഏറ്റവും കൂടുതൽ ആരാധിക്ക പ്പെടുന്നത് വീട്ടിലെ ദൈവങ്ങളാണ്. എന്നിരുന്നാലും ശക്തരായ മറ്റ് ദേവതക ളെ സമൂഹം മൊത്തത്തിൽ ബഹുമാനിക്കുന്നു.

ഫിലിപ്പീൻസിലെ ഒരു തദ്ദേശീയ നാടോടി മതമാണ് ഷിന്റോ. ജപ്പാനിൽ പര ക്കെ പ്രചാരത്തിലുള്ള മതവുമാണ് ഷിന്റോയിസം. രണ്ടാം ലോക മഹായുദ്ധം വ രെ ജപ്പന്റെ ദേശീയമതമായിരുന്നു ഇത്. പ്രകൃതിയിലെ ജീവജാലങ്ങളെ ആരാ ധിക്കുന്നവരാണ് ഷിന്റോ വിശ്വാസികൾ. അവരുടെ പ്രധാന ദൈവം 'കാമി' എ ന്നറിയപ്പെടുന്നു. എല്ലാ ജീവികളിലും അടങ്ങിയിരിയ്ക്കുന്ന ആത്മീയസത്തയാ

ണ് കാമി എന്നാണ് ഈ മതസ്ഥരുടെ വിശ്വാസം. സ്വസ്ഥമായ ജീവിതം നയി ക്കാനായി മനസ്സ് ശുദ്ധമായിരിക്കണമെന്നും, ആത്യന്തിക പരിശുദ്ധി നൽകാൻ പ്രാർത്ഥനക്കാവുമെന്നും അവർ വിശ്വസിക്കുന്നു. ഇവർക്ക് പ്രത്യേക ആരാധ നാലയങ്ങളും ആരാധനാ സമ്പ്രദായങ്ങളുമുണ്ട്. ജപ്പാനിലെ പരമ്പരാഗത വാ സ്തുശൈലിയും ഇക്ബാന എന്ന പുഷ്പാലങ്കാര രീതിയും, കബൂകിയെന്നതി യേറ്റർ സമ്പ്രദായവും ചോപ്സ്റ്റിക്കുകൾ ഉപയോഗിച്ചുള്ള ആഹാര രീതിയും സുമോ ഗുസ്തിയുമെല്ലാം ഷിന്റോമതവുമായി അഭേദ്യമായബന്ധമുള്ളവയാണ്. ചൈനയിൽ നിന്നും കൊറിയയിലൂടെ ബുദ്ധമതം ജപ്പാനിൽ എത്തിയതോടെ ഷിന്റോയിസത്തിന്റെ പ്രചാരം കുറഞ്ഞുതുടങ്ങി. പതിനാറാം നൂറ്റാണ്ടോടെ ക്രി സ്തുമതവും വ്യാപകമായി.

ഇത്രയും വിവരിച്ചതിൽ നിന്നും മതങ്ങളുടെ ഉൽഭവവും കാലത്തോടൊപ്പം അത് കൈവരിച്ച മാറ്റങ്ങളും മനസ്സിലായിക്കാണുമല്ലോ. ഒന്നുകൂടി ചുരുക്കി പ റഞ്ഞാൽ ആധുനിക മനുഷ്യരെന്ന് വിളിക്കുന്ന ഇന്നത്തെ മനുഷ്യർ ആദ്യ കാ ലത്ത് മൃഗങ്ങളെ വേട്ടയാടി ജീവിക്കുകയും പിന്നീട് നായാടിയും കന്നുകാലിക ളെ മേയ്ച്ചും പുൽമേടുകൾ താണ്ടി നടന്നിരുന്നവരുമായിരുന്നു. ആ കാലത്ത് അവരുടെ നിയന്ത്രണത്തിൽ വരാതിരുന്ന പ്രകൃതി ശക്തികളായ ഇടിമിന്നലി നേയും, കാറ്റിനേയും, മഴയേയും, മരിച്ചവരുടെ ആത്മാക്കളേയും മറ്റും ഭയപ്പെ ടുകയും ആരാധിക്കാൻ തുടങ്ങുകയും ചെയ്തു. അത്തരം ദൈവങ്ങളെ പ്രീതി പ്പെടുത്താനായി അവരുടെ ഭക്ഷണമായിരുന്ന മൃഗങ്ങളേയും മറ്റും ബലി നൽ കുന്ന രീതി നിലവിൽ വന്നു. വ്യത്യസ്തരായ അന്നത്തെ ഗോത്രജനത തുടർന്ന ഇത്തരം ദൈവപ്രീതിക്കായുള്ള ആരാധനയുടെ ഉദാഹരണങ്ങൾ ഭാരത്തിലെ പുരാതന ഗ്രന്ഥമായ ഋഗ്വേദം, ഗ്രീക്ക്, ഈജിപ്ത് തുടങ്ങിയവയിലെ പുരാതന കഥകളിലും കാണാം. എന്തിന് കേരളത്തിൽ ഇന്നും ഇത്തരം രീതികൾ കാണാ ൻ കഴിയും. കൃഷി ജീവിതത്തിന്റെ പ്രധാന ഭാഗമായതോടുകൂടി ആളുകൾ പല പ്രദേശങ്ങളിൽ കേന്ദ്രീകരിക്കപ്പെടുകയും പല ഗോത്രങ്ങളിലായി വ്യത്യസ്തമാ യ പല ദൈവങ്ങളും ആരാധനാരീതികളും ഉണ്ടാവുകയും ചെയ്തു. പ്രകൃതിശ ക്തികൾ ദൈവമല്ലാതാതോടെ വീരാരാധന ഉൾപ്പടെയുള്ള പല ദൈവ സങ്കൽ പ്പങ്ങളും കാലത്തിനും ദേശത്തിനുമനുസരിച്ച് ഉയർന്നു വന്നു.

സമൂഹം വികസിച്ചതനുസരിച്ച് അധികാരസ്ഥാനത്തുള്ളവർ തങ്ങളുടെ വി ശ്വാസങ്ങൾ വികസിപ്പിച്ചതിന്റെ ഫലമായി ചില മതങ്ങൾ ശക്തി പ്രാപിക്കുക യും ചിലത് നിർജ്ജീവമാകുകയും ചെയ്തു. ജനങ്ങളുടെ മേൽ തങ്ങളുടെ അ ധികാരം സ്ഥാപിക്കുന്നതിനും ഭരണനേതൃത്വം ഇത്തരം വിശ്വാസങ്ങളെ ഉപകര ണമാക്കിയിരുന്നു. ഇന്ന് നിലവിലുള്ള പ്രധാന മതങ്ങളെല്ലാം നന്മയുടേയും മ നുഷ്യസ്നേഹത്തിന്റേയും സന്ദേശങ്ങളാണ് അവരുടെ മതമൂല്യങ്ങളായി പ്രച

രിപ്പിക്കുന്നതെങ്കിലും അവരുടെ മതത്തെ സ്വീകരിക്കാത്ത മനുഷ്യരോട് മാത്ര മല്ല, അവരുടെ മതനിയമം പാലിക്കാത്ത സ്വന്തം മതത്തിൽ പെട്ടവരോടും നേർ വിപരീതമായ സമീപനമാണ് കാണിക്കാറുള്ളത്. 11-12 നൂറ്റാണ്ടിലെ 1095 മുത ൽ 1291 വരെ നീണ്ടു നിന്ന കുരിശുയുദ്ധ പരമ്പര ഒരു ഉദാഹരണമാണ്. 1095- ൽ ജറുസലേം പിടിച്ചെടുക്കാൻ മാർപ്പാപ്പയുടെ നേതൃത്വത്തിൽ ആരംഭിച്ച കുരി ശുയുദ്ധം ആൽബിജെൻഷ്യൻ കുരിശുയുദ്ധം, അരഗോണീസ് കുരിശുയുദ്ധം, വടക്കൻ കുരിശുയുദ്ധങ്ങൾ എന്നിങ്ങനെ അറിയപ്പെടുന്നു. ഈ യുദ്ധങ്ങളും കൂട്ട കൊലകളും മുസ്ലിം സാമ്രാജ്യങ്ങൾക്കെതിരേയും അവിശ്വാസികളായ ജനതക്കെതിരേയുമായിരുന്നു. അതുപോലെ വർത്തമാന കാലത്ത് അഫ്ഘാനി സ്ഥാൻ, ഇറാൻ തുടങ്ങിയ രാജ്യങ്ങളിൽ സ്ത്രീകൾക്കുമേൽ മത നിയമത്തിന്റെ ഭാഗമായി നടത്തുന്ന മനുഷ്യാവകാശ ലംഘനവും മതങ്ങളുടെ യഥാർത്ഥ മുഖം വെളിവാക്കുന്നു.

കൺഫ്യൂഷ്യസ്

എത്രയോ നൂറ്റാണ്ടുകൾക്ക് മുമ്പുണ്ടായിരുന്ന സാമൂഹ്യ ചുറ്റുപാടുകളിൽ നിന്നും ഉയർന്നുവന്നതാണ് ലോകത്തുള്ള പല പ്രധാനമതങ്ങളും. എന്നാൽ പുതിയ ജനാധിപത്യം പുലരുന്ന ലോകത്തും അത് മനുഷ്യരെ പല തട്ടുകളായി തിരിക്കുന്നു. ജാതി തിരിച്ച് മനുഷ്യരെ പല തട്ടുകളാക്കി മാറ്റിയ മതവും സ്വർഗ്ഗലോകത്തിനായി സഹജീവികളെ നശിപ്പിക്കാൻ സ്വയം പൊട്ടിത്തെറിക്കാൻ തയ്യാറാകുന്ന മനുഷ്യരെ സൃഷ്ടിക്കുന്ന മതങ്ങളും ലോകത്ത് നിലനിൽക്കുമ്പോൾ തന്നെ അതിൽ നിന്നും വ്യത്യസ്തമായ മത ചിന്തകളും ഉണ്ടായിരുന്നുവെന്നതും കാണാതിരിക്കാൻ കഴിയില്ല. ബി.സി.ഇ 551-479 ചൈനയിൽ ജീവിച്ചിരുന്ന തത്വചിന്തകനായ കൺഫ്യൂഷ്യസിന്റെ ചിന്തകളെ പിന്തുടരുന്ന കൺഫ്യൂഷ്യസം മാനവികതക്ക് പ്രാധാന്യം കൊടുത്തിരുന്ന ഒരു മതമായിരുന്നു. അതുപോലെ മിത്തുകൾക്കും മിത്ഥ്യകൾക്കുമപ്പുറം മാനവികമൂല്യങ്ങൾക്ക് പ്രാധാന്യം നൽകുന്ന പുരാതന ഭാരതത്തിലെ ചാർവാകരേയും ആജീവകരേയും ഇത്തരം ഗണത്തിൽ പെടുത്താവുന്നവയാണ്.''

13

വിശ്വാസത്തിന്റെ സാമൂഹ്യ ശാസ്ത്രം

"മുത്തശ്ശി, മനസ്സെന്നാൽ ശരീരത്തിൽ നിന്നുണ്ടാകുന്ന പ്രതിഭാസമാണ് എ ന്നാണല്ലോ കാറൽമാക്സ് പറഞ്ഞിരിക്കുന്നത്. അത് ശരിയാണോ?, ഈ ആ ത്മാവ് എന്നുപറഞ്ഞാൽ എന്താണ്?"

"മനസ്സെന്നു പറയുന്നത് ശരീരത്തിൽ നിന്നുള്ള ഒരു പ്രതിഭാസം എന്നതി നപ്പുറം അത് ഒരു ജീവിയുടെ സ്വാഭാവികമായ പ്രതികരണം കൂടിയാണ്. മനസ്സ് മനുഷ്യർക്ക് മാത്രമുള്ളതല്ലല്ലോ. ഉദാഹരണത്തിന് തൊട്ടാൽവാടി ചെടിയെ ക ണ്ടിട്ടില്ലേ. തൊടുമ്പോൾ അതിന്റെ പ്രതികരണമായാണ് ഇലകൾ കൂമ്പി പോ കുന്നത്. ആ ചെടിക്ക് അത് അതിന്റെ അതിജീവനത്തിന്റെ മാർഗ്ഗമാണ്. നമ്മൾ മ്യൂറ്റേഷൻ സംഭവിച്ച കൊറോണ വൈറസ്സിനെ പറ്റി കേട്ടിട്ടില്ലേ. നമുക്ക് നേരിട്ട് കാണാൻ കഴിയാത്തത്ര ചെറിയ ഇത്തരം ഏകകോശ ജീവികൾ പോലും അതി ന്റെ അതിജീവനത്തിനായി സ്വയംമാറ്റത്തിന് വിധേയമാക്കുന്നു. മനുഷ്യരേ പോ ലെ തലച്ചോറില്ലെങ്കിലും അതിന്റെ മനസ്സെന്നാൽ അതിന്റെ ശരീരത്തിൽ നി ന്നും പ്രവർത്തിക്കുന്നതാണെന്ന് കാണാം. ഏകകോശ ജീവിയിൽ നിന്ന് ഉത്ഭ വിച്ചു പരിണാമ പ്രക്രിയയിലൂടെ കോടിക്കണക്കിന് വർഷങ്ങൾ കൊണ്ട് നേടി യ തലച്ചോറിന്റെ വളർച്ചയിൽ മനുഷ്യൻ ഉന്നതസ്ഥാനത്താണെങ്കിലും മനസ്സ് എന്നത് മനുഷ്യനു മാത്രമുള്ളതല്ല. ഇതിനു മുമ്പ് നമ്മൾ മനസ്സിലാക്കിയതുപോ ലെ എല്ലാ ജീവജാലങ്ങളും അതിന്റെ അതിജീവനത്തിന്റെ പാതയിലാണ്. ഓരോ ജീവികൾക്കും അതിന്റെ ജീവിതപാതയിൽ ആർജ്ജിച്ച ജൈവികമായ പ്രത്യേ കതകളുണ്ട്. അതുകൊണ്ട് തന്നെ ഓരോ ജീവികളുടെയും ചിന്താപരമായ ശേ ഷിയും വ്യത്യസ്തമായിരിക്കും. ഓരോ ജീവികളും അതിന്റെ രീതിയനുസരിച്ച് ചിന്തിക്കുന്നു. ശത്രുക്കളെ കാണുമ്പോൾ ഒച്ച വെച്ച് കൂട്ടം കൂടുന്ന കാക്കകളെ കണ്ടിട്ടില്ലേ. മത്സ്യവണ്ടിയുടെ ഒച്ചകേൾക്കുമ്പോൾ ഓടിവരുന്ന പൂച്ചയെ കണ്ടി

ട്ടില്ലേ. അപ്പോൾ മനസ്സെന്നത് മനുഷ്യർക്ക് മാത്രമല്ല എല്ലാ ജീവികൾക്കുമു ണ്ടെന്ന് മനസ്സിലാക്കാം. ലളിതമായി പറഞ്ഞാൽ ജീവൻ പോയാൽ മനസ്സും പോ യി. ആത്മാവ് എന്നത് എല്ലാ ജീവികളിലും നിലനിൽക്കുന്ന ജീവനാണ്. ജീവൻ പോയാൽ ആത്മാവും ഇല്ലാതായി."

"മരിച്ചവരുടെ ആത്മാക്കളേയും പുനർജന്മത്തേയും പറ്റി പറയുന്നതോ?"

"ജീവനേപ്പറ്റിയും അതിന്റെ ഉൽപത്തിയേപ്പറ്റിയും അറിയാതിരുന്ന കാലത്തു ള്ള മനുഷ്യ സങ്കൽപ്പങ്ങളായിരുന്നു അതൊക്കെ. ആധുനികകാലത്ത് അതൊക്കെ വെറും അസംബന്ധമെന്നേ ആളുകൾ പറയൂ."

''മുത്തശ്ശീ അവസാനം ഒരു ചോദ്യം കൂടി ചോദിച്ചോട്ടെ, മതങ്ങളും ദൈവ ങ്ങളും മനുഷ്യ സൃഷ്ടിയാണെന്നാണല്ലോ പറയുന്നത്. എന്നിട്ടും എന്തു കൊ ണ്ടാണ് വിദ്യാസമ്പന്നരെന്ന് വിളിക്കുന്ന ആളുകൾ പോലും അന്ധവിശ്വാസങ്ങ ളിലും അനാചാരങ്ങളിലും കുടുങ്ങിക്കിടക്കുന്നത്?"

"പറയാം. മനുഷ്യസംസ്ക്കാരവും അതിന്റെ വളർച്ചയും ഒരു ദിവസം കൊ ണ്ട് ഉണ്ടായതല്ലെന്ന് അറിയാമല്ലോ. തലമുറകൾ കൈമാറി വരുന്ന സംസ്ക്കാ രങ്ങൾ മുമ്പുള്ളതിന്റെ തുടർച്ചയായിട്ടാണ് നമ്മുടെ മുന്നിൽ പ്രത്യക്ഷപ്പെടുന്ന ത്. ഒരു മനുഷ്യൻ ഭൂമിയിൽ ജനിക്കുന്നത് പുതിയ വ്യക്തിയായിട്ടാണെങ്കിലും അയാൾ പിറന്നുവീഴുന്നത് നിലവിലുള്ള ഒരു സമൂഹത്തിലായിരിക്കുമല്ലോ. ആ സമൂഹത്തിൽ നിന്നുകൊണ്ടാണ് അയാൾ ലോകത്തെ കാണുന്നത്. അതിനാൽ സമൂഹത്തിന്റെ എല്ലാ ഗുണദോഷങ്ങളും അവരുടെ ചിന്തകളേയും വ്യക്തിത്വ ത്തേയും സ്വാധീനിക്കും. അതായത് ഒരാൾ വളരുന്ന കുടുംബവും സമൂഹവും അവയുടെ സംസ്ക്കാരവും അനുസരിച്ചാണ് അയാൾ വളരുക. ഉദാഹരണത്തി ന് ഒരു കുഞ്ഞ് ജനിച്ചുവളരുന്നത് കേരളത്തിലാണെങ്കിൽ സ്വാഭാവികമായും ആ കുട്ടി മലയാളഭാഷ പഠിക്കുന്നു. വേറെ ഭാഷ സംസാരിക്കുന്ന സ്ഥലത്താണെ ങ്കിൽ അവിടെയുള്ള ഭാഷയിലായിരിക്കും അയാൾ ചിന്തിക്കുന്നതുപോലും. ഈ ഭാഷകൾ അവർ സ്വാഭാവികമായി പഠിച്ചുവരുന്നതാണ്. അതു പോലെ തന്നെ യാണ് വിശ്വാസങ്ങളും. ഒരാളേതു സംസ്ക്കാരത്തിലാണോ ജനിച്ചുവളർന്നത് ആ സംസ്ക്കാരത്തിന്റെ സ്വാധീനത്തിൽ അകപ്പെടുന്നു. ഒരു കുട്ടി ഭാഷ പഠിക്കു ന്നതുപോലെ തന്നെയാണ് ഇത്തരം വിശ്വാസങ്ങളും വ്യക്തികളിലേക്ക് എത്തി ച്ചേരുന്നത്."

"എന്നാൽ അറിവ് നേടുന്നതിനനുസരിച്ച് അവരിൽ മാറ്റങ്ങൾ വരേണ്ടത ല്ലേ?"

"പുതിയ അറിവുകൾ ലഭിക്കുന്നതിനനുസരിച്ച് മനുഷ്യൻ പരിഷ്ക്കരിപ്പെടു ന്നുണ്ടെങ്കിലും വളരെ ചെറുപ്പം മുതൽ തന്നെ താൻ അറിയാതെ തന്നിലേക്ക് അടിച്ചേൽപ്പിക്കപ്പെട്ട മതവിശ്വാസം തെറ്റാണെന്ന് ബോധ്യമായാൽ പോലും അ

ത്ര പെട്ടെന്ന് ഒഴിവാക്കാൻ അയാൾക്ക് പറ്റിയെന്ന് വരില്ല. ഇനി ഇത്തരം അന്ധ വിശ്വാസങ്ങളിൽ നിന്ന് പുറത്തുകടക്കണമെന്ന് ആഗ്രഹിച്ചാൽപോലും പല പ്പോഴും യഥാസ്ഥിതിക സമൂഹം അതിനനുവദിക്കുകയുമില്ല.

സമൂഹം പരിഷ്ക്കരിക്കപ്പെടുന്നുണ്ടെങ്കിലും വളരെ കാലംമുന്നേ തുടർന്നു വരുന്നതും നിലവിലുള്ളതുമായ അന്ധവിശ്വാസങ്ങളേയും അനാചാരങ്ങളേയും ഊട്ടി ഉറപ്പിക്കാനുള്ള ശ്രമം യഥാസ്ഥിതിക സമൂഹം നടത്തിക്കൊണ്ടേയിരി ക്കും. കാരണം മതം ഒരു വിശ്വാസം എന്നതിനപ്പുറം ധനാഗമമാർഗ്ഗവും അധി കാരത്തിന്റെ ഭാഗവുമാണല്ലോ. മനുഷ്യസമൂഹം ചെറിയ ഗോത്രസമൂഹത്തിൽ നിന്നും രാജഭരണ സംവിധാനത്തിലെത്തിയപ്പോൾ ഭരണം നിലനിർത്തുന്നതി ന് മതങ്ങളുടെ സഹായം സ്വീകരിച്ചതായി കാണാം. പല കാലങ്ങളിലും പല ദേ ശങ്ങളിലും ഭരണാധികാരികൾ തന്നെയായിരുന്നു മതപ്രചാരകന്മാർ. ആ തര ത്തിൽ സമൂഹത്തിന്റെ മേൽ വലിയ തോതിലുള്ള സ്വാധീനം പഴയകാലം മുത ലിങ്ങോട്ട് മതങ്ങൾ ചെലുത്തി വരുന്നു. ഭരണതലത്തിൽ മാത്രമല്ല കലാ സാ ഹിത്യ രംഗങ്ങളിലും അതിന്റെ തുടർച്ച കാണാം. പുതിയ ജനാധിപത്യ സമൂഹ ത്തിൽ പോലും മതത്തേയും വിശ്വാസത്തേയും ഉപയോഗിച്ചുകൊണ്ടു ഭരണ ത്തിലെത്താനും അത് നിലനിർത്തി കൊണ്ടുപോകാനും രാഷ്ട്രീയപ്രസ്ഥാന ങ്ങളും ശ്രമിക്കുന്നു.

എന്തിനേറെ ശാസ്ത്രീയ വിദ്യാഭ്യാസത്തിന് പ്രാധാന്യം നല്കുന്ന പുതിയ കാലത്തുപോലും വിദ്യാലയങ്ങളെ സരസ്വതീ ക്ഷേത്രങ്ങളെന്നും, അറിവിനെ സരസ്വതീ കടാക്ഷമെന്നും മറ്റും പ്രസംഗിക്കുന്നത് കേട്ടിട്ടുണ്ടാകുമല്ലോ. അറി വെന്നത് ആരുടേയും കടാക്ഷമൊന്നുമല്ലെന്ന് ഇന്ന് നമുക്കറിയാം. അത് നമ്മൾ ആർജിച്ചെടുക്കുന്നതാണ്. എന്നാലും ആ പഴയരീതി ഇന്നും പ്രയോഗിക്കുന്നു. ഇത്തരം അഭിസംബോധനകൾ നിരുപദ്രവകരമാണെന്ന് തോന്നാമെങ്കിലും സ ഹസ്രാബ്ദങ്ങൾ മുന്നേ തുടർന്ന് വരുന്ന മിത്തിലൂടെ ആധുനികകാലത്തും ന മ്മളറിയാതെ നമ്മെ ആ അശാസ്ത്രീയ ബോധത്തിന്റെ ഭാഗമാക്കുകയാണ്. ഇ തിന് സമാനമായ മിത്തുകൾ ലോകത്തിലെ മറ്റ് പുരാതന കഥകളിലും കാണാം. പുരാതന റോമാക്കാരുടെ കഥയിൽ അറിവിന്റെ ദേവതയായിരുന്നു മിനർവ. ജ പ്പാൻകാരുടേത് ബെൻസൈറ്റനും, ഈജിപ്തുകാരുടേത് ശേഷാതും, ഗ്രീക്കുകാ രുടേത് അഥീനയും. പഴയ കാലത്ത് അറിവെന്നത് ദേവതമാരുടെ കടാക്ഷമാ ണെന്ന് ആളുകൾ ധരിച്ചിരിക്കാം. എന്നാൽ പഴയകാല രീതിയിൽ ഇത്തരം മി ത്തുകൾക്ക് പുതിയകാല വിദ്യാഭ്യാസ ഇടങ്ങളിൽ പ്രാധാന്യം നൽകുമ്പോൾ സ്വാഭാവികമായും അന്ധവിശ്വാസങ്ങൾക്കും പൊതു സ്വീകാര്യത കൈവരുന്നു.

മനുഷ്യസംസ്ക്കാരത്തിന്റെ ആദ്യകാലം തൊട്ടേ യാഥാസ്ഥിതികവും പുരോ ഗമനവുമെന്ന രണ്ടുതരം സാമൂഹ്യവീക്ഷണങ്ങളുണ്ടായിരുന്നു. സൃഷ്ടികഥക

ളിൽ അഭിരമിച്ചവരും ശാസ്ത്രീയ വീക്ഷണം പുലർത്തിയവരും. അതിനാൽ ശാ സ്ത്രബോധമുള്ള സമൂഹം ഉണ്ടാകണമെങ്കിൽ ആ രീതിയിലുള്ള വിദ്യാഭ്യാസം ഓരോ വ്യക്തികൾക്കും ലഭിക്കണം. അതിന്റെ അഭാവം കൂടിയാണ് വിദ്യാഭ്യാസ മുള്ളവർ പോലും അന്ധവിശ്വാസികളാകാൻ കാരണം. വിദ്യാഭ്യാസമുള്ള അന്ധ വിശ്വാസികൾ ധാരാളമുള്ള നാടാണെന്ന് അറിഞ്ഞുകൊണ്ട് തന്നെ ചിന്താശേഷി യുള്ള, അന്തസ്സുള്ള മനുഷ്യനായി ജീവിക്കുകയാണ് വേണ്ടത്. ശാസ്ത്രബോധ മുള്ള നല്ല മനുഷ്യരായി വളരാൻ നിങ്ങൾക്ക് കഴിയട്ടെ."

"മുത്തശ്ശി അവസാനം ഒരു സംശയം കൂടി. ഇത്തരം അന്ധവിശ്വാസങ്ങളുടെ കേന്ദ്രങ്ങളായ ക്ഷേത്രങ്ങൾ നിർമ്മിക്കാൻ കേരളത്തിലെ നവോത്ഥന നായക രിൽ പ്രമുഖനായ നാരായണ ഗുരു എന്തിനാണ് മുന്നിട്ടിറങ്ങിയത്?"

"നമ്മൾ വിചാരിക്കുക അദ്ദേഹം അന്ധവിശ്വാസത്തെ പ്രോത്സാഹിപ്പിക്കാ നാണ് അന്നിത് ചെയ്തെതെന്നാണ്. എന്നാൽ അങ്ങനെയല്ല. ഏകദേശം 135 വർഷങ്ങൾക്ക് മുമ്പ്, അതായത് 1888-ൽ അരുവിപ്പുറത്ത്, നദിയിൽ നിന്നും ഒരു കല്ലെടുത്ത് ശിവനാക്കിയതാണല്ലോ ആദ്യ ക്ഷേത്രപ്രതിഷ്ഠ. അതിനു മു മ്പുവരെ ബ്രാഫണർ മാത്രം കൈയാളിയ ദൈവികമായ അധികാരത്തെ അദ്ദേ ഹം കടപുഴക്കിയെറിഞ്ഞു. അന്നത്തെ കാലത്ത് അതൊരു ചെറിയ കാര്യമല്ല. പിന്നീട് ഇത്തരം പരിപാടികൾ അദ്ദേഹം നിർത്തിവെക്കുകയുണ്ടായി. അതിനു ശേഷം സമൂഹം വിദ്യാഭ്യാസപരമായി വളരെ മുന്നോട്ടു പോയി ഒരു നൂറ്റാണ്ടി നുശേഷവും അടുത്ത പ്രദേശങ്ങളിൽ പ്രതിഷ്ഠകളും പുനഃപ്രതിഷ്ഠകളും ത കൃതിയായി നടക്കുന്നുണ്ട്. ഒരു കല്ലെടുത്ത് മാറ്റിവെക്കുന്നതിന് പൂജാരിമാർ ല ക്ഷക്കണക്കിന് രൂപയാണ് വാങ്ങുന്നത്. നറുക്കെടുപ്പിൽ കൂടി തെരെഞ്ഞെടു ക്കപ്പെട്ട് വലിയ ക്ഷേതങ്ങളിൽ പൂജാരിയായി മാറിയവരാണെങ്കിൽ അവരുടെ ഫീസ് കൂടും. ഇന്ന് ഇങ്ങനെയാണെങ്കിൽ അന്ന് എങ്ങനെയായിരിക്കും. അന്ന ത്തെ ചുറ്റുപാടിൽ ബ്രാഫണ പൗരോഹത്യത്തിനെതിരെയുള്ള പോരാട്ടത്തോ ടൊപ്പം അന്ധവിശ്വാസത്തിലാണ്ട സമൂഹത്തെ ഇത്തരം ചൂഷണത്തിൽ നി ന്നും രക്ഷിക്കാനുള്ള ശ്രമം കൂടിയായിരുന്നു അത്. ഇപ്പോൾ രാത്രി വളരെ വൈ കിയിരിക്കുന്നു. ബാക്കി വേറൊരു ദിവസമാകാം."

> *"ഇന്ത്യൻ ഭരണഘടനയിലെ ആർട്ടിക്കിൾ 51 എ (എച്ച്)*
> *അനുസരിച്ച്, ശാസ്ത്രീയ മനോഭാവം, മതനിരപേക്ഷത, മാനവികത,*
> *അന്വേഷണ ത്വര, പരിഷ്കരണ മനോഭാവം എന്നിവ*
> *വളർത്തിയെടുക്കുകയെന്നത് ഓരോ പൗരന്റേയും കടമയാണ്."*

*****

14

അവലംബം

അദ്ധ്യായം 1. പ്രപഞ്ചോൽപത്തി

https://en.wikipedia.org/wiki/Big_Bang

https://en.m.wikipedia.org/wiki/Universe

https://en.m.wikipedia.org/wiki/Light-year

https://en.m.wikipedia.org/wiki/Nicolaus_Copernicus

https://en.m.wikipedia.org/wiki/Milky_Way

https://en.m.wikipedia.org/wiki/Dark_energy

https://www.nationalgeographic.com/science/article/origins-of-the-universe

https://en.m.wikipedia.org/wiki/Galaxy

അദ്ധ്യായം 2. ജീവനുണ്ടാകുന്നു

https://en.wikipedia.org/wiki/History_of_life

https://en.wikipedia.org/wiki/Abiogenesis

https://en.m.wikipedia.org/wiki/Charles_Darwin

https://science.nasa.gov/mission/osiris-rex/

https://en.m.wikipedia.org/wiki/RNA_world

https://en.m.wikipedia.org/wiki/Last_universal_common_ancestor

https://en.m.wikipedia.org/wiki/Metasedimentary_rock

https://en.m.wikipedia.org/wiki/Microbial_mat

https://en.m.wikipedia.org/wiki/Nuvvuagittuq_Greenstone_Belt

https://en.m.wikipedia.org/wiki/Stanley_Miller

അദ്ധ്യായം 3. യുഗങ്ങളിലാണ്ട ഭൂമി

https://en.m.wikipedia./wiki/International_Commission_on_Stratigraphy

https://en.m.wikipedia.org/wiki/Jack_Hills

https://en.m.wikipedia.org/wiki/Plate_tectonics

https://en.m.wikipedia.org/wiki/Ocean
https://en.m.wikipedia.org/wiki/Archaea
https://en.m.wikipedia.org/wiki/Great_Oxidation_Event
https://en.m.wikipedia.org/wiki/Geologic_time_scale#Divisions_of_g
eologic_time
https://en.m.wikipedia.org/wiki/Endosymbiont
https://en.m.wikipedia.org/wiki/Hydrogenosome
https://en.m.wikipedia.org/wiki/Atmosphere_of_Earth
https://en.m.wikipedia.org/wiki/Photosynthesis
https://en.m.wikipedia.org/wiki/Chemical_compound
https://en.m.wikipedia.org/wiki/Microbial_mat
https://en.m.wikipedia.org/wiki/Organic_compound
https://en.m.wikipedia.org/wiki/Cellular_differentiation
https://en.m.wikipedia.org/wiki/Zygote
https://en.m.wikipedia.org/wiki/Stromatolite
https://en.m.wikipedia.org/wiki/Cambrian_explosion
https://en.m.wikipedia.org/wiki/Unicellular_organism
https://en.m.wikipedia.org/wiki/Synapsid
https://en.m.wikipedia.org/wiki/Archosaur
https://en.m.wikipedia.org/wiki/Dinosaur
https://en.m.wikipedia.org/wiki/Rodinia
https://en.m.wikipedia.org/wiki/Grenville_orogeny
https://en.m.wikipedia.org/wiki/Gondwana
https://en.m.wikipedia.org/wiki/Earth#Surface
https://en.m.wikipedia.org/wiki/Riparian_zone
https://en.m.wikipedia.org/wiki/Cenozoic
https://en.wikipedia.org/wiki/Australopithecus
https://en.wikipedia.org/wiki/Human
https://en.m.wikipedia.org/wiki/Toba_catastrophe_theory
https://en.m.wikipedia.org/wiki/Arthropod
https://en.m.wikipedia.org/wiki/Younger_Dryas
https://en.m.wikipedia.org/wiki/Endosymbiont

അദ്ധ്യായം 4. ജീവപരിണാമത്തിന്റെ തെളിവുകൾ

https://en.m.wikipedia.org/wiki/Species
https://www.khanacademy.org/science/biology/her/evolution-and-na
tural-selection/a/lines-of-evidence-for-evolution

അദ്ധ്യായം 5. മനുഷ്യൻ ജനിക്കുന്നു

https://en.wikipedia.org/wiki/Human_evolution
https://en.wikipedia.org/wiki/Denisovan
https://en.wikipedia.org/wiki/Neanderthal
https://en.wikipedia.org/wiki/Svante_P%C3%A4%C3%A4bo
https://en.wikipedia.org/wiki/Dhaba_(archaeological_site)
https://en.wikipedia.org/wiki/Jwalapuram
https://en.wikipedia.org/wiki/Early_human_migrations
https://en.wikipedia.org/wiki/Recent_African_origin_of_modern_hu
mans
https://en.wikipedia.org/wiki/Human_skin_color

അദ്ധ്യായം 6. ഇന്ത്യയിലെ ആദിമ മനുഷ്യർ

https://en.wikipedia.org/wiki/History_of_India
https://www.bbc.com/news/world-asia-india-46616574
https://www.science.org/content/article/genome-nearly-5000-year-ol
d-woman-links-modern-indians-ancient-civilization
https://www.nature.com/articles/nindia.2013.116
https://reich.hms.harvard.edu/sites/reich.hms.harvard.edu/files/inlin
e-files/Fountain%20Ink%20-%20December%202013%20-%20Cover.pdf
https://en.wikipedia.org/wiki/Indus_Valley_Civilisation
https://www.ncbi.nlm.nih.gov/pmc/articles/PMC2842210/

അദ്ധ്യായം 7. ആര്യന്മാരും ദാസന്മാരും

https://en.wikipedia.org/wiki/Indo-Aryan_migrations
https://en.wikipedia.org/wiki/Vedic_period
https://en.wikipedia.org/wiki/Charvaka
https://en.wikipedia.org/wiki/%C4%80j%C4%ABvika
https://en.wikipedia.org/wiki/History_of_science_and_technology_o
n_the_Indian_subcontinent

അദ്ധ്യായം 8. ജാതിയുടെ ഉൽപത്തി

https://en.wikipedia.org/wiki/Caste_system_in_India
https://www.bbc.com/news/world-asia-india-35650616
https://en.wikipedia.org/wiki/Manusmriti
https://en.wikipedia.org/wiki/Caste_system_in_Kerala

അദ്ധ്യായം 9. മിത്തുകളുടെ വിത്തുകൾ

https://en.wikipedia.org/wiki/Myth
https://www.tamildigitallibrary.in/admin/assets/book/TVA_BOK_00
19145_Tiru_Murugan.pdf
https://en.wikipedia.org/wiki/Mahapurana_(Jainism)

അദ്ധ്യായം 10. ഭാഷയുടേയും എഴുത്തിന്റേയും വികാസം

https://en.wikipedia.org/wiki/Languages_of_India

https://en.wikipedia.org/wiki/History_of_the_alphabet

https://en.wikipedia.org/wiki/Malayalam_script

അദ്ധ്യായം 11. സംഘകാലം മലയാളത്തിന്റെ പൂർവ്വകാലം

https://en.wikipedia.org/wiki/Tamilakam

https://en.wikipedia.org/wiki/Sangam_literature

അദ്ധ്യായം 12. മതങ്ങളുടെ വേരുകൾ തേടി

https://en.wikipedia.org/wiki/Religion

https://en.wikipedia.org/wiki/World_religions

www.ingramcontent.com/pod-product-compliance
Lightning Source LLC
Chambersburg PA
CBHW040732120726
48010CB00002B/87